KB179204

해파리의
시간은
거꾸로 간다

옮긴이 배동근
영어 전문 번역가. 영화 번역과 방송 번역 일을 했고 학원에서 영어를 가르치다가 지금은 책 번역 일을 하고 있다. 리베카 긱스의 『고래가 가는 곳Fathoms』을 옮겼고, 이 책으로 제62회 한국출판문화상 번역 부문 후보에 올랐다. 『인덱스Index』에 이어, 현재 역사학자 앤드루 페테그리의 『라이브러리The Library』(가제)와 『전쟁의 책The Book at War』(가제)을 번역하고 있다.

JELLYFISH AGE BACKWARDS: Nature's Secrets to Longevity

해파리의 시간은 거꾸로 간다

Jellyfish Age Backwards

니클라스 브렌보르 지음 | 배동근 옮김

세월의 무게를 덜어 주는
경이로운 노화 과학

북트리거

| 차례 |

Part 2. 과학의 성과

Part 3. 유용한 충고

일러두기

1. 이 책에 등장하는 생물 종의 국명은 원서에 표기된 영문명을 근거로 한국 동물학회 편 『세계의 주요 동물명집』을 참고해 쓰되, 현재 널리 쓰이는 다른 이름이 있는 경우에는 그것을 우선으로 하거나 괄호 안에 병기했다. 국명이 없는 경우에는 널리 사용되는 영문명을 번역했다.
2. 병기한 로마자 가운데 생물 및 미생물 학명은 이탤릭체로 처리했다.
3. 본문에 나오는 인명과 지명 등의 표기는 원칙적으로 국립국어원이 정한 외래어 표기법을 따랐으나, 관례로 굳어진 몇몇 경우는 예외로 했다.
4. 옮긴이의 주석은 본문 괄호 속에 넣고 '옮긴이'라고 표기했다.
5. 저자가 이탤릭체로 강조한 부분은 한국어판에서 고딕체로 처리했다.
6. 학술지를 비롯한 정기간행물은 《》, 단행본은 『』를 써서 묶었다.

|서문|

젊음의 샘

1493년, 열일곱 척 규모의 선단이 에스파냐의 항구도시 카디스를 떠나 탐험에 나섰다. 탐험대는 카나리아제도에서 한 번 정박한 뒤 대서양을 가로질렀다. 목적지는 인도였다. 인도라고?

사실 이 선단은 에스파냐가 아메리카를 향해 보낸 두 번째 탐험대였다. 신세계에 최초의 에스파냐 기지를 건설하기 위해서였다. 탐험대의 사령관 크리스토퍼 콜럼버스는 1,000명 이상의 선원을 이끌고 갔다. 그중에는 야심만만한 젊은이 후안 폰세 데 레온도 있었다. 목적지인 열대의 에스파뇰라섬(히스파니올라섬)에 탐험대가 도착하자 폰세 데 레온은 그곳에 정착했고, 존경받는 사령관이자 지주가 되었다.

당시 신대륙은 전설의 세계였다. 들려오는 이야기에 따르면, 낯선 땅에 이방인이 살았고 금은보화가 넘쳐 나는 것은 말할 것도 없었다. 어느 날 폰세 데 레온은 에스파뇰라섬 북쪽에 있다는 기회의 땅에 관한 이야기를 듣고는 탐험대를 꾸려 즉시 탐사에 나섰다. 탐험대는 바

하마제도를 따라 북쪽으로 항해하던 중 새로운 곳을 발견했고, 그곳을 꽃flower이 만발한 곳이라 하여 **라플로리다**La Florida라고 명명했다.

에스파냐 탐험대는 빠르게 신천지를 탐험해 나갔고 한 곳에서 어떤 원주민들과 만났다. 탐험대는 그들로부터 '젊음의 샘'이라 불리는 신비의 샘에 관한 이야기를 들었다. 그 샘물을 마시면 아픈 곳이 낫고 꼬부랑 노인도 생생한 젊은이가 된다는 것이다. 하지만 그들 중 누구도 그 샘이 어디에 있는지 기억하는 이는 없다고 했다. 그러면서 그들은 지금 한 말이 에스파냐인들이 자신들을 그냥 두고 가도록 지어낸 얘기가 아니라, 틀림없는 사실이라고 덧붙였다.

탐험대는 이 영생불멸을 가져다준다는 샘물을 찾아 다시 플로리다 해변을 온통 들쑤시며 샅샅이 훑었다. 샘만 보이면 젊음의 샘인가 싶어 풍덩 뛰어들었다. 플로리다가 악어로 득시글거렸음을 고려하면 꽤 만용을 부린 셈이다. 물론 그들 중 누구도 전설 속의 샘을 찾지는 못했다. 다른 모든 사람처럼 그들도 결국 죽음의 신의 부름을 받고야 말았다.

◆ • ◆

물론 진지한 역사학자라면 젊음의 샘에 관한 이야기는 그냥 전설일 뿐이라고 말할 것이다. 하지만 나는 그런 진지한 역사학자가 아니다. 그래서 내가 이 책을 믿거나 말거나 식의 이야기로 시작하는 것을 양해하기 바란다.

사실 폰세 데 레온과 그의 탐험대가 찾고 있는 것은 당대 사람들이 너나없이 바라던 것과 다르지 않았다. 땅과 황금, 그리고 가능하다면 노예에다 금상첨화로 여자까지 말이다. 게다가 그것으로도 부족해 영원한 삶을 찾아 나선 사람들의 이야기는 우리가 아는 모든 문명에서 되풀이되어 전해진다. 고대 그리스의 알렉산더 대왕부터 중세 십자군까지, 그리고 고대 인도에서부터 고대 중국, 고대 일본에 이르기까지, 또 그곳들이 아니더라도 문명의 흔적이 보이는 곳이라면 어디에서든 젊음의 이야기와 불로장생을 가져다준다는 영약에 관한 전설이 전해 내려온다.

역사상 **가장** 오래된 문헌으로 꼽히는 책도 바로 이런 주제에 관한 것이다. 지금으로부터 4,000여 년 전으로 거슬러 올라가는 『길가메시 서사시Epic of Gilgamesh』는 불멸의 비결을 얻기 위해 세상의 끝으로 여행을 나선 길가메시 왕의 이야기다. 불멸에 대한 관심은 현대 문명이라 해도 예외가 아니다. 비록 마법의 샘과 영약을 찾는 수준은 벗어났지만, 우리는 여전히 장수의 비결을 찾고자 열망한다. 그러나 오늘날은 전설과 신화를 좇는 것이 아니라 과학적 연구를 근거로 탐색한다. 과학이 똑바른 길로만 틀림없이 전진을 거듭했을 것 같지만 늘 그렇지는 않았다. 노화를 연구하는 과정에서 과학도 숱한 추문을 피할 수 없었다.

20세기 초에 어떤 과학자들은 동물의 분비샘 추출물로 인간을 회춘시킬 수 있다고 믿었다. 이런 연구자 가운데 한 사람인 세르주 보로노프Serge Voronoff는 단순히 추출물을 섭취하거나 주입하는 것으로는 충분하지 않다면서 그럴 바에는 확실한 효과를 내기 위해 직접 조직을 이식하는 것이 낫다고 확신했다. 이집트에서 거세당한 남자들을 연구한 끝에 보로노프는 고환이 으뜸가는 회춘제라고 결론 내렸다.

그는 조금도 망설이지 않고 작게 포를 뜬 원숭이 고환 조각을 시술을 원하는 자의 고환에 이식했다. 그런 엽기적인 시술은 보통 사람이라면 코로나바이러스처럼 피하고 싶었을 것이다. 그러나 부유한 명망가들은 열렬히 시술을 원했고, 기적을 부른다는 항노화 이식 시술을 받기 위해 앞다투어 줄을 섰다. 보로노프는 떼돈을 벌었고, 이내 원숭이 고환은 동날 지경에 처했다. 폭발적인 수요에 맞추려고 그는 아예 성城을 하나 샀고, 서커스단 원숭이 조련사를 고용해서 원숭이 농장을 만들었다.

물론 보로노프의 시술을 받은 자들은 결국 역사적 웃음거리가 되었을 뿐이다. 그들과 보로노프는 폰세 데 레온과 그의 부하들처럼 늙고 쇠약해졌다. 과학이 이전보다 더 나은 해결책을 찾아내지 못한다면 우리도 그렇게 될 것이다.

이 책은 어떻게 하면 가능한 한 오랫동안 '건강하게 살다 죽을 것인가'에 관해 이야기하는 책이다. 자연과 과학에서 찾아낸 장수와 건강한 삶을 다룬다. 독자 여러분에게 허벅지를 절개해서 거기다 고환을 꿰매 붙이라거나, 혹은 악어가 득실거리는 물에 뛰어들라고 권하지는 않을 테니 걱정은 붙들어 매시라. 그렇지만 희한하고 멋진 여정이 될 것이다.

Part 1
자연의 경이

Chapter 1

자연계의 장수 기록보유자들

: 늙지 않는 생명체를 찾아서 :

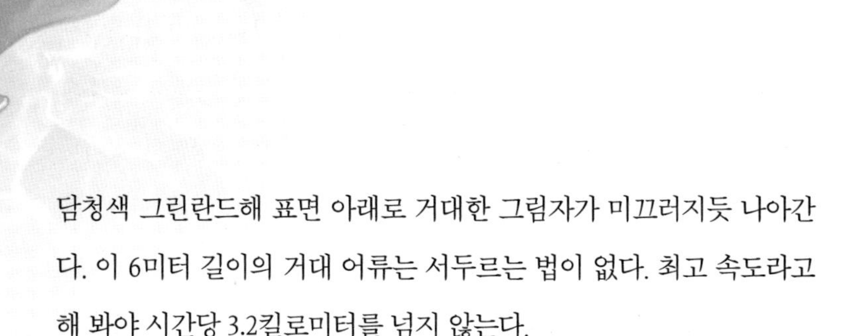

담청색 그린란드해 표면 아래로 거대한 그림자가 미끄러지듯 나아간다. 이 6미터 길이의 거대 어류는 서두르는 법이 없다. 최고 속도라고 해 봐야 시간당 3.2킬로미터를 넘지 않는다.

그것의 라틴어 학명은 솜니오수스 마이크로세팔루스*Somniosus microcephalus*—'작은 뇌를 가진 몽유병자'라는 뜻—이다. 영어로는 그린란드상어Greenland shark라는 좀 더 가벼운 이름이 된다. 라틴어 이름이 암시하듯이 이 상어는 빠르지도, 특별히 영리하지도 않다. 그런데도 그놈의 배 속을 보면 바다표범, 순록, 심지어 북극곰의 뼈가 발견되기도 한다.

이 신비한 상어는 느긋하게 움직인다. 있는 것이라고는 시간뿐이기 때문이다. 미국이 건국했을 당시 그놈은 이미 어떤 인간보다도 더 오래 살았다. 타이태닉호가 가라앉았을 때는 281세였다. 그리고 이제 막 390세를 넘겼다. 그럼에도 불구하고 연구자들은 그가 여전히 몇 년은 더 살 것이라고 추정한다.

그린란드상어가 별문제 없이 건강하다는 말은 아니다. 흔히 그린란드상어의 눈에는 생물발광성 기생충이 달라붙어 있는데, 그것 때문에 상어는 서서히 눈이 멀게 된다. 게다가 식용에 부적절한 다른 모든 물고기들과 마찬가지로 그린란드상어에게는 무서운 천적이 있다. 바로 아이슬란드인이다. 그린란드상어의 몸에는 트리메틸아민 N-산화물(TMAO)이라는 독성 물질이 다량 함유되어 있어서 고기 섭취자에게 현기증—'상어에 취해 해롱거리는shark-drunk' 증상—을 유발한다. 그러나 물론 아이슬란드인 중에 적극적인 자들이 먹을 방도를 찾아냈다. (그린란드상어를 발효시킨 아이슬란드 전통 음식을 하우칼hákarl이라고 한다-옮긴이)

그린란드상어는 확실히 어떤 명단에서 최상위에 속하는 종류의 동물이다. 그곳에서 우리가 그린란드상어를 발견했다. 장수 명단의 꼭대기를 차지하는 그린란드상어는 지금까지 기록된 최장수 척추동물에 해당한다. 척추동물이라는 것은 인간과는 먼 친척뻘이 된다는 뜻이다. 상어와 인간은 별로 닮지 않았다고 생각하겠지만 기본적인 해부학적 구조는 비슷하다. 둘 다 심장을 비롯해 간, 장기 체계를 갖추고 있으며, 콩팥이 두 개에 뇌가 하나다.

물론 진화의 계통수evolutionary tree상에서 우리와 그 상어 사이의 거리는 상당히 멀다. 인간은 포유류다(척추동물문 포유강에 속한다). 그 말은 우리가 어류인 그린란드상어와는 근본적인 차이가 있음을 말해 준다. 생물학에서는 어떤 동물이 인간과 진화적으로 가까울수록 그 동물을 연구했을 때 인간에 대해 더 많은 것을 알 수 있다는 경험칙이 있다. 이를테면 우리가 곤충보다는 물고기로부터 더 많은 것을 배울 수 있고, 또 물고기보다는 가령 새나 파충류로부터 더 많은 것을 배울 수 있다는 뜻이다. 인간과 가장 가까운 친척인 다른 포유류의 경우라면 말할 것도 없다.

희한하게도 그린란드상어는 우리와 훨씬 가까운 또 다른 장수 생명체와 서식 공간을 공유한다. 만약 당신이 운이 좋으면 그린란드해 근처에 있다가 몸길이 20미터에 달하는 이 북극고래를 만날지도 모른다. 비록 겉모습은 그린란드상어만큼이나 우리를 닮지 않았지만, 내부 장기의 구조는 훨씬 비슷하다. 고래는 그 덩치를 감안하더라도 우리만큼이나 큰 뇌를 갖고 있고, 심장이 2심방과 2심실로 이루어져 있으며, 허파로 숨을 쉬고, 그 외에도 다른 많은 특성을 공유한다.

우리는 이 거대한 생물을 등유의 원료인 블러버blubber(해양 포유류의 몸통을 에워싸고 있는 피부밑지방층으로 체온 유지를 도와준다-옮긴이)를 얻기 위해 도살했지만, 다행히도 지금은 사냥을 금지하고 있다. 자손

대대로 먹잇감을 구하기 위해 고래 사냥을 해 왔던 알래스카 이누피아트족과 같은 원주민들에게만 사냥이 허용된다. 사냥에 성공하고 나면 이누피아트는 이따금 고래의 블러버에서 회수한 오래된 작살 날을 지역 당국자에게 전해 주기도 한다. 이런 작살은 1800년대의 포경선이 발사해서 고래에게 꽂아 놓은 것이다. 작살 날의 연대 측정을 통해 학자들은 북극고래가 200년 이상을 산다는 결론에 도달했고, 그것은 포유류 가운데 최장수 생명체로 기록되었다.

진화의 계통수에서 인간으로부터 좀 더 떨어진 곳을 보면 훨씬 더 장수하는 생명체를 만날 수 있다. 이를테면 나무 중에는 적어도 인간이 이해하는 방식으로서의 노화란 게 없어 보이는 것도 있다. 인간은 나이가 들수록 사망할 확률이 증가하지만 나무는 점점 더 커지고 강건해지고 단단해진다. 해를 거듭할수록 사망 확률이 **줄어든다는** 말이다. 적어도 키가 너무 커져서 태풍에 쓰러지기 전까지는 말이다. 하지만 그건 사고로 죽는 것이지 노화 때문은 아니다.

이 말은 몇몇 나무들은 **정말** 오래 산다는 것을 뜻한다. 그중 최고령 단일 개체로 꼽히는 므두셀라Methuselah(성경에 언급된 최장수 인물로, 969년을 살았다고 기록되어 있다-옮긴이)는 미국 캘리포니아주 화이트산맥의 은밀한 장소에 있는 5,000년 된 강털소나무다. 므두셀라가 흙을 뚫고 싹을 틔웠을 때 이집트의 피라미드는 한창 건설 중이었고, 시베리아의 브란겔섬에서는 마지막 매머드 무리가 배회 중이었다.

그러나 므두셀라조차도 나무 중에서 최장수 챔피언과 비교하면 햇병아리에 불과하다. 므두셀라가 있는 곳에서 북동쪽으로 560킬로미터 정도 떨어져 있는 유타주 피시레이크 국유림에는 판도Pando라 불리는 미국사시나무가 있다. 판도(라틴어로 '나는 뻗어 나간다'라는 뜻)는 한 그루가 아니라 일종의 초유기체superorganism로, 수많은 나무뿌리가 축구장 60개에 달하는 영역에 걸쳐 연결되어 거대한 그물망을 이루고 있다.

판도는 지구상에서 가장 무거운 생명체이고 4만 개의 개별적인 나무들이 각기 싹을 틔워 올린다. 판도의 개별 나무들은 100년에서 130년을 살면서 폭풍, 화재 등으로 하나씩 죽어 나갔다. 그러나 군락으로서의 판도는 계속 새싹을 틔우고 있으며 그 자체로 초유기체인 뿌리 네트워크는 1만 4,000년 이상을 살았다.

통가의 여왕

거북을 언급하지 않고 장수 생명체에 관한 글을 쓰기란 불가능하다. 지금까지 지구상 최장수 거북은 남태평양 열대의 섬나라 통가 왕실의 애완용 방사거북 투이 말릴라Tu'i Malila였다. 투이 말릴라는 1777년에 영국의 탐험가 제임스 쿡이 통가 왕에게 선물한 거북이다. 1965년 나이 지긋한 노인으로 세상을 떠났을 때, 이 거북은 대략 188세였다. 인간이 입증할 근거를 확보했던 거북 중에는 최장수 기록을 세웠다. 하지만 그 기록은 대서양의 작은 섬 세인트헬레나에 사는 조너선Jonathan이라는 세이셸코끼리거북에 의해 조만간 갱신될 것으로 보인다. 조너선은 우표가 생기기도 전인 1832년쯤 부화했고 영국에서는 일곱 군주를, 미국에서는 서른아홉 명의 대통령을 갈아 치울 동안 살아남았다. 당신이 이 책을 읽고 있을 즈음이면 조너선은 기록을 달성했을 것이다.

인간보다 훨씬 오래 사는 생명체들도 있지만 어떤 생명체들은 완전히 다른 노화의 궤적을 그린다. 즉 어떤 생명체들은 인간과 전혀 다른 방식으로 노화가 진행된다.

인간은 나이를 먹을수록 급격히 노화한다. 사춘기를 지나고 나면 8년마다 사망 확률이 대략 두 배씩 증가한다. 이 현상은 생리 기능의 점진적 쇠퇴와 함께 진행되며 그래서 인간은 나이가 들수록 더욱 허약해진다. 인간이 노화하는 방식은 생물계 전반에서 가장 흔하고, 우리가 일상적으로 접하는 대부분의 동물도 유사한 노화 과정을 겪는다. 그러나 그것이 자연이 보여 주는 유일한 노화의 패턴은 결코 아니다.

특이하게도 한 번 번식을 끝내고 나면 즉시 노화에 이르는 동물들이 있다. 이런 방식을 일회번식semelparity이라고 하는데, 만약 당신이 자연 다큐멘터리 시청을 즐기는 사람이라면 태평양연어의 생활사에서 그런 경우를 보았을 것이다.

태평양연어는 실개천에서 부화한다. 연어 치어는 이곳에서 비교적 안전하게 성장한다. 그러고는 바다로 이동해서 번식에 적합할 정도로 성숙해질 때까지 머문다. 마침내 태평양연어가 일가를 이룰 때가 오는데, 안타깝게도 연어는 자신이 부화되었던 바로 그곳에서만 알을 낳을 수 있다. 다시 말해 이 불쌍한 물고기는 민물로 돌아가야 한다. 수천 킬로미터를, 그것도 물길을 **거슬러 치받으며** 가야 한다. 나는 물고기가 실제로 폭포까지 **거슬러 올라갈** 수 있다는 사실이 아직도 믿기지 않는다. 어마어마하게 거친 항해다.

연어에게 더욱 불리한 것은 연어 살이 맛있다는 걸 아는 동물이 인간만이 아니라는 점이다. 연어가 항해를 시작하면 곰, 늑대, 독수리, 왜가리를 비롯한 근처의 모든 포식자가 만찬을 노리고 연어가 지나는 길목에 대기하고 있다. 어떻게든 살아 보려고 태평양연어는 항해 중에 스트레스 호르몬을 최대한 분비하면서 단식을 감행한다. 밤낮없이 자연이 안배한 가혹한 시련에 맞서는 것이다. 대부분의 연어는 결국 먹잇감이 되고 말지만, 몇 마리는 살아남아서 그들이 태어났던 그 실개천에 당도한 후 다음 세대를 산란한다.

이런 엄청난 항해에서 성공한 연어라면 바다로 되돌아가는 것은 별문제가 없으리라고 생각할 것이다. **내리막길**인 데다 물 흐름에 몸을 맡기면 되니까. 그러나 연어는 어쩐 일인지 아예 바다로 갈 시도조차 하지 않는다. 산란을 마친 연어는 마치 시들어 가는 식물처럼 몸이 순식간에 생애 말기의 쇠퇴에 접어든다. 강바닥의 모래에 수정된 알을 감추고 난 성체 연어는 그 자리에서 죽는다.

이런 식의 이상하고도 다소 비극적인 생애는 당신이 상상하는 것 이상으로 자연에서 광범위하게 벌어진다. 다음은 내가 꼽은 몇 가지 사례다.

- 암컷 문어는 알을 낳고 나면 자신의 입을 봉해 버리고 단식에 들어간다. 그리고 남은 생애를 알을 보호하는 데에 전부 쏟는다. 알이 부화한 뒤 며칠 못 가서 어미 문어는 숨을 거둔다.

- 작은 생쥐mouse처럼 생긴 오스트레일리아산 유대류 안테키누스

스투아르티이*Antechinus stuartii*(갈색안테키누스)의 수컷은 짝짓기 철이 되면 극심한 스트레스에 시달리고 강한 공격성을 띠는 한편, 성적 욕구를 지나치게 발산하다가 짝짓기가 끝나면 죽는다.

- 매미는 최장 17년에 이르는 일생의 대부분을 지하에서 보낸 후에 오로지 알을 낳기 위해 지상으로 올라온다. 알을 낳고 나면 곧 죽는다.

- 하루살이는 부화 후 하루나 이틀 만에 죽는다. 사실 파리 중에도 입이 없고 5분 정도밖에 못 사는 종이 있다. 오로지 딱 한 번의 번식을 위해 존재하는 것이다.

- 식물 중에도 이런 식의 노화 패턴을 보이는 것들이 있다. 백년 식물century plant이라고도 불리는 용설란과의 여러해살이풀 아메리칸알로에는 수십 년을 살 수 있지만, 딱 한 번 꽃을 피운 직후에 시들어 죽는다.

반대로 어떤 동물 중에는 아예 나이를 먹지 않는 종도 있다(적어도 우리가 전통적으로 노화를 정의하는 관점에서는 그렇다). 바닷가재가 그런 경우다. 이 갑각류의 대왕은 마치 나무처럼 시간이 지나도 허약해지거나 생식 능력이 쇠퇴하지 않는다. 오히려 그 반대다—바닷가재는 평생 동안 성장을 멈추지 않을 뿐만 아니라 세월이 갈수록 강건해진다. 물론 그렇다고 안 죽는다는 것은 아니다. 자연의 이치는 냉정해서 결국 포식자나 경쟁자의 먹이가 되는가 하면, 질병이나 사고로 종말을 맞는다. 그런 종말을 맞지 않아도 너무 커진 몸집 때문에 생긴 문제로 결국 죽고 만다. 그렇지만 노년에 이르더라도 바닷가재는 인간과 같은 노화를 겪지는 않는다.

◆ • ◆

자연에는 생명 연장을 위해 얼마간의 특별한 비결을 마련한 생명체도 있다. 가령 어떤 박테리아는 일종의 휴면 상태에 돌입하기도 한다. 스트레스를 받았을 때 이 박테리아는 DNA와 필수적인 세포 내 기관만을 씨앗처럼 생긴 구조물 속에 저장하고 나머지는 죽게 내버려둔다. 이런 구조물을 내생포자endospore라고 하는데, 그것은 극한의 열기나 자외선 같은 자연의 가혹한 환경에서도 견딜 수 있는 강한 내성을 가진다. 내생포자 속에서 박테리아는 생명 유지를 위해 필요로 하는 모든 정상적인 과정을 멈춘다. 마치 생명이 끝난 것처럼 보일 정도다. 하지만 여전히 포자 밖의 환경을 감지할 수는 있다. 언제든 상황이 나아지면 박테리아는 다시 깨어나 마치 아무 일도 없었던 것처럼 활발히 생명 활동을 재개한다.

이 박테리아가 휴면할 수 있는 기간을 정확히 특정하기는 어렵다. 하지만 그 기간이 무한할 가능성도 배제할 수는 없다. 1만 년이 넘도록 휴면 중이던 내생포자를 재생시키는 경우는 연구실에서 흔히 있는 일이다. 심지어 수백만 년 동안 휴면하고 있던 내생포자가 깨어났다는 보고도 있다.

그러나 '노화 방지 비결'의 최고상은 작은 해파리인 투리토프시스 누트리쿨라*Turritopsis nutricula*(작은보호탑해파리)에게 돌아가야 마땅할 것이다(본 책의 제목도 이 해파리에게서 나왔다). 전문적 훈련을 받지 않은 사람의 눈에 투리토프시스는 별 볼 일 없는 생명체로 비칠 것이다. 그것은 대략 손톱만 한 크기의 해파리로, 물속을 부유하면서 주변의 플랑크톤을 먹이로 삼아 생존한다.

그러나 조금만 주의 깊게 지켜보면 투리토프시스의 은밀한 비밀이 드러난다. 만약 이 작은 해파리에게 적대적 환경이 조성되면—예컨대 먹이가 부족해지거나 갑작스러운 수온 변화가 발생하면—희한한 일이 일어난다. 우산 모양의 성체였던 그것이 미성체 상태인 꽃병 모양의 '폴립polyp' 단계로 돌아가 버리는 것이다. 이는 마치 나비가 애벌레가 되는 것과 같고, 직장에서 고된 하루를 보낸 당신이 차라리 유치원생 시절이 그립다고 생각했는데 그 소원이 이루어진 것이나 진배없다.

투리토프시스가 폴립 단계로 돌아갔다는 것은 사실상 나이를 거꾸로 먹은 것이다. 그러다가 적대적 환경이 사라지면 과거에 성체였다는 생리적 흔적을 조금도 보이지 않으면서 다시 성장한다. 이런 벤자민 버튼Benjamin Button(노인으로 태어나 점점 어려지던 F. 스콧 피츠제럴드 소설의 주인공-옮긴이)식의 회춘이 더욱 인상적인 것은 투리토프시스가 이 같은 과정을 몇 번이고 되풀이한다는 데 있다. 물론 거대한 바다라는 야생의 환경에 노출된 상황에서 작은 해파리가 영원히 살 방도는 없다. 언젠가는 포식자의 먹이가 될 것이다. 하지만 실험실과 같은 안전한 환경에서 서식하도록 한다면 **영생할지도** 모른다. 투리토프시스는 노화 연구의 성배聖杯라 할 생물학적 영생불멸의 한 사례가 되는 데에 부족함이 없다.

그러나 모든 신기한 경우가 그렇듯이 어디에선가 그와 비슷한 경우는 또 존재한다. 투리토프시스가 내가 가장 좋아하는 회춘의 사례이기는 하지만, 자연에는 다른 예도 있다. 또 다른 불멸의 해파리인 히드라와 원시 편형동물인 플라나리아가 바로 그런 경우다. 먹을 것이 충분하면 투리토프시스처럼 플라나리아도 평범하게 먹고 산다. 그러나 음식이 사라지면 특이한 책략을 쓴다. 굶주린 플라나리아는 자신을 먹기 시작한다. 중요하지 않은 부분부터 시작해서 신경계만 제외하고는 모조리 먹어 치우는데, 이런 전략은 상황이 호전될 때까지 시간을 벌어 준다. 상황이 좋아졌다는 판단이 서면 플라나리아는 먹어 치웠던 장기들을 복구하고 새 삶을 이어 간다. 비슷한 나이의 다른 벌레들이 열악한 환경에서 죽고 난 후에, 생생한 상태로 재생된 플라나리아는 유유히 떠다니면서 청춘을 만끽하며 살아간다. 심지어 편형동물 플라나리아는 재생의 달인이어서, 절반으로 토막 내더라도 반쪽으로 각각 비참하게 죽어 버리는 것이 아니라 두 마리가 되어 곱빼기의 삶을 살아간다.

언젠가 우리가 이런 동물들의 영생에 얽힌 비결을 알아낸다면 어떤 일이 벌어질지 상상해 보라.

◆ • ◆

북극고래는 장수한다. 길이가 6미터에 달하는 그린란드상어와 코끼리거북도 그렇다. 어떤 규칙 같은 것이 보이지 않는가? 생쥐는 안전한 곳에서 걱정 없이 살더라도 2년을 살면 장수한 것으로 여겨진다. 눈치챘는가?

장수 동물의 비결은 크기에 있다. 일반적으로 큰 동물일수록 작은 것보다 오래 산다. 고래와 코끼리와 인간은 오래 산다. 쥐나 토끼 같은 설치류는 그렇지 않다.

클수록 포식자에 대항하는 힘도 커지니 진화적 논리에도 합당하다. 다른 생명체의 먹이가 되는 위험이 줄어들수록 생애 주기가 늘어나는 것은 진화적으로도 이득이 되었을 것이다. 그러면서 이들은 느리게 성숙하는 것을 특징으로 하는 생애 주기를 획득했다. 즉 후손을 적게 낳고, 오랜 기간 후손을 양육하면서 생명을 유지해 나가는 것을 진화의 방향으로 삼았다.

그와는 달리, 어떤 종이 끊임없이 생명에 위협을 받게 된다면 미래를 계획하는 삶은 별 의미가 없게 된다. 그것보다는 될 수 있는 대로 빨리 자라고, 미래보다는 현재에 집중하며, 가능한 한 많은 후손을 보아서 그중 일부에게라도 가혹한 운명이 자비를 베풀기를 희망할 도리밖에 없었을 것이다.

주머니쥐opossum의 경우가 이런 상쇄 효과를 가장 잘 보여 준다. 스티븐 오스태드Steven Austad라는 생물학자는 베네수엘라의 열대우림에 사는 이 작은 유대류를 연구하던 중, 왜 이것들이 그렇게 빨리 늙어 가는지 궁금해졌다. 같은 개체의 주머니쥐를 겨우 몇 달 만에 다시 잡았을 때에도 외관상의 뚜렷한 차이를 확인할 수 있을 정도였다.

사진으로만 보면 열대우림은 낙원 같다. 그러나 서식하는 종들에게 그곳은 열대의 악몽에 가깝다. 나무 둥치마다 위험이 도사리고 있으며, 그곳의 거주자인 주머니쥐의 생애는 그런 위험을 고스란히 반영한다. 주머니쥐는 생명의 유지에 집중하기보다는 포식자에 먹히기 전에 먼저 번식하는 쪽으로 힘주어 진화해 왔다. 한편 오스태드 박사는 열대우림과는 딴판인 환경에서 사는 주머니쥐의 서식처를 찾아냈다. 미국 조지아주의 새펄로섬Sapelo Island에 서식하는 주머니쥐는 포식자가 없는 덕분에 환한 태양 아래서 아무 걱정 없이 빈둥거리며 산다. 가히 주머니쥐의 천국이라 할 만하다. 이들은 수천 년을 그런 환경에서 살아왔다. 그 결과 그들의 평균수명은 육지의 열대우림에 사는 주머니쥐에 비해 더 늘어났다. 생존의 가능성이 커지면서 생명 유지에 노력을 기울이는 것이 더 큰 이익을 주었기 때문이다.

상대적으로 안전한 삶이 평균수명을 늘린다는 사실은 인간의 특별한 처지도 설명해 준다. 인간이 포유류 중에 큰 편에 속하긴 하지만 인간의 긴 수명을 몸집만으로는 설명할 수 없다. 아마 인간이 먹이사슬의 정점에 있다는 이유가 여기에 한몫했을 것이다. 대부분의 동물은 가능하면 인간을 피하는 것이 좋다는 걸 알고 있다. 석기시대에 인간을 피하지 않았던 동물들은 모두 멸종하고 말았다는 것을 상상하는 것은 어렵지 않다.

마찬가지로 이런 논리를 통해 크기와 평균수명 사이의 상관관계에 대한 몇몇 예외적 상황을 설명할 수 있게 되었다. 그런 상관성을 보이지 않는 작은 동물들 대부분은 포식자를 피하는 적응에 성공한 경우다. 하늘을 날 수 있는 조류의 경우가 대표적이다. 조류는 같은 크기의 포유류보다 오래 산다. 그리고 비행이 가능한 유일한 포유류인 박쥐도 같은 크기의 다른 포유류보다 세 배 반을 더 오래 산다.

◆ • ◆

큰 동물이 작은 동물보다 더 오래 산다는 걸 알게 되었으니, 그렇다면 그레이트데인이나 치와와 중에 어느 것이 더 오래 사는지 생각해 보라. 만약 당신이 애견인이고 대형견을 선호한다면 안타깝게도 큰 개는 그리 오래 살지 못한다는 사실을 이미 알고 있을지도 모른다. 그레이트데인은 보통 8년 남짓 산다. 하지만 치와와나 잭러셀테리어, 혹은 라사압소와 같은 작은 개는 그보다 두 배 이상을 살기도 한다. 큰 동물종이 작은 종보다 오래 사는 것이 사실이지만 **같은 종 안에서는** 덩치가 더 작은 것이 오히려 장수하기 때문이다. 즉 동종 내에서는 작은 개체가 더 오래 산다. 가령 조랑말은 말보다 오래 산다. 생쥐 중에서 장수 기록보유자는 에임스 왜소 생쥐Ames dwarf mouse(성장호르몬이 부족해서 작게 자라는 생쥐. 노화 연구용으로 흔히 쓰인다-옮긴이)이다.

마찬가지로 포유류의 암컷은 같은 종의 수컷보다 대체로 더 오래 산다. 이 규칙은 사자, 사슴, 프레리도그, 침팬지, 고릴라 또는 인간에게도 적용된다. 이유는 뭘까? 포유류의 암컷은 거의 예외 없이 동종의 수컷보다 왜소하다는 것을 한 가지 단서로 들 수 있다. 인간의 경우 여성이 남성보다 15퍼센트에서 20퍼센트 정도 왜소한데, 일반적으로 남성보다 몇 년을 더 오래 산다. 드물기는 해도 하이에나와 같이 암수의 크기가 비슷한 경우에는 암수 간 평균수명 차이가 거의 없다.

◆ • ◆

우리는 아직 장수 연구실에서 가장 귀하게 여기는 생물을 만나지 못했다.

장수 연구자들의 최애 생명체는 동아프리카 태생이지만 광대한 사바나 지역 어디에서도 보이지 않는다. 하지만 지하로 반 뼘만 파고 들어가면 이 작은 생물이 자신들이 어지럽게 파 놓은 몇 킬로미터에 달하는 굴속으로 재빨리 도망치는 것을 볼 수 있다.

벌거숭이두더지쥐naked mole-rat라고 불리는 이 생물이 외모 때문에 실험실의 사랑을 받는 것은 아니다. 차라리 최악의 악몽에서나 만날 법한 쥐를 상상하면 된다. 털이 거의 없는 그놈의 피부는 분홍색이고 쭈글쭈글하다. 어쩌다 난 털조차도 아무 곳에나 뻘뻘이 길게 나 있다. 땅을 파는 데 쓰이는 앞니는 아예 입 **밖으로** 튀어나왔다. 눈으로서 기능을 거의 하지 못하는 까만 눈은 작은 점에 불과하다.

그 흉측한 외모에도 불구하고 벌거숭이두더지쥐는 자기들끼리 서로 잘 어울린다. 동아프리카에서 그들은 20마리에서 300마리에 달하는 군집colony을 이루어 함께 땅속에 굴을 파고, 터널 왕국을 건설하여 적에 대항하고 음식을 구하며 공생한다.

비번일 때 벌거숭이두더지쥐는 본부에서 머문다. 본부에는 식량 저장고와 수면실, 심지어 화장실까지 있다. 본부에는 또한 가장 특별한 벌거숭이두더지쥐인 '여왕 두더지쥐'가 기거하고 있다. 벌거숭이두더지쥐 군집은 일반적인 포유류 무리와는 다른 방식으로 작동한다. 이들은 우리가 흔히 개미나 벌과 같은 곤충 집단에서 볼 수 있는 **진사회성**eusocial을 가진 몇 안 되는 포유류다. 오직 여왕 두더지쥐만이 새끼를 낳는다. 집단에서 여왕의 낙점을 받은, 생식력이 왕성한 몇몇 수컷을 제외한 나머지는 일시적으로 거세된 상태에서 일꾼 두더지쥐, 혹은 병정 두더지쥐로서의 사회적 역할을 수행한다.

노화 연구자들에게 벌거숭이두더지쥐가 인기 있는 이유는 그들이 개체의 크기와 장수가 갖는 상관관계와는 무관한 삶의 주기를 갖기 때문이다. 성체 벌거숭이두더지쥐는 35그램 정도 나가는데, 보통의 생쥐와 비교했을 때 그리 큰 축에 들지 않는다. 그럼에도 불구하고 생쥐의 수명이 기록적으로 장수한 경우라 해도 대략 4년에 불과한 데 비해, 벌거숭이두더지쥐의 수명은 보통 30년을 훌쩍 넘긴다.

그게 왜 중요한지 아직도 감이 오지 않는다면 다음과 같이 상상해 보라. 당신이 노화를 연구하는 과학자라면 어디서 연구 과제를 찾을 것인가? 당연히 장수 동물을 연구하고 싶을 것이다. 그리고 그 연구를 통해 배울 점을 찾으려 할 것이다. 그럼 오래 사는 동물은 어떤 게 있을까? 고래? 고래는 실험실에 가둘 방법이 없다. 코끼리? 마찬가지다.

새를 작은 새장에 가두고 연구해 볼까? 동물 학대인 데다, 애초에 포유류도 아니다. 벌거숭이두더지쥐는 어떤가? 장수하는가? 그렇다. 실험실에서 실험하기에 용이한가? 그렇다. 인간과 같은 포유류인가? 그렇다. 지금까지는 합격이다.

그다음 난관은 벌거숭이두더지쥐와 적절한 비교 대상을 찾는 일이다. 당연히 비슷한 종이면서도 상대적으로 단명하는 것을 골라야 한다. 그러면 그 둘 사이의 상이한 평균수명을 설명하기 위해 그들을 연구하는 것이 의미를 갖게 된다. 바로 이런 측면에서도 벌거숭이두더지쥐는 완벽한 조건을 갖추고 있다. 벌거숭이두더지쥐는 실험실에서 가장 빈번히 선택되는 생쥐 또는 쥐rat와 우연히도 유사한 종이면서 평균수명은 큰 차이를 보인다. 그래서 이 작은 생명체가 노화 연구에 최고로 적합한 동물로 선택된 것이다.

전 세계의 연구자들이 앞다투어 벌거숭이두더지쥐를 대상으로 수십 년째 연구 중이다. 이들은 벌거숭이두더지쥐의 노소老小를 구분하는 것이 거의 불가능할 정도라고 말한다. 젊어 보이는 문턱이 매우 낮다고 할 수 있겠다. 그저 털이 없고 피부가 주름져 있기만 해도 젊은 것이니 말이다. 어쨌든 이는 흥미로운 관찰 결과다. 벌거숭이두더지쥐가 천천히 늙는다는 사실은 과학적 실험으로 **입증**할 수도 있지만, 우리가 육안으로 그 사실을 **관찰**할 수도 있는 셈이다.

연구자들은 또한 벌거숭이두더지쥐가 심지어 연구실에서 인위적으로 암을 주입했을 때에도 암에 대한 면역력을 보였다고 보고했다. 연구 중인 수천 마리의 벌거숭이두더지쥐 중에서 겨우 여섯 마리에서만 종양이 발견되었다. 그렇게 작은 동물치고는 놀라운 기록이다. 이에 비하면 실험실에서 죽은 생쥐는 70퍼센트의 암 발병률을 보였다. 그리고 보편적으로 인간을 비롯한 대부분의 종도 20퍼센트 내지 50퍼센트의 암 발병률을 보인다. 예컨대 많은 선진국에서 암은 심혈관 질환을 제치고 사망 원인 1위를 차지한다. 하지만 어찌 된 까닭인지 동아프리카의 외진 곳에 사는 이 작은 설치류는 암을 거의 극복하는 방법을 찾은 것 같다. 참으로 기적 같은 생명체이며 앞으로 노화에 관한 논의에서 중요한 역할을 수행할 동물이다.

Chapter 2
태양과 야자수, 그리고 장수

: 블루존을 찾다 :

따뜻한 목요일 정오 무렵, 통학 버스를 개조한 차량 한 대가 코스타리카의 도시 니코야의 버스 터미널에 들어섰다. 니코야는 같은 이름으로 불리는 니코야반도의 수도다. 나는 가까스로 이 버스가 내가 탈 버스라는 것을 확인했고, 점점 길어지고 있는 현지인들의 버스 대기 줄에 합류했다. 젊은 주부, 늙은 부부, 중년의 여성과 깔깔거리는 학생들이 함께였다.

탑승객들이 모두 자리를 잡자, 버스는 니코야의 콘크리트 정글을 헤치고 나가더니 숲이 우거진 코스타리카의 시골로 진입했다. 교통이 한산한 거리를 따라 작지만 화려하게 채색된 집들이 늘어서 있었고, 지평선으로 짙은 녹음이 모습을 드러냈다.

버스 안에서 혼자 백인인 나에게 사람들이 관심을 표했다. 하지만 나는 '노 아블로 에스파뇰No hablo español'('에스파냐어 할 줄 몰라요'라는 뜻-옮긴이)만을 되뇌며 그들을 실망스럽게 했다. 그렇지만 어떻게든 기본적인 의사소통을 하지 말란 법은 없었다. 손짓을 비롯해 여행서에 있는 기초 에스파냐어와 구글 번역기까지 총동원해서 어찌어찌 대화를 이어 갔다.

잠시 후에 한 여성이 조심스럽게 내 쪽으로 고개를 돌리더니 서툰 영어로 말을 건넸다.

"오한차Hojancha 마을 가시는 거죠?"

"네."

"등산하려고요?"

"아니요. 블루존Blue Zone을 방문하려고요."

내가 답했다.

그 여성이 웃더니 주변의 사람들에게 내 말을 통역했다. 그러고는 좀 더 진지한 표정으로 나에게 말했다. "소문은 사실이에요."

30분 정도를 더 가더니 버스가 한적한 마을 오한차의 중앙 광장에 도착했다. 버스에서 내리자 동네 사람 하나가 방문해 줘서 고맙다고 여러 차례 사의를 표하면서 마을에서 가장 맛있는 식당을 소개해 주었다. 식당에서 카사도casado(밥, 튀긴 플랜틴, 샐러드, 콩, 고기로 구성된 코스타리카 전통 음식-옮긴이)를 먹는 동안 코스타리카 시골의 일상이 눈앞에 펼쳐졌다.

◆ • ◆

비관주의자들은 인간이 결코 노화와의 싸움에서 이길 수 없으며 수명을 많이 늘릴 수도 없을 것이라고 주장한다. 그러나 자연을 통해 노화 과정을 연구하다 보면 그런 의견에 동의하기가 쉽지 않다. 각자 나름대로 인간만큼 복잡한 다른 동물 중에는 인간보다 훨씬 오래 사는 것도 있고, 노화 없이 오래 사는 것도, 혹은 심지어 나이를 **거꾸로** 먹는 것도 있다. 그런 점을 알고 나면 현재 인간이 보여 주는 평균수명의 언저리에서 생물학적 한계 수명이 근본적으로 정해져 있다는 가설을 순순히 수용하기 어렵다. 조금만 더 창의성을 발휘한다면 수명을 위해 인간이 할 수 있는 일은 얼마든지 있다.

그러나 자연을 관찰하고 연구함으로써 노화 문제 해결의 단서를 얻을 수 있다 하더라도, 그것만이 유일한 수단은 아니다. 우리는 동료 인간에게서도 많은 실마리를 구할 수 있다. 인간은 모두 비슷하지만 얼마나 쉽게 늙느냐와 얼마나 오래 사느냐에 있어서 인간끼리의 차이도 엄연히 존재한다. 니코야반도는 바로 이런 관점에서 중요한 시사점을 던진다. 산지 국가인 코스타리카는 원시의 신비를 간직한 열대우림과 아름다운 백사장, 따뜻하고 쾌적한 기후를 비롯해 그 빼어난 경치로 관광객을 끌어들인다. 게다가 니코야반도는 미국의 저널리스트 댄 뷰트너Dan Buettner의 저서 『블루존Blue Zones』에서 크게 다루어지며 그 유명세를 더했다. 뷰트너는 전 세계에서 주민들이 특별히 장수를 누리는 지역, 즉 '블루존'으로 알려진 곳을 조사하고 소개했다.

블루존은 니코야반도 말고도 네 곳이 더 있다. 이탈리아 사르데냐 섬의 바르바자 지역, 그리스의 이카리아섬, 일본의 오키나와, 미국 캘리포니아주의 로마린다가 그곳이다. 이들 지역의 주민들은 상당히 놀라운 장수 기록을 보유하고 있다. 가령 1900년에 오키나와에서 태어난 여성은 같은 해에 태어난 덴마크 여성보다 100세 이상을 살 확률이 7.5배가 넘는다. 동일한 경우에서 오키나와 남성이 100세를 넘길 확률은 덴마크 남성의 거의 6배이다.

그렇다면 문제는 지명만으로는 특별한 것이 없어 보이는 이런 곳의 주민들이 장수를 누리는 비결일 것이다. 주민들이 뭔가 특별하든지, 아니면 그들의 삶의 방식이나 주변 환경이 특별하든지 어떤 이유가 있을 것이다.

먼저 유전학적으로 남다른 점은 없는지 알아보겠다. 이 다섯 지역은 다소 외딴곳이라는 공통점이 있다. 심지어 오늘날에도 니코야로 향하는 길은 대부분 정글을 가로지르는 좁다란 도로거나 ATV(All-Terrain Vehicle의 약자로, 전 지형 만능차-옮긴이)로나 접근이 가능한 비포장도로다. 주민들은 오랜 세월 바깥세상과의 소통이 드물었을 것이고, 결혼도 같은 지역의 주민끼리 이루어졌을 것이다. 만약 니코야 지역 주민에게 장수에 특화된 유전자가 있었다면 대대손손 전해졌을 것이다. 그러나 혈연을 통한 장수 유전자의 전승만으로는 모든 것을 설명할 수 없다. 니코야를 떠나 타향살이를 하게 된 사람들이 고향에 머무는 이들보다 오래 살지 못한다는 연구 결과가 나왔기 때문이다.

댄 뷰트너는 문화적 관점에서 이들 지역의 장수를 해명하려고 시도했다. 그 지역 주민들의 두터운 가족 사랑, 그들이 즐겨 먹는 음식, 활기차면서도 느긋한 삶의 방식, 그리고 주민들 사이에 존재하는 뚜렷한 삶의 의미가 장수촌이 된 이유라는 것이다.

뷰트너의 주장이 옳을지도 모른다. 하지만 그것을 입증할 정도로 충분한 시간을 얻지는 못했다. 지난 몇십 년 사이에 세계화의 바람이 숨 돌릴 짬도 주지 않고 이들 블루존에 들이닥쳤다. 오늘날 니코야반도 주민들의 삶의 방식도 문명 세계의 삶에 흡수되어 버렸다. 패스트푸드가 넘쳐 나고, 사람들은 흔히 앉아서 일하며, 대부분은 이동할 때 차를 이용한다. 외딴 산골 마을에서는 여전히 예전 삶의 흔적을 찾아볼 수는 있으나 심지어 이런 곳에도 집집마다 위성방송 수신 안테나가 지붕 위로 솟아 있고, 진입로에는 승용차가 들어서 있다.

일본의 오키나와현은 블루존 파괴를 특히 잘 보여 주는 사례다. 2000년 직전까지만 해도 오키나와의 주민들은 전국적으로 평균수명이 가장 길었다. 일본이 유명한 장수국임을 감안하면 오키나와의 경우가 더욱 특별하다는 걸 알 수 있다. 그러나 새천년을 넘긴 이후로 이 블루존은 소멸했다. 오키나와는 일본 내 KFC 치킨의 최대 소비 현縣으로, 평균 체질량지수(BMI)가 가장 높은 지역으로 분류되는 악명을 얻었다. 그리고 장수 지역 순위에서도 급락을 거듭하다가 이제는 일본 전역에서 최하위 등급에 속한다.

물론 오키나와와 다른 블루존의 변화를 대체로 발전의 한 형태라고 말할 수는 있다. 세계화로 인해 비만과 건강 문제가 심각해졌지만, 낙후했던 그 지역은 현대 의료 기술과 깨끗한 물을 접하게 되었고 굶주림의 고통으로부터도 벗어났다. 전체 손익을 따져 보면 니코야반도는 과거보다 더 나아졌다고 할 수 있다. 그러나 그 지역에 닥친 급격한 경제 발전으로 과거 블루존의 장수 비결을 이해하는 데에 애로 사항이 생긴 것이다. 더 정확히 말하면, 장수의 비결이 무엇이었는지 알 길이 없게 되었다는 말이다.

◆ • ◆

블루존 개념을 비판하는 이들은 세계화가 이들 지역을 조금도 훼손하지 않았다고 주장한다. 애초에 그들이 장수했다는 것 자체가 허구였을지도 모른다는 것이다. 비판자들은 미국에서 출생증명서 제도가 처음 도입됐을 때 노령 인구가 급격히 줄어들었다는 점을 그 근거로 제시했다. 출생증명서가 사람을 죽인 것은 아니다. 셈에 서툰 많은 '백세인百歲人, centenarian'들은 자신의 실제 나이를 헤아리지 못했다—좀 더 가혹히 말하면 그들이 말한 나이가 완전 뻥이었을지도 모른다는 것이다. 비판자들은 블루존도 이런 허위의 결과물일지도 모른다고 주장한다. 그들은 사르데냐, 오키나와 그리고 이카리아는 장수 마을이 되기에는 수상쩍은 점이 많은 지역이라고 판단했다. 그 지역들이 낮은 교육 수준, 상대적으로 높은 범죄율, 높은 술과 담배 소비를 특징으로 하는 외지고 가난한 곳이기 때문이다.

하지만 블루존 연구자들은 그렇게 허술하게 연구하지 않았다. 비판자들이 지적하는 그런 사정까지 모두 고려해서 연구에 임했다. 연구자들은 장수인들의 실제 나이를 확인하기 위해 갖은 애를 썼다. 공식 기록을 확인하고, 가족들과 심층 면접을 하고 교차 검토까지 수차례 거쳤다. 그래도 허위 진술의 가능성을 완전히 배제할 수는 없다. 과거의 다른 '장수의 성지'에서 실제 나이를 속인 것으로 드러나는 경우가 분명 있었다. 그리고 자신의 나이를 속이는 것은 예전부터 드문 일이 아니었다는 점도 사실이다. 신화와 전설, 심지어 역사적 기록에서도 이른바 200살, 500살 또는 심지어 1,000살을 살았다는 사람들이 등장한다. 이 사실은 우리가 앞으로 백세인들에 관한 연구를 검토할 때 명심해 두어야 할 중요한 부분이다.

만약 장수 비결을 알고 싶다면 지역 단위가 아니라 국가 단위로 조사하는 것이 정확할지도 모른다. 그렇다면 제일 믿을 만한 데이터는 세계보건기구(WHO)가 발표하는 전 세계 기대수명 목록이다. 이 책을 쓰고 있을 때 그 목록에서 1위는 일본이었고 스위스, 한국, 싱가포르와 에스파냐가 그 뒤를 이었다. 순위는 해마다 조금씩 바뀐다. 그러나 대체로 민주주의를 성취한 부유하고 유명한 나라들이 목록의 선두를 차지했다. 특이한 점은 아시아의 선진국들이 유난히 앞자리를 차지했다는 사실이다. 일본과 한국과 싱가포르가 모두 부유한 나라지만, 이들 나라 국민들은 단지 경제적 부만 가지고 예상할 수 있는 정도보다 훨씬 더 장수한다. 현재까지 그 이유는 명확하지 않다. 삶의 방식이 서구보다 건전하다는 점이 꼽히기도 한다. 아시아의 부유한 나라들이 더 건강한 음식 문화를 유지하고 서구보다 비만율도 낮다는 것이다. 하지만 다른 한편으로 이 나라들은 흡연율이 높고 오염 수준도 높은 경향이 있다. 또한 광범위한 연금 사기 때문에 장수하는 것으로 보일 뿐이라는 주장도 있다. 이를테면 2010년에 일본 정부는 100세 이상으로 등록된 노인 중 23만 명이 실은 행방불명 상태에 있다는 사실을 확인했다. 이들 중 일부는 죽었음에도 사망신고가 되지 않았고, 친족은 계속 연금을 수령해 왔다. 그러나 연금 사기가 세상의 다른 곳보다 아시아에서 더 빈번하다는 사실을 입증하는 증거는 없다. 그뿐이 아니다. 아시아계 미국 이민자와 그 후손들도 또한 장수한다. 아시아 이민자들은 미국 내에서 가장 장수하는 집단으로, 유럽 이민자들보다도 더 오래 산다.

유럽으로 좁혀 보면 남유럽 국가들이 이웃 북유럽 국가들보다 성적이 좋다는 점도 주목할 만하다. 이 책을 쓰던 시기에 에스파냐와 키프로스와 이탈리아는 유럽의 장수 국가로 각각 2, 3, 4위를 차지했다. 이들 나라는 독일과 영국, 그리고 애석하게도 나의 조국 덴마크를 비롯한 유럽 북부의 순위가 낮은 나라들에 비해 평균 2년 정도 수명이 더 길었다. 유럽의 블루존인 이카리아와 사르데냐는 모두 남유럽에 있다. 그리고 이 순위는 대부분의 유럽인이 인정하는 고정관념이 근거가 있음을 입증했다. 대대로 '지중해식 식단'은 장수를 보장해 준다고 칭송받지 않았던가.

그래서 일반적으로 부유한 나라의 국민들이 가난한 나라의 국민들보다 더 오래 사는 것이 당연하다 하더라도, 인간의 장수에 대해서 진실로 배우기를 원한다면 동아시아와 남유럽의 경우를 특히 주목해야 할 것이다.

Chapter 3

작지만 사소하지 않은 유전자의 역할

: 유전과 장수의 상관관계 :

인간끼리의 차이를 논할 때 사회과학은 대개 유전과 환경, 즉 선천적 영향과 후천적 영향을 대비해서 설명한다. 우리의 특성은 선천적으로 부여받은 것(유전자에 각인된 어떤 것)이거나, 혹은 후천적 학습의 결과물(경험으로 형성된 어떤 것)이라는 것이다. 이를테면 영국에서 태어난 당신이 어린 시절 불가리아의 자줏빛 눈을 가진 가정에 입양되었다 하더라도, 그것 때문에 당신의 눈동자 색깔이 바뀌지는 않을 것이다. 대신에 당신은 영어가 아니라 불가리아어를 구사할 것이다. 눈은 선천적으로 결정되는 것이고, 언어는 환경적으로 결정되기 때문이다.

이런 식의 이분법적 구분이 몇 가지 특성에서는 뚜렷하다 하더라도 그 범위를 벗어나면 그리 간단한 일이 아니다. 인간적 속성의 대부분은 유전적 영향과 환경적 영향을 **동시에** 받는다. 당신의 성격을 생각해 보라. 당신에게는 얼마간의 선천적 속성이 있다. 어쩌면 당신은 조금 신경질적이거나 아니면 수줍은 성격일지도 모른다. 하지만 그런 속성이 당신이 어떤 양육 과정을 거치는가와 어떤 환경에서 양육되는가에 따라서 더 순화될 수도(혹은 더 강화될 수도) 있는 것이다.

마찬가지로 인간의 건강과 수명도 선천적 요인과 환경적 요인 모두의 영향을 받는다고 볼 수 있다. 만약 노화를 연구하고 그것을 늦추거나 없앨 방법을 강구하고자 한다면 그 두 가지 요인의 공헌도를 각각 파악해야 한다.

유전과 환경 사이에서 각각의 기여도를 확인하기 위해 가장 흔히 사용되는 방법은 쌍둥이를 추적하는 것이다. 과학자들은 자연의 선물을 이용한다. 일란성쌍둥이가 똑같은 DNA를 공유하고 있다는 점을 활용하는 것이다. 그들은 서로에게 유전적 복제품, 즉 클론clone이라 할 수 있다. 통상 정자 하나와 난자 하나가 만나서 만들어진 수정란은 하나의 생명체로 발달한다. 그러나 어쩌다 세포분열 초기에 수정란이 두 개로 쪼개지는 경우가 있다. 그때 수정란은 하나가 아니라 **두 개**의 생명체로 발달하는데, 이 둘은 모두 동일한 유전적 청사진을 가진다.

이와는 달리 이란성쌍둥이는 동일한 DNA를 갖지 않는다. 그들은 두 개의 난자가 각기 다른 정자에 의해 수정되면서 발생한다. 그래서 이란성쌍둥이는 보통의 형제자매들처럼 서로 50퍼센트의 DNA를 공유할 뿐이다.

이런 일란성쌍둥이와 이란성쌍둥이의 결정적 차이를 이용해서 다양한 특성에 대한 유전적 기여도를 연구할 수 있다.

두 종류의 쌍둥이 형제자매들이 서로 비슷한 환경에서 자란다고 해도 형제자매들 간의 연관성이 똑같지는 않다. 일란성쌍둥이가 이란성쌍둥이보다 두 배나 많은 DNA를 공유하기 때문에 유전적 영향의 크기에도 차이를 보인다. 만약 어떤 특별한 속성에서 일란성이 이란성보다 더 유사하다면, 이는 유전자의 영향이 해당 속성에 강력히 작용한다는 신호다.

쌍둥이 연구의 흥미로운 사례로는 미네소타 쌍둥이 연구Minnesota Twin Study가 있다. 서로 다른 가정에 입양되어 떨어져 자란 일란성쌍둥이와 이란성쌍둥이를 추적한 연구다. 연구자들은 일란성쌍둥이라 하더라도 다른 환경에서 양육되면 결국 많은 면에서 서로 달라질 것이라고 예상했지만, 놀랍게도 예상과는 크게 동떨어진 결과가 나왔다. 이들은 자라면서 한 번도 만난 적이 없었지만 한집에서 컸다고 믿을 정도로 닮아 있었다.

쌍둥이 연구에 참여했던 낸시 시걸Nancy Segal은 일란성쌍둥이인 제임스 루이스James Lewis와 짐 스프링거Jim Springer를 그 본보기로 들었다. 그 둘은 40대가 되어서야 처음으로 만났다. 하지만 그들의 지난 삶은 놀랍게도 비슷했다. 둘은 플로리다의 똑같은 해변에서 곧잘 휴가를 보냈다. 둘 다 손톱을 물어뜯는 버릇이 있었고, 똑같이 옅은 하늘색 쉐보레를 몰았으며, 비슷한 두통으로 애를 먹었고, 사법 치안관 사무실과 맥도날드에서 똑같이 파트타임으로 일했다. 한 쌍둥이는 아들 이름을 제임스 앨런James Alan이라고 지었는데, 다른 쌍둥이는 'l'이 하나 더 붙은 제임스 앨런James Allan으로 지었다. 이 정도는 약과다. 둘 다 린다라는 이름의 여인과 결혼했다. 똑같이 각각의 린다와 이혼했고, 뒤에 각각 베티라 불리는 여인과 재혼했다. 그중 한 쌍둥이가 그의 베티와 다시 이혼을 했기 때문에, 아직까지 다른 쌍둥이와 함께 살고 있는 또 다른 베티에게 근심거리를 안겼다.

물론 아내의 이름이 유전자에 각인되어 있지는 않다. 하지만 두 쌍둥이 형제는 유전적 요인이 우리 삶에 얼마나 큰 영향을 미치는지에 대한 의심의 여지가 없는 증거다. 그렇다면 과연 장수에 대해서 유전자는 어느 정도 영향을 미칠까?

쌍둥이와 장수의 연관성을 다룬 가장 유명한 연구 가운데 하나는 1870년과 1900년 사이에 태어난 덴마크 쌍둥이를 대상으로 한 것이다. 이 연구에서 장수에 대한 이른바 '유전율heritability'은 남성의 경우 0.26이었고 여성은 0.23이었다. 다른 연구에서도 비슷한 결과가 나왔다. 아미시Amish 공동체 사람들의 경우에는 0.25, 미국의 유타주는 0.15, 스웨덴은 0.33이었다. 이 정도라면 정확한 수치는 별 의미가 없다. 중요한 것은 1보다는 0에 더 가까워서 유전율이 낮다는 것이다.

유전율은 다소 전문적인 용어다. 어떤 특성의 유전율이 1이라면 개체 간의 **모든** 차이가 유전자 때문이라는 것을 뜻한다. 가령 키의 유전율이 1이고 어떤 이가 다른 이보다 더 크다면 둘 사이의 키 차이는 오로지 유전적 차이에서 비롯되었다는 말이다. 만약 키의 유전율이 0이라면 차이는 오로지 환경적 요인 때문이라는 말이다. 그래서 수명의 유전율이 0.15 내지 0.33이라는 말은 개체 간 수명 차이에서 큰 역할을 하는 것은 유전이 아닌 **다른** 요인이라는 것이다.

연구자들은 쌍둥이 연구를 계속하고 있다. 하지만 유전적 요인과 환경적 요인의 영향도를 측정하기 위해 다른 연구 방법을 동원하기 시작했다. 예를 들면 구글 소유의 캘리코Calico('캘리포니아 생명 기업', 즉 'California Life Company'의 약자)는 1억 명 이상의 가계도를 확보한 앤세스터리닷컴(Ancestry.com)과 협력해서 연구를 진행했다. 이 가계도는 방대한 규모에 달하는 수많은 가족의 수명 데이터를 포함하고 있으며, 이는 물론 분석이 가능하다.

연구 결과 확인된 것은 장수의 유전율이 낮다는 점이다. 즉 유전자가 갖가지 특성에 큰 영향을 미치더라도, 장수에 있어서는 그렇지 않다는 것이다.

사실 캘리코 연구원들은 쌍둥이 연구에서 나타나는 것보다 유전자가 훨씬 덜 중요할 수 있다는 것을 확인했다. 그들은 혈연관계가 아닌 부부가 친남매보다 더 수명이 비슷하다는 것을 발견했다. 게다가 대체로 어떤 집안의 평균수명과 그 집안과 혼인으로 관계 맺은 사람들의 평균수명 사이에는 상관관계가 있었다. 당신 집에 눌러앉아 사는 장모님이 세월이 갈수록 정정해지더라도 이 정보를 상기하면 조금 위안이 될 것이다(동일한 환경을 공유하는 장모의 장수는 당신의 장수와 연관이 있으니, 장모가 오래 살더라도 너무 괴로워하지 말라는 위안조의 유머-옮긴이).

배우자들끼리 수명이 비슷한 것은 아마도 자신과 어느 정도 닮은 사람과 결혼하려는 인간의 경향 때문일 것이다. 물론 미래 배우자의 기대수명을 미리 알 방법이 있는 것은 아니다. 하지만 우리의 배우자는 식사나 운동(또는 운동 부족) 따위에서 우리와 비슷한 성향을 보일 가능성이 높고, 자산 규모도 비슷하고, 체형이 닮았을 가능성도 크다.

이 이야기의 핵심은 배우자들끼리의 높은 상관관계로 인해 장수에 미치는 유전적 요인의 영향이 실제보다 더 커 보인다는 것이다(가족은 혈연으로 이루어지지만 정작 가족의 원천인 부부는 혈연이 아니다. 부부끼리 보이는 수명의 높은 상관관계가 혈연이 보이는 수명의 상관관계, 즉 수명에 대한 유전적 영향을 과대평가하도록 한다는 말-옮긴이). 하지만 연구자들이 서로 비슷한 성향끼리 결혼하는 효과를 배제했을 때 장수의 유전율은 0.1 이하로 하락했다. 달리 말해 당신의 수명에 대해 유전자가 하는 역할은 매우 미약하다. 그 말은 장수 문제가 당신이 하기에 따라서 크게 달라질 것이라는 말이니 희소식이라 하겠다.

사람들은 유전적 요인이 어떤 특성에 영향을 미친다면 영원히 그럴 것이라고 단정하는 경향이 있다. 그러나 유전자는 마법도 운명도 아니다. 그냥 특정 단백질에 관한 코드를 품고 있을 뿐이다. 사람들 사이의 유전적 차이라는 것은 어떤 이가 다른 이보다 특정 단백질을 좀 더 많이 혹은 좀 더 적게 생산한다는 걸 의미할 수도 있고, 어떤 이의 단백질이 다른 이의 단백질과 조금 다르다는 걸 의미할 수도 있다. 이로 인해 이따금 사람들끼리 어떤 특성의 차이를 보이기도 하지만, 이는 마법 같은 것이 아니라 단지 단백질의 차이에서 비롯된 것이다.

유전자가 어떤 식으로 사람들 사이에서 차이를 만들어 내는지 알게 된다면 우리는 약물이나 기술을 동원해서 그런 효과를 모방할 방법을 찾아낼 수도 있다. 가령 유전적 요인으로 시력이 떨어졌을 때 오

시대적 관점에서 본 유전율

수명의 유전율에 대한 모든 연구는 우리와는 매우 다른 시점에 태어나서 죽은 사람들을 대상으로 삼는다. 그래서 시대적 환경이 유전율에 영향을 미치는 결과를 초래하기도 한다.

키가 바로 그런 사례다. 과거에는 성인의 신장이 지금보다 환경적 요인, 즉 사회적 계급에 더 많이 좌우되었다. 만약 당신이 부유한 집안에서 났다면 단백질이 풍부한 음식을 넉넉히 먹고 자랐을 것이다. 가난한 집안이었다면 단조로운 식단으로 근근이 배를 채웠을 것이고, 이따금 굶주리기도 했을 것이다. 게다가 비좁은 공간에 옹색하게 모여 살아서 질병에도 쉽게 노출되었을 테다. 그래서 유전적 이유가 아니라 환경적 이유로 부유한 사람들이 가난한 사람들보다 더 키가 클 가능성이 있었다.

오늘날은 더 이상 그렇지 않다. 대부분의 선진국에서는 가난한 사람들도 어린 시절부터 적정 수준의 예방접종을 받고, 단백질이 충분히 함유된 음식을 배불리 먹는다. 즉 모든 사람이 자신들의 유전자가 허용하는 한도까지 성장할 기회를 얻는다. 그래서 당신이 성인이 되었을 때의 신장은 과거 어느 때보다 훨씬 더 많이 유전자에 달려 있게 되었다. 장수도 그럴 가능성이 있다. 모든 사람이 장수를 위한 적정한 환경을 누릴 가능성이 커질수록 장수에 대한 유전율은 더욱 더 높아질 것이다.

늘날에는 안경, 콘택트렌즈 또는 레이저 시술로 그런 취약함에 대처한다. 그러나 언젠가는 근시 유발 원인을 차단하는 일부 사람들의 유전적 메커니즘을 모방함으로써 유전적으로 근시를 타고났다는 것이 애초에 문제거리가 되지 않는 기술을 개발할 수 있을 것이다.

수명에 영향을 주는 유전자도 마찬가지다. 유전자가 장수에 미치는 영향이 제한적이라고는 하지만, 그 영향이 아예 없는 것은 아니다. 그 말은 장수하는 사람들의 유전자로부터 장수에 영향을 미치는 유전적 단서를 찾아낼 수도 있다는 뜻이다. 그런 실마리를 찾아낸다면 우리는 수명을 늘려 주는 유전적 효과를 모방하는 약물을 개발해 모든 사람이 그런 효과를 누리게 할 수도 있다.

예컨대 당신의 몸에서 가상의 유전자 GENE1 변이를 발견했다고 가정해 보자. 이 변이를 갖는 사람들이 오래 살 가능성이 높다는 사실이 드러나서 더 자세히 조사해 봤더니, 이것이 일반적인 경우보다 조금 더 적게 GENE1 단백질을 생산하도록 작용한다는 점을 알게 되었다. 그렇다면 우리는 그 변이의 작용을 모방해서 GENE1 단백질을 없애 버리거나 혹은 약물 요법으로 GENE1의 생산을 애당초 억제하는 방법을 찾으면 그만일 것이다.

하지만 솔직히 내가 제시한 이런 간단한 논리를 실제 생물학에 그대로 적용할 수 있는 것은 아니다. 문제는 우리에게 대략 2만 1,000개의 유전자가 있다는 사실이다. 과거에 '키 유전자' 혹은 '비만 유전자' 같은 말을 하는 것이 당연한 시절이 있었다. 그러나 오늘날 우리는 유전적 논리가 그보다 훨씬 복잡하다는 사실을 익히 알고 있다. 우리가 갖는 대부분의 특성은 단일 유전자에 의해 결정되는 것이 아니라 수많은 다양한 유전자가 동시에 작용해서 만들어진 결과물이다. 대부분의 경우 각각의 유전자—혹은 유전적 변이—는 미약한 영향을 미칠 뿐이다. 즉 어떤 사람의 성향에 대해서 유전적으로 판단하기 위해서는 이런 작은 효과들을 총체적으로 고려해야 한다. 다행히도 이런 고려가 이른바 전장유전체 연관성 분석genome-wide association study(GWAS)이라는 연구를 통해 **가능해졌다**. 이 분석의 바탕이 되는 통계는 꽤나 복잡하지만, 분석의 기본 개념 자체는 단순하다. 수많은 사람의 게놈genome을 이용한 GWAS 연구를 통해 과학자들은 특정 유전자 변이와 특정 형질 사이의 상관관계를 찾고자 한다. 예컨대 어떤 연구실에서 눈이 푸른 사람에게서는 발견되지만 갈색 눈의 사람에게서는 보이지 않는 유전자 변이를 찾았다고 가정해 보자. 이는 그 유전자 변이가 눈 색깔에 관여한다는 것을 암시하는 단서로 볼 수 있다. 그리고 만약 이미 다른 연구에서 이 유전자가 눈의 색소 형성이나 눈 발달과 관련이 있다고 확인했음을 알고 있다면 그 가능성은 더욱 높아진다.

이런 작은 상관관계들을 수없이 발견하고 나면, 과학자들은 그 결과물을 모두 취합한 뒤 통계 기법을 써서 이른바 다중유전자 위험점수polygenetic risk score라는 것으로 정리한다. 간략히 예를 들겠다. 우리가 차분하지 못한 성격과 관련된 유전자를 조사하고자 하는 주의력 산만한 연구자들이라고 가정해 보자. 많은 사람을 대상으로 GWAS를 실시했더니, 차분하지 못한 성향의 격차가 1,000가지 다양한 유전자 변이에서 비롯된다는 사실을 발견했다.

그러고 나서 우리는 당신과 나를 대상으로 분석해 본다. 이 경우 우리는 단순한 모형을 쓴다. 만약 한 유전자 변이가 어떤 사람을 더욱 성급하게 만든다면 +1점을, 반대의 경우라면 -1점을 준다. 그런 식으로 1,000개의 유전적 변이를 모두 취합했더니, 나는 성급 위험 지수가 +600이었고 당신은 -200이라는 결과를 얻었다. 달리 말해 나는 이 책을 쓰겠다고 성급히 달려 드는 것이 내 유전적 성향과 일치하는 것이고, 당신은 소파에 편안히 기대어 내 책을 읽는 것이 당신의 성향에 맞는 것이다.

수명에 대해 GWAS를 실시하는 실험실의 과학자들이 장수의 유전적 특징을 이해하려면 아직도 갈 길이 멀다. 그러나 그들은 그 이해를 위한 단서로 활용할 수 있는 얼마간의 흥미로운 유전적 메커니즘을 **발견해 냈다**.

첫째, 면역 체계와 장수는 명확한 관계가 있다. 장수를 돕는 많은 유전적 변이는 감염에 맞서는 우리의 면역 시스템에서 어떤 식으로든 역할을 한다.

둘째, 장수는 신진대사 및 성장과도 관계가 있다. 가령 포크헤드박스 O3 Forkhead Box O3(FOXO3)이라 불리는 유전자 속에는 장수와 관련된 유전자 변이가 있다. FOXO3은 다양한 임무를 맡고 있는데, 그중 하나는 성장을 촉진하고 신진대사에 영향을 주는 호르몬인 인슐린과 인슐린유사성장인자-1(IGF-1)의 호르몬 신호 전달에 관여하는 것이다.

셋째, 장수는 노화 관련 질병의 유전자 변이와 연관성이 있다. 즉 수명에 영향을 미치는 유전자 변이 중 일부는 노화 과정 자체에 영향을 미치지만, 다른 일부는 일단 당신이 **나이가 들었을 때** 노화 관련 질병에 걸릴 가능성을 높이는 역할을 한다. 이런 변이 중 가장 유명한 것은 아포지단백 E Apolipoprotein E(APOE)이다. APOE는 지방과 비타민, 콜레스테롤을 림프계에서 다시 혈류로 운반하는 것을 돕는다. 하지만 자연은 일거양득의 효과를 즐기는 법이라서 APOE는 한발 더 나아가 신경계와 면역계를 조절하는 역할까지 한다. APOE 유전자는 아직 그 이유는 잘 모르지만 알츠하이머병의 발병 위험에 관여하는 상당히 중요한 조절 인자다. APOE 유전자형에는 세 가지 변이형, 즉 ε2, ε3, ε4가 있다. 대부분의 사람들은 (부모로부터 각각 하나씩 물려받아서) '정상적인' ε3 변이형을 두 개 갖는다. 그러나 20~30퍼센트에 달하는 사람들은 정상적인 ε3 변이형 하나에 ε4 변이형 하나를 갖는다. 이것이 알츠하이머병에 걸릴 위험을 가중시킨다. **두 개의 ε4 변이**를 갖는 2퍼센트의 불운한 사람들은 보통의 경우보다 알츠하이머병에 걸릴 위험이 훨씬 높다.

◆ • ◆

일반적으로 GWAS는 많은 사람에게 발견되는 유전자 변이의 영향을 측정하는 가장 적절한 방식이다. 만약 유전적 변이가 너무 희귀하다면 그 변이의 효과는 감시망에 들어오지 않을지도 모른다. 그렇다고 그 희귀한 변이가 건강과 장수에 별로 중요하지 않다는 말은 아니다. 오히려 그 반대라고 생각할 근거가 있다. 다행히도 놀라운 효과를 보여 주는 희귀 유전적 변이들이 이따금씩 발견된다.

그런 경우를 살펴보기 위해 우리는 잠시 인디애나주의 번Berne이라는 작은 마을로 가야 한다. 번은 얼핏 봐서는 미국 중서부의 여느 도시와 다를 바 없다. 격자형으로 반듯하게 구획된 도로를 끼고 깔끔하게 정돈된 잔디밭을 둔 주택들이 나란히 늘어서 있으며, 마을 사방으로 끝없이 들판이 펼쳐져 있다. 하지만 그곳 사람들은 평범한 중서부 사람들과는 어쩐지 달라 보인다. 많은 주민이 검소한 옛날 복식을 고집하고, 여전히 말이 끄는 마차를 운송 수단으로 쓰고 있다. 만약 당신이 다가가서 그들의 대화를 엿듣는다면 그것이 영어가 아니라 독일 방언이라는 사실에 놀랄 것이다.

이들은 아미시 공동체 사람들이다. 특정 기독교 종파의 교리를 믿는, 결속력이 끈끈한 집단이라는 뜻이다. 그들은 근면함과 소박함을 기본으로 하는 삶을 살고, 최신 문물을 거부한다. 아미시는 원래 18세기와 19세기에 독일과 스위스로부터 북아메리카로 이주했다. 그들이 아미시가 아닌 사람들을 여전히 '영국인'이라고 부른다는 사실에서도 이들의 이방인적 기질을 확인할 수 있다. 하지만 유럽의 아미시인들은 사라진 지 오래고 이제는 아메리카 대륙에서만 존재한다.

100년 전만 해도 미국 전역에 아미시는 고작 5,000명 정도였다. 그러나 19세기가 끝날 무렵에는 16만 6,000명으로 늘어났고, 지금은 무려 33만 명이 넘는다. 아미시가 추종하는 종파의 인기가 갑자기 치솟아서는 아니다. 사실 개종해서 아미시에 합류하는 경우는 매우 드물다. 다만 아미시 공동체가 피임을 하지 않아 다자녀 가정이 많기 때문에 그 수가 늘어난 것이다. 번의 아미시 공동체는 19세기에 오하이오주로부터 인디애나주로 이주한 작은 무리의 가족들이 일궈 냈다. 그 중 한 이주자가 (그 자신은 알아채지 못했지만) 특이한 유전자 변이를 갖고 있었다. 만약 그 사람이 미국의 아무 곳에서 아무개와 결혼했다면 그들의 후손은 광범위하게 퍼졌을 것이고, 우리는 그 변이를 결코 발견하지 못했을 것이다. 그러나 그 변이를 보유한 사람이 아미시였기 때문에 그의 후손 상당수가 바로 이곳 번에서 살고 있다. 그래서 마을 사람들 가운데 일부는 자신의 부모 **모두**로부터 변이를 물려받기도 했다. 가계도상으로 양쪽 부모가 모두 최초 변이 보유자의 후손이었기 때문이다.

문제의 그 변이는 플라스미노겐 활성인자 억제제-1(PAI-1) 단백질을 만드는 유전자 속에 있었다. 이는 유전자가 작동을 멈추도록 작용한다고 해서 소위 **기능상실**loss-of-function 변이라고 불린다. 이 유전자 변이를 하나만 물려받은 사람은 보통 사람보다 PAI-1 단백질을 대략 50퍼센트 적게 생성한다. 그리고 부모 **양쪽**으로부터 모두 물려받은 사람은 PAI-1 단백질을 아예 생성하지 않는다.

우리가 이 유전자 변이를 알게 된 것은 일리노이주 노스웨스턴대학의 연구자들 덕분이다. 그들은 PAI-1을 증가시킨 생쥐들에게서 노화가 촉진된다는 사실을 확인했다. 반면에 PAI-1을 감소시킨 생쥐의 경우에는 노화가 더뎌졌다. 이제 감이 오는가?

특이한 PAI-1 변이를 보유한 인디애나주 번의 아미시인들은 유전적으로 PAI-1 수치가 낮았다. 부모 중 한 사람으로부터 물려받은 것이다. 만약 낮은 PAI-1 수치가 쥐의 노화를 늦추었다면 사람에게도 같은 효과가 있지 않겠는가?

연구자들은 변이를 보유한 아미시인과 정상적인 수치의 PAI-1을 보유한 아미시인을 비교하는 연구에 착수했다. 아미시 공동체의 혈연관계가 긴밀하기 때문에 가계도를 추적해서 누가 그 변이를 전파했는지 찾아낼 수 있었다.

그들은 PAI-1 변이를 보유한 이들이 '보통의' 아미시보다 정말로 더 오래 산다는 것을 확인했다. PAI-1의 장수 효과가 쥐뿐 아니라 사람에게도 비슷하게 적용될 수 있다는 희망적인 신호였다.

앞에서 살펴봤듯이 다음 단계는 이런 유전학적 성과를 우리 모두에게 전해 주는 방법을 찾는 것이다. 물론 그 효과를 입증하고 더욱 잘 이해하기 위해서는 더 많은 연구가 선행되어야 한다. 그러나 생명공학 회사들은 벌써 발 빠르게 PAI-1을 억제하는 약물 개발에 착수했다. 굿이나 보고 떡이나 먹겠다는 생각은 밀쳐놓고 왜 PAI-1이 노화를 촉진하는지에 대해서 좀 더 알아보자.

한 가지 설명은 PAI-1이 세포노화cellular senescence라 불리는 과정에서 중요한 역할을 한다는 것이다. 사람이 늙으면 어떤 세포는 죽음과 삶 사이를 배회하는 특수한 상황에 들어간다. 바로 좀비세포라고 불리는 것들이다. 좀비세포는 평상시 하던 거의 모든 기능을 상실하며, 여기에 더해 분열하는 능력까지 발휘하지 못하게 된다. 그러나 무슨 이유에서인지 죽지도 않으면서 어떤 분자를 무더기로 뿜어낸다. 이들 분자—그중 하나가 PAI-1이다—는 조직에 손상을 주고 노화를 촉진하는 것으로 보인다. 따라서 유전적으로 노화에 큰 역할을 할 것으로 여겨지는 생물학적 현상의 목록에 이 '좀비세포'를 올려 두기로 한다.

Chapter 4

유전적 관점에서 바라본 영생불멸

: 우리는 왜 늙는가 :

숫자 100의 절반은 얼마인가? 만약 노화에 관한 계산이라면 50이 아니다. 93이다. 아는가? 93세에서 100세까지 살아 내는 것이 태어난 날로부터 93세가 될 때까지 사는 것만큼이나 어렵다는 사실을.

이것은 인간의 노화가 기하급수적으로 진행되기 때문이다. 일단 태어나는 것에 성공하면 우리는 통계적으로 (현대에 와서야 가능해졌지만) 가장 안전한 삶의 기간인 어린이 단계에 들어선다. 어린이일 때 우리는 삶의 후반기에 겪는 모든 노화 관련 질병을 까마득히 모르고 산다. 그러나 좋은 시절은 오래가지 않는다. 마침내 사춘기가 오고, 노화가 시작된다. 사춘기가 끝나면 한 해를 더할수록 사망 확률은 더욱 높아지기 시작해 8년마다 거의 갑절씩 불어난다. 최초의 사망 확률이 낮은 수준에서 시작하기 때문에 처음에는 노화를 의식하지 못한다. 사춘기 후에 처음 10년간 혹은 15년간은 한 해 단위로 생각하면 그 이전 해와 건강상의 차이를 별로 느끼지 못한다. 그러나 시간이 흐를수록 육체의 쇠락은 점점 더 분명해진다. 마침내 사망 확률은 젊었을 적보다 훨씬 높아진다. 만약 당신이 그런 기하급수적으로 음습하는 죽음의 공격에서 살아남아 운 좋게도 100세까지 살아 낸다면, 그때부터는 하루하루를 사는 것이 당신이 25세였을 때 1년 동안 겪었던 사망 확률과 동일한 위험을 견디며 사는 것이나 다름없게 된다.

이처럼 나이가 들수록 사망 확률이 더욱 커지는 이유는 우리의 생리적 기능이 서서히 쇠퇴하기 때문이다. 본질적으로 시간의 경과에 따른 육체적 쇠퇴를 노화라고 부른다. 우리 모두는 주름살, 흰 머리칼 같은 그 명백한 징후를 알고 있다. 그러나 노화는 겉으로 보이는 것보다 훨씬 더 많은 현상들과 함께 진행된다. 노화 과정에서 벌어지는 변화를 오른쪽 표로 정리해 보았다.

이 표를 보면 짐작할 수 있듯 나이가 들수록 모든 신체 기능은 저하되는 것이 일반적이다. 각각의 기능 저하가 모든 사람에게 동시에 나타난다거나, 아니면 같은 비율로 나타나는 것은 아니다. 예컨대 드물게 흰머리가 나지 않는 사람도 있다. 그러나 당신의 신체 중에서 어디를 선택하든 그것이 지금보다 20년 뒤에 더 나쁜 상태에 있을 것이라는 건 분명하다.

어떤 사람들은 주름살 때문에 몹시 신경을 쓰겠지만 진짜 신경 쓰이는 것은 외모가 아니라 이 전방위적인 기능 저하로 인해 우리가 다양한 질병에 노출될 위험이 급격히 증가한다는 점이다. 어쩌다 '노령'

	쇠퇴 현상
감각과 신경계	두뇌 회전 저하, 기억력 감퇴, 평형감각 퇴화, 안구 탄력성 감소에 따른 시력 약화, 어둠 속 시력 약화, 후각과 미각의 감퇴
심혈관계	혈관 탄력성 약화로 인한 혈압 상승, 심장의 펌프 기능 저하, 불규칙해지는 심장박동
근육과 뼈	근육량 및 근력 감소, 지구력 감퇴, 골밀도 감소로 인한 골절 위험 증가, 연골 및 척추 위축으로 인한 키 감소
외면적 변화	얇아지고 건조해지는 피부, 쉽게 생기는 멍, 검버섯, 주름살, 흰머리 증가
면역 체계	새 병원체를 적발하고 그에 대처하는 능력 저하, 면역 체계가 자기 자신의 몸에 대해 낮은 수준의 활성화를 보이는 현상 증가, 몸에 아무 이상이 없는데도 면역 체계가 낮은 수준의 활성화를 보이는 현상 또한 증가
호르몬	호르몬 분비 능력 감소(여성은 에스트로겐과 프로게스테론의 분비가 감소하면서 폐경기에 접어들고, 남성은 테스토스테론의 분비가 감소함)
내부 장기	· 폐: 탄력성 저하, 들숨으로 들어오는 공기의 양 감소 · 간: 알코올과 같은 해로운 물질의 중화 능력 저하 · 장: 인체 내 미생물 생태계인 마이크로바이옴microbiome 구성이 유해한 쪽으로 변하면서 그 온전함을 상실 · 방광: 탄력성 저하, 잦은 배뇨

으로 죽었다고 기록되는 사람이 있겠지만, 우리 대부분은 노화 관련 질병에 걸려 죽을 가능성이 높다. 즉 노인에게만 닥치는 질병에 걸려 죽는다. 그것은 미국이 최대 사망 원인으로 꼽은 다음의 질병 목록을 봐도 매우 명백하다.

사고를 제외하면 이 모든 사망 원인은 한 가지 공통점이 있다. 압

순위	사망 원인	비율
1	심장병	23%
2	암	21%
3	사고	6%
4	만성 하부 호흡기 질환	6%
5	뇌혈관 질환(특히 뇌졸중)	5%
6	알츠하이머병(치매)	4%

도적으로 노화에 의해 야기된다는 것이다. 젊은 사람들은 심장마비나 치매에 걸리지 않는다.

우리는 이런 질병을 더 잘 이해하고 가능한 치유법을 개발하기 위해 연구비의 대부분을 지출한다. 그러나 비록 그런 연구에서 성공을 거둔다 해도 그것만으로는 충분하지 않다. 가령 당신이 내일 모든 암의 치유책을 찾아냈다고 가정해 보라. 그것으로 기대수명을 얼마나 늘렸을 것 같은가? 10년? 아니면 그 이상?

사실 당장 모든 암이 사라진다 하더라도 기대수명은 고작 3.3년밖에 늘어나지 않는다. 심혈관 질환을 없애는 데 성공하면 4년, 알츠하이머병 치유법을 개발하면 2년이 늘어날 뿐이다. 너무 보잘것없다고 생각하겠지만 사람들은 엄연히 다른 이유로도 많이 죽는다. 사망 원인은 질병이겠지만 궁극적 원인은 노화다. 젊은이의 신체는 유지나 보수가 순조롭게 이루어지기 때문에 이런 질병에 노출되지 않는다. 그러나 육체적으로 쇠퇴하면서 노화 관련 질병의 문이 열린다. 처음에는 문틈만 살짝 보일 뿐이지만 시간이 지날수록 점점 그 틈이 벌어지고, 마침내 '환영'이라고 쓴 팻말이라도 달아 놓은 듯 온갖 질병이 무사통과할 정도로 문이 활짝 열린다.

이런 인식은 부정적으로 보면 늙은 몸으로는 노화 관련 질병들을 피하기가 쉽지 않다는 생각에 그칠 수 있다. 하지만 긍정적으로 보면 우리가 이런 질병들에 맞서서 한꺼번에 방어벽을 칠 기회가 남아 있다고 생각할 수도 있다. 만약 심각한 질병들의 근본 원인이 동일하다면 우리가 그 모든 질병에 대한 대응력을 단숨에 개선할 수 있을지도 모른다. 관건은 노화를 지연시키는 것이다. 상대적으로 젊은 신체를 유지한다면 그것만으로도 질병을 더 잘 막아 낼 테고, 두 가지 긍정적인 효과를 얻게 될 것이다. 건강하고 활력에 찬 상태로 더 오랜 세월을 보낼 수 있을 뿐만 아니라, 노화 관련 질병이 들어오는 문을 더 오래 닫아 둘 수 있는 것이다.

노화 증후군

보통 사람들보다 훨씬 더 빠르게 노화하는 특이한 유전 질환들이 있다. 그중 하나가 조로증progeria이라 불리는 것인데, 이 병에 걸린 사람은 몸이 작고 연약하며 머리칼이 없는 한편 얼굴 생김새가 독특하다. 간단히 말해 조로증에 걸린 사람은 성인이 되기도 전에 노화가 시작된다. 그들은 대개 심장마비나 뇌졸중 같은 노화 관련 질병으로 죽는다. 하지만 보통의 경우와는 달리 놀라울 정도로 이른 나이에 이런 질병들에 걸린다. 조로증에 걸린 사람의 평균수명은 13년에 불과하다.

이 끔찍한 유전적 질병의 원인은 라민 A Lamin A 단백질을 만드는 유전자의 변이에 있다. 라민 A 단백질은 세포핵이라고 불리는 것의 일부이며, 이 단백질이 변이를 일으키면 구조가 바뀌면서 정상과 다른 모습이 된다. 어떤 이유에서인지 이런 변이는 세포 건강에 중요한 DNA 손상 복구 능력을 저하시킨다. 노화를 촉진하는 다른 유전 질환들도 이런 메커니즘을 공유한다.

비록 우리가 노화 과정에서 쇠퇴하는 인체의 많은 부분에 대해 잘 알고 있다고 하더라도, 애초에 이런 일이 발생하는 **이유**는 그리 분명하게 밝혀지지 않았다. 생물학에서는 의문이 생기면 늘 그렇듯이 찰스 다윈의 진화론에 도움을 요청해야 한다. 생물학자 테오도시우스 도브잔스키 Theodosius Dobzhansky 가 일찍이 말했듯이 "진화의 관점으로 바라보지 않는다면 생물학에서 어떤 것도 이해할 수 없다". 예를 들어 만약 호랑이에게 줄무늬가 있는 이유가 궁금하다면 진화론이 답을 준다. 줄무늬는 호랑이가 위장하도록 돕는다. 위장을 잘하는 호랑이가 더 많은 먹잇감을 잡을 것이고, 이는 부모의 멋진 줄무늬를 물려받은 새끼를 더 많이 나아서 키울 수 있다는 뜻이다. 그리고 그것은 대대로 전해진다.

문제는 언뜻 봐서는 진화의 관점으로 노화를 설명하기가 쉽지 않다는 것이다. 늙어서 죽는 것이 어떻게 유익하단 말인가? 왜 동물은 점점 수명이 길어져서 끝없이 후손을 낳도록 진화하지 않았을까? 물론 그런 진화가 성공하려면 자신들의 후손을 먹이고 양육해야 할 것이다. 그러자면 늙어서 득 될 것은 아무것도 없다. 노화는 자손을 **얻지 못하는** 가장 확실한 방법 아닌가. 하지만 우리가 사는 세상은 노화가 지극히 정상인 곳이다.

영국의 생물학자 피터 메더워Peter Medawar는 그 이유에 대해 가장 근본적인 통찰을 제공해 주었다. 그는 대부분의 동물에게 영생이 **가능**하다 할지라도 그들은 그것을 선택하지 않을 것이라고 설명했다. 가령 앞에서 말했던 호랑이를 데려와서 그것의 노화를 막을 수 있다고 가정해 보자. 그러나 이 호랑이가 아무리 생물학적으로 늙지 않는 불멸의 존재가 되었다 하더라도 여전히 호랑이는 감염으로 인해 병에 걸리기도 하고, 먹잇감의 반격으로 부상을 당하기도 하며, 사고로 목숨을 잃거나 아니면 다른 호랑이에게 물려 죽을지도 모르는 데다, 그게 아니더라도 운이 없으면 호랑이 가죽을 탐하는 인간쓰레기 같은 밀렵꾼의 사냥감이 되기도 한다. 먹이사슬의 정점에 있는 호랑이에게도 야생에서의 삶은 험악하기 짝이 없다.

노화에 대한 진화적 설명 중에서 가장 널리 수용되는 이론들은 이런 통찰에 기반한다. 생물학 이론가들은 생물이 늙지 않더라도 야생의 환경에서 죽음이 확실시되기 때문에 진화가 노화를 수용했을 것이라고 가정한다. 그렇다면 결코 안 올지도 모르는 막연한 미래보다는 지금 여기에 투자하는 것이 더 이로울 것이다. 우리는 이미 주머니쥐의 경우에서 그런 경향을 본 적이 있다. 새펄로섬에서 안전하게 사는 주머니쥐는 열대우림에서 끊임없는 위험에 시달리는 주머니쥐보다 더 오래 살도록 진화하지 않았던가? 그와 같은 논리로 새들이 지상의 동물들보다 더 오래 산다는 것도 이미 확인했다. 비행 능력으로 포식자를 따돌릴 수 있으니 미래에 대한 투자가 이득이 될 가능성이 높기 때문이다.

우리는 사고실험으로 그 과정을 상상해 볼 수 있다. 맨 처음부터 결함이 있는 변이를 갖고 태어난 호랑이가 있다고 가정해 보자. 그 변이는 호랑이 몸뚱어리를 연한 푸른색을 띠게 한다고 치자. 겉보기에는 멋질지 몰라도 호랑이 먹잇감의 눈에는 잘 띌 것이다. 푸른 호랑이는 본인도 먹고살기가 힘들 테고, 자신의 새끼를 먹이는 데도 애먹을 것이다. 푸른색 털을 물려받았다면 그 새끼 역시 애로 사항이 많을 테고, 마침내 그 변이는 사라질 것이다.

그러나 만약 그 변이가 즉각적으로 해로운 게 아니라면 어떨까? 푸른색 털을 갖게 되는 게 아니라 실명이 되는, 그것도 태어난 지 15년이 지나서야 시각장애가 오는 변이를 타고났다면? 그 호랑이는 오랫동안 별 탈 없이 잘 살 것이고, 새끼를 낳고 키우는 데에도 문제가 없을 것이다. 마침내 **열다섯 살이 되면** 먹잇감을 구하지 못해 굶어 죽을 것이다. 하지만 어차피 호랑이 대부분은 그때까지 살아남지 못한다. 이런 논리를 '돌연변이 축적 이론mutation accumulation theory'이라고 한다. 간단히 말해 죽을 때가 닥쳐서야 발현되는 해로운 변이는 진화의 과정에서 제거하기 쉽지 않기 때문에 결국 우리는 생로병사의 굴레를 피할 수 없다는 논리다.

이제 이 가정을 뒤집어 보자. 실명을 초래하는 변이가 생애의 15년 동안 이롭지도 해롭지도 않은 **중립**neutral 상태로 있는 것이 아니라 처음에는 **유익한**beneficial 작용을 한다면 어떻겠는가? 이 변이가 호랑이가 늙어 시력을 잃는 대가로 젊은 시절에는 시력을 **더 좋게** 만든다고 가정해 보자. 그러면 그 변이를 갖는 호랑이는 생애 초반부에 **더 많은** 먹이를 구할 것이고 **더 많은** 새끼를 낳아서 기를 것이다. 마침내 그 변이가 호랑이를 눈멀게 하고 굶어 죽게 만들더라도 어쨌든 그는 보통의 호랑이보다 더 많은 후손을 보게 된다. 이런 논리를 '적대적 다면발현antagonistic pleiotropy'이라고 한다. 이 논리의 핵심은 어떤 유전적 변이가 생애 초반에는 유익하게 작용하지만, 후반이 되면 해롭게 작용한다고 가정하는 것이다. 만약 생애 초반이 중요하다면 이 유전적 변이가 우세하게 될 것이고, 생애 후반부가 되면 그 해로운 효과가 발현되면서 소위 노화라 부르는 육체적 노쇠가 진행된다는 것이다.

◆ • ◆

현재 생물학에서 가장 널리 알려진 이론은 손상을 제대로 복구하지 못해서 노화가 온다는 것이다. 기본적으로 이 이론은 생물이 노화에 맞서 싸우지만 결국에 가서는 싸움에 필요한 수단이 바닥나 버린다고 주장한다. 일부 연구자들은 이 같은 논리가 완전히 틀렸다고 생각한다. 그들은 노화는 싸움에 패해서 오는 것이 아니라, **우리 스스로가 초래한 것**이라고 주장한다. 수정란에서 아기, 어린이, 그리고 성인으로 이어지는 일종의 발생 프로그램의 연속으로 보는 것이다. 이런 견해를 '노화 예정설programmed aging'이라고 일컫는다. 단순히 생각하면 상당히 그럴싸한 논리 아닌가? 만약 모든 동물이 영원히 산다면 결국 동물이 너무 많아질 것이며, 먹잇감은 바닥날 것이고, 마침내 모두 굶주리게 될 테니 말이다. 이런 방식은 지속 가능하지 않다.

노화 예정설은 처음에는 그럴싸하게 들릴지 몰라도 논리적·수학적 문제가 심각해서 논란이 된다. 집단적 수준에서 진화는 이런 식으로 단순하게 작동하지 않는다. 첫 번째 문제점은 '공유지의 비극'이라고 불리는 전형적인 상황이다. 이것은 우리 인간이 환경을 보전하거나, 세금을 내거나, 공유 주방의 청소를 어떤 식으로 분담할 것인가를 결정할 때 직면하는 것과 동일한 문제다. 공동의 이해가 걸린 일에서 수고는 하지 않으면서 이득만 챙기려는 사람은 언제나 존재하기 마련이니까.

'공유지의 비극'은 자연계에서도 널리 퍼져 있는 현상이다. 여러분 역시 부지불식간에 이미 그런 상황을 보았을 수도 있다. 자연 다큐멘터리를 본 적이 있다면, 왜 먹잇감이 되는 동물이 좀처럼 맞서 싸우는 일이 없는지 궁금했을 것이다. 사자가 겨우 몇 마리만 설쳐 대기만 해도 수많은 영양 무리가 혼비백산한다. 수적으로 보면 오히려 영양 무리가 압도적이지 않은가? 사자가 아무리 사납고 힘이 세더라도 함께 덤비기만 한다면 영양 무리가 이길 것이다. 이따금 수천 마리 대 한 마리의 싸움이 될 수도 있다! 그러나 매번 사자가 등장할 때마다—심지어 딱 한 마리가 나타나더라도—영양 무리는 혼돈에 빠져 필사적으로 달아난다. 결국 그중 한 마리는 잡아먹히고 만다.

만약 영양이 인간의 언어를 이해한다면 우리는 그들을 앉혀 놓고 이런 식으로 상황을 설명할 수 있으리라. "너희들끼리 협력한다면 사자보다 더 우위에 설 수도 있어. 떼를 지어 덤빈다면 사자를 처치할 수도 있어. 그러면 포식자를 두려워할 필요가 없는 세상이 올 거야." 영양들은 분명 우리의 논리에 납득되어 스스로를 방어하기 위한 대비책을 수립할 것이다. 그러고는 다음번에 사자가 공격해 오면 용맹스럽게 대항할 것이다. 몇몇 영양은 부상을 입기도 하겠지만, 압도적 수적 우세를 앞세워 결국 승리를 쟁취할 것이다. 그때부터 영양은 독재자 없는 세상을 살게 된다.

이따금 영양은 새로운 사자 무리와 맞서 싸울 일이 있기는 하겠지만, 협력을 통해 평화를 지켜 나가고 삶의 질 또한 눈에 띄게 개선할 수 있을 것이다.

그러나 어느 집단에서나 그렇듯이 영양의 무리 중에도 겁쟁이가 있게 마련이다. 이놈도 새롭게 쟁취한 불안 없는 세상을 다른 누구만큼이나 누릴 것이다. 그러나 그는 자신의 생명을 위험에 처하게 하고 싶은 생각은 없다. 위험은 다른 동료에게 미루고 싶다. 그래서 다음에 사자 무리의 공격이 있을 때 그 겁쟁이는 방어선에서 맨 뒷자리를 차지할 것이다. 그런 식으로 그놈은 동료 영양들이 무리의 안전을 위해 분투하는 동안 자신은 어떤 위험도 떠맡지 않는다.

용감하게 앞장서는 영양은 이따금 부상을 당하거나 일부는 심지어 죽기도 할 것이다. 반면에 겁쟁이는 늘 상처 하나 없이 팔팔하다. 그는 다른 영양보다 훨씬 오래 살고 그래서 후손도 많이 본다. 그놈의 후손 가운데 일부도 겁쟁이의 피를 받아 제 아비처럼 꽁무니에 숨어서 안전을 도모한다. 그 결과 겁쟁이 영양은 용감한 영양보다 자손 대대로 더 많은 후손을 남긴다. 그들은 늘 제 살 궁리만 하고 무리를 위해서는 어떤 희생도 치르지 않고 무사안일만을 좇는다. 그러나 이런 식이라면 영양 무리는 결국 겁쟁이들로 가득 차게 된다. 그렇게 되면 수적 우세를 앞세운 논리적 방어책은 무너져 버리고, 다시 죽어라 도망만 치는 각자도생의 삶으로 되돌아가게 된다.

인간 사회에서는 이런 식으로 꼼수를 써서 혼자만 득을 보려는 수작이 통하지 않도록 사회적 대응을 마련한다. 우리는 세금을 탈루하는 자를 벌주고, 환경오염을 저지르는 기업체를 적발하고, 공유 주방의 청소를 기피하는 자에 대해서 비난을 한다. 그러나 그런 대응책이 수중에 있다고 하더라도 환경을 보전하고 세금을 거두고 공유 주방의 청결을 유지하는 것은 어렵다. 인간 사회의 경우도 그런데, 하물며 자연이 대처하는 상황은 훨씬 열악하다. 자연은 앞으로 닥칠 문제를 예견하지도 못하고, 닥친 문제에 대해서 합리적으로 따져 보지도 못한다. 진화는 자연의 맹목적인 진행 과정일 뿐이고, '공유지의 비극'에 대한 최적의 해결책은 흔히 자진해서 겁쟁이가 되는 것이다.

이런 사실이 노화 예정설을 수용하기 어렵게 만든다. 비록 (애초에 그럴 가능성이 매우 낮음에도 불구하고) 노화 유전자가 어찌어찌 진화의 단계를 밟는다 하더라도 '공유지의 비극'이라는 딜레마에 봉착하게 될 것이다. 생명체의 유전자에 노화를 프로그래밍한다는 것은 그 프로그램이 변이에 취약하다는 것을 뜻한다. 어느 시점이 되면 노화 프로그램에 결함이 생긴 개체가 태어날 것이다. 이 개체는 생물학적 관점에서는 불멸이어서 엄청난 특권을 보장받게 된다. 프로그램대로 기꺼이 늙고 죽는 다른 동료들에 비해 훨씬 많은 자손도 볼 것이다. 그리고 마침내 불멸하는 개체가 그 종 전체의 지배종이 될 것이다.

그러나 지금 우리 가운데 불멸인 사람이 없다는 사실을 고려한다면 노화 프로그램이 유전자에 들어 있다는 가설은 설득력이 없다. 그런 사실을 알면서도 굳이 내가 노화 예정설을 언급한 것은 자연에서 그리고 실험실에서 **그렇게 보이는** 사례를 많이 접할 수 있기 때문이다. 다음의 예가 그런 경우다.

- 여왕벌과 일벌은 유전자로는 동일하다. 애벌레 상태에서 여왕벌이 될 것인지 또는 일벌이 될 것인지를 결정하는 것은 애벌레가 먹는 음식과 돌봄에 달려 있을 뿐이다. 그러나 유전적 청사진이 동일한데도 여왕벌과 일벌의 기대수명은 큰 차이가 난다. 일벌은 몇 주를 살 뿐이지만 여왕벌은 몇 년을 산다. 개미의 경우도 마찬가지다(애초에 유전적 청사진이 동일하다 하더라도 애벌레가 양육되는 환경이 달라지면 DNA에 후성유전학적 변화가 생겨서, 특정 유전자가 활성화된다-옮긴이).

- 앞에서도 언급했듯이 어미 문어는 종일 알을 지키다가 알이 부화하면 며칠 내로 죽는다. 그러나 눈샘optic gland이라 불리는 특정한 분비샘을 제거하면 어미 문어는 부화 즉시 죽지 않는다.

한 쌍의 눈샘 중 하나를 제거하면 수명이 몇 주 연장되고, **둘 다** 제거하면 40주 이상 더 산다.

- 1980년대에 미국의 과학자 톰 존슨Tom Johnson은 실험실에서 age-1이라 불리는 유전자를 차단함으로써 실험용 벌레인 예쁜꼬마선충*C. elegans*의 수명을 늘릴 수 있다는 것을 발견했다. 처음에 과학자들은 age-1 유전자의 발현을 비활성화한 것이 선충으로 하여금 에너지를 생식이 아니라 유지와 보수로 돌리게 했기 때문일 거라고 생각했다. 그러나 나중에 age-1을 비활성화한 선충도 보통의 선충만큼이나 많은 후손을 낳는다는 사실이 드러났다. 장수를 얻은 것에 대해서 어떠한 대가도 치르지 않은 것이다—오로지 수명이 늘어나는 효과를 얻었을 뿐이다. 그 후로도 과학자들은 age-1 유전자의 경우처럼 예쁜꼬마선충 내에서 그 작용을 차단했을 때 아무런 대가를 치르지 않고도 선충의 수명을 연장시키는 또 다른 유전자를 여럿 찾아냈다. 그것은 전통적인 논리로는 예기치 못한 발견이었다.

어쩌면 이 모든 난무하는 주장들이 학자들끼리 단지 논쟁을 위한 논쟁을 벌이는 것으로 보일 수도 있지만, 사실 누가 옳으냐 하는 문제는 노화와의 싸움에서 매우 중요하다. 노화가 **무엇인가**에 대한 이해가 노화에 대처하는 방법을 찾을 때 우리의 접근법을 결정하기 때문이다. 기존의 이론처럼 육체가 자가 치유를 못해서 노화가 생기는 것이라면 치유 실패로 인한 손상을 복구하는 것이 해결책이라 하겠다. 우리는 우리 몸이 노화하는 모든 다양한 경로를 찾아내고 그것들을 하나하나 일일이 고쳐야 할 것이다. 하지만 그게 아니라 노화가 정해진 프로그램을 따르는 것이라면 훨씬 간단한 해결책이 나온다. 그 프로그램을 되돌려 버리는 것이다. 우리는 이미 어떻게 수정 단계에서 태아가 되는지, 그리고 어린이로부터 성인으로 성장하는지와 같은, 우리 몸에서 초기의 발달 프로그램이 어떻게 작동하는지에 대해 많은 것을 알아냈다. 노화가 이와 비슷한 종류의 프로그램을 따른다면 우리는 노화로 인해 축적되는 손상을 하나하나 고쳐야 할 필요가 없다. 단지 노화 프로그램을 찾아내고 그것을 되돌리면 그만이다. 그러면 우리 몸은 생물학적으로 젊은 몸을 되찾을 것이고, 원래 젊은 몸이 하듯이 손상은 알아서 치유할 것이다.

짐작하겠지만 우리는 아직 둘 중에서 어느 쪽이 맞는지 확신할 정도의 결과를 얻지 못했다. 연구나 투자를 할 때 확신은 없더라도 어느 쪽의 관점으로 시작할 것인지는 결정해야 한다. 하지만 그럴 수밖에 없더라도 노화 저지를 위한 연구에 나선다면 지금으로서는 모든 가능성에 대해서 열린 태도를 취하는 것이 합리적이다.

Part 2
과학의 성과

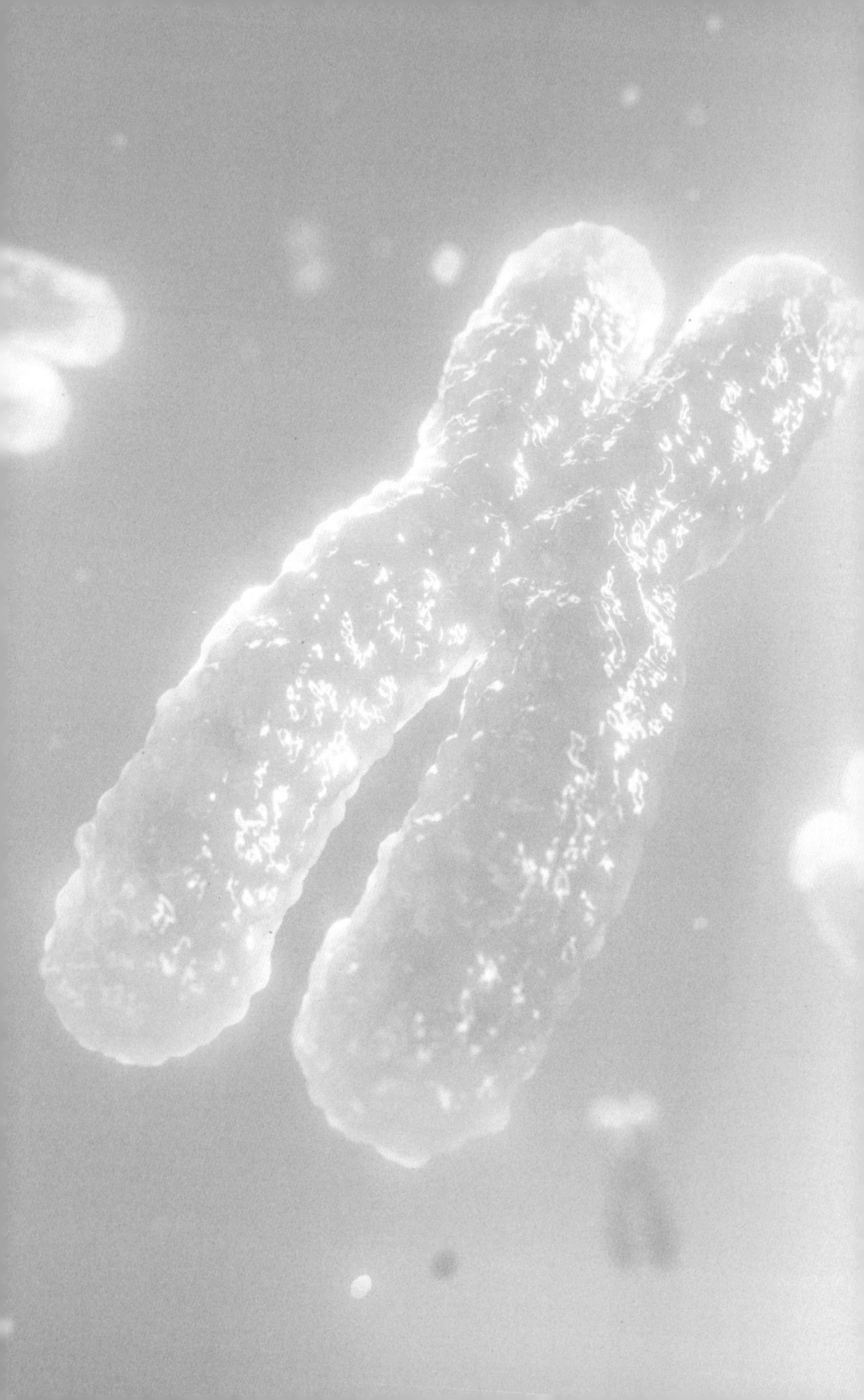

Chapter 5
우리를 죽이지 않는 고통은…•

: 스트레스와 장수의 관계 :

요즘 내 고향 코펜하겐의 전철을 타면 항산화제를 **빵빵하게** 넣은 신제품 스무디 광고를 여기저기서 볼 수 있다. '인플루언서'와 각종 온라인 피라미드 업체들이 팔아먹는 별 볼 일 없는 다이어트 보조 식품 광고도 예외가 아니다. 그러나 항산화제와 건강 보조 식품 사이의 밀월 관계는 사실 그보다는 좀 더 심각한 상황에서 시작되었다.

일본에 최초의 원자폭탄이 투하된 지 몇 년 뒤인 1950년대에 과학자들은 방사능이 인간의 신체에 미치는 영향에 대해 심각하게 염려했다. 그렇다고 인체 실험을 할 수는 없으니 애꿎은 쥐를 괴롭혔다. 치

• 프리드리히 니체의 『우상의 황혼Götzen-Dämmerung oder Wie man mit dem Hammer philosophirt』에 나오는 문장 "나를 죽이지 않는 고통은 나를 더욱 강하게 만든다."에서 앞부분만 차용했다.-옮긴이

명적일 정도는 아니지만 상당한 양의 방사능을 쥐에게 쬐었더니 쥐의 노화가 급격히 빨라진다는 사실이 드러났다. 방사능에 노출된 쥐는 더 빨리 노화 관련 질병에 노출되었고 그래서 더 빨리 죽었다.

방사능이 쥐를 해치는 이유 중 하나로 세포에 자유라디칼free radical (짝을 짓지 못한 전자를 가지고 있는 원자 혹은 분자-옮긴이)을 만들어 낸다는 점을 들 수 있다. 자유라디칼은 반응성이 높아서 다른 분자와 충돌하면 그 분자에 손상을 입힌다. 마치 도자기 가게에서 멋대로 설쳐 대는 황소와 같다. 어떤 동물의 세포가 방사능에 노출되면 그 황소는 미친 듯 껑충거리며 세포 내부를 헤집어 놓는다. 과학자들은 자유라디칼이라는 황소가 가한 총손상을 '산화 스트레스oxidative stress'라 일컬었다. 그런 식으로 방사능을 쐰 쥐는 '높은 산화 스트레스'를 받는 것이다.

그때부터 **항**산화 물질antioxidant이 주목을 받았다. 여기서 '항抗, anti-'은 자유라디칼을 **무력화하는** 능력을 말한다. 항산화 물질을 황소를 얌전하게 만드는 진정제라고 생각해도 좋다. 이런 연구 결과를 바탕으로 방사능 연구자들은 항산화 물질을 써서 방사능의 해로운 효과로부터 쥐를 지킬 수 있다는 사실을 발견했다. 그리고 항산화 물질이 방사능에 노출된 동물을 더 오래 살게 해 준다는 결론에 도달했다.

그런데 흥미로운 사실은 자유라디칼이 방사능에 노출된 세포에서만 생성되는 것이 아니라는 점이다. 자유라디칼은 사실상 우리 신체의 모든 곳에서 정상적인 신진대사의 부산물로 생성되고 있다. 이는 우리 세포가 일상적으로 난폭한 황소의 분탕질에 속수무책이라는 것을 뜻한다. 과학자들의 새로운 고민이 시작되었다. 만약 자유라디칼이 그저 **방사능이 초래한** 노화의 원인에 그치는 게 아니라면? 자유라디칼이 **일반적인** 노화의 원인으로도 작용하는 건 아닐까? 이런 생각을 '노화의 자유라디칼 이론free radical theory of ageing'이라고 부른다.

간단히 말해서 이 이론은 우리의 신진대사에 일명 '파우스트의 거래Faustian bargain'라 불리는 악마와의 거래가 있었을지도 모른다고 가정한다. 신진대사 덕분에 우리가 살고 있지만 그것은 또한 자유라디칼을 생성해서 우리를 늙어 죽게 만든다는 것이다.

그 이론은 자유라디칼이 명백히 해롭고, 노인이 젊은이보다 산화 스트레스 수준이 더 높으며, 과도한 산화 스트레스는 모든 노화 관련 질병과 연관된다는 사실과 부합한다. 그러나 다행스럽게도 이 이론이 사실이라면 해결책은 간단하다. 난장판을 벌이는 황소를 길들이기 위해 항산화제 요법만 쓰면 되니까.

이 논리는 제시된 지 벌써 몇십 년이 지나 철저한 임상시험을 거쳤다. 사실 이 논리는 너무나 많이 검토되어서 학자들이 **메타 분석**(동일한 주제에 대한 누적된 연구 결과들을 종합 분석하는 계량적 연구 방법)까지 할 수 있을 정도다.

23만 명의 연구 대상자(피험자)와 68개의 연구를 종합한 한 메타 분석에서 연구자들은 항산화 물질이 든 식이 보충제가 과연 장수에 도움이 되는지 검토했다.

결과는 엉뚱하게도 항산화 보충제를 복용한 사람들이 **더 일찍** 사망하는 것으로 나왔다. 그들은 노화 관련 질병으로부터도 보호받지 못했다. 사실상 항산화 보충제는 일부 암의 성장과 확산을 저지하는 것이 아니라, 오히려 **촉진**하는 것으로 보인다.

◆ • ◆

1991년 가을, 여덟 명의 과학자들이 애리조나주 오라클에 마련된 거대한 초현대식 온실 안으로 들어가서 사실상의 감옥살이를 했다. 그들은 바이오스피어 2Biosphere 2라 불리는 그 구조물에서 2년 동안 살기로 했다. 그들의 임무는 외부의 도움 없이 음식, 물, 산소를 비롯한 생필품을 자체 조달하며 생존하는 것이었다.

이 위대한 실험은 과연 인간이 외부의 지원 없이도 자체적으로 완벽한 생태계를 이룩할 수 있는지를 시험해 보려고 진행되었다. 지구에서 인간은 운 좋게도 바로 그런 생태계의 일부로 태어났다. 자연은 우리에게 생존에 필요한 모든 것을 제공해 준다. 우리가 적절히 이용하기만 한다면 자연은 오래도록 우리를 보살펴 줄 것이다. 그러나 언젠가 우리 중 일부가 지구를 떠나서 다른 행성에 정착하려 한다면 우리는 우리를 부양할 새로운 생태계를 처음부터 다시 구축해야 할 것이다.

알다시피 지구 생태계의 가장 중요한 부분 가운데 하나는 나무다. 산소를 공급해 줄 뿐 아니라 수많은 종의 서식처가 되며, 필요하다면 건축 재료로 사용되기도 한다. 이런 이유로 과학자들은 나무를 새로운 생태계의 핵심이라 여기고 바이오스피어 2 내부에 많은 나무를 심었다. 나무는 잘 알려진 대로 오래 사는 생물이니 2년 정도는 별문제가 없을 것이라 믿었다.

바이오스피어 2에 심었던 나무들은 출발이 좋았다. 온실 내부라는 호의적인 환경 속에서 빠르게 성장했다. 그러나 이 위대한 실험이 끝나기도 전에 많은 나무가 죽어 버렸다. 도대체 뭐가 문제였을까? 돌봄도 영양도 모자라지 않았는데. 아니, 그건 오히려 넘쳤다. 바이오스피어 2의 나무들에 부족했던 것은 **스트레스**였다. 좀 더 구체적으로 말하면, 자연 상태일 땐 늘 나무를 흔들어 대며 스트레스를 주었던 바람이 그곳에는 없었던 것이다.

나무에게 바람은 최악의 적수로 꼽히지만 그 바람이 없다면 나무가 살 수 없다는 사실도 드러났다. 끊임없이 불어오는 바람에 맞서면서 나무는 저항력을 키우고 그만큼 단단해진다. 바람이 없는 온실과 같은 곳에서 나무는 너무 허약하게 자라나므로 결국 제 무게를 못 견뎌 제풀에 자빠져 버리는 것이다.

자유라디칼과 항산화 물질 이야기로 돌아가 보자. 산화 스트레스를 없애 주는 항산화 보충제를 먹은 사람들이 왜 더 일찍 사망했을까? 바람이 없는 나무가 죽어 버리는 것과 같은 이유다. **스트레스는 생명체를 강건하게 만든다.**

역경을 통해 오히려 더 강인해지는 생물학적 현상을 **호르메시스 효과**hormesis effect라고 한다. 운동은 호르메시스 효과를 얻는 가장 흔한 사례다. 달리기를 하면 그저 건강에 좋을 거라고 막연히 생각할 것이다. 그러나 달리기를 하는 동안 무슨 일이 벌어지는지 생각해 보라. 심박수와 혈압이 치솟는다. 한 걸음 한 걸음 내디딜 때마다 근육과 뼈가 견뎌야 하는 하중과 스트레스가 증가한다. 또한 운동에는 에너지가 필요하기 때문에 신체의 신진대사도 활발해진다. 그때 **자유라디칼의 생성도 증가한다.** 그렇다. 운동은 우선 해로운 분자의 생성을 부른다. 그러나 장기적으로는 건강을 향상시킨다. 당신의 심장이 펌프질을 하면서 몸 전체로 이런 메시지를 보내기 때문이다. **너 좀 더 튼튼해져야겠는걸.**

아이러니하게도 이런 과정을 일으키는 '메신저'들의 일부가 자유라디칼이다. 그 말은 항산화 물질이 몸의 각성을 촉구하는 메신저를 저지하는 **훼방꾼**이 되어 버린다는 것이다. 건강 전도사를 자처하는 인플루언서들이 아무리 선전 나팔을 불어 대더라도 항산화 물질은 운동으로 애써 얻은 혜택을 상쇄시켜 버릴지도 모른다.

운동이 가장 널리 알려진 호르메시스 효과의 사례지만 자연에는 훨씬 더 많은 사례가 있다. 사실 호르메시스 효과는 지구 생명체의 일대기에서 핵심적인 부분이다. 우리 선조들이 처참한 굶주림의 시기며 등골이 휘는 노동, 식중독, 주먹다짐, 포식자의 공격을 피한 생사를 건 탈출에 이르기까지 수많은 스트레스를 견디며 살았다는 사실은 자명하다. 삶은 늘 고난의 연속이었고, 그러다 보니 고난은 인간을 늘 따라다니는 필수 요소가 되었다.

자연에서 호르메시스 효과가 흔하다는 것을 보여 주는 최고의 사례로 비소라는 독성 화학원소에 대한 연구 결과를 들 수 있다. 비소는 손쉽게 구할 수 있고 냄새와 맛이 없는 데다 사람을 죽일 정도로 독성이 강하기 때문에 '독극물의 왕' 또는 '왕의 독'이라 불려 왔다. 이 때문에 온 세상의 야심만만한 왕족들과 각종 사이코패스들의 사랑을 독차지했다.

유감스럽게도 최근에 세계 몇몇 지역의 마시는 물에서 비소가 발견되었다. 그래서 과학자들은 비소가 인간에 미치는 영향을 알아보기 위해 실험실 동물을 상대로 연구에 착수했다.

연구자들이 예쁜꼬마선충에게 상당량의 비소를 주입하자 그 독소는 명성에 걸맞게 바로 선충을 죽였다. 하지만 일정한 수준을 정해 놓고 조금씩 주입했더니 선충이 오히려 **더 오래** 살았다. 동시에 열에 대한 내성과 다른 독성 물질에 대한 저항력도 강해졌다. 이유는? 물론 호르메시스 효과 덕분이다. 비소는 독성이 있지만 적은 양을 주기적으로 주입했더니 생존에 도움을 주는 스트레스 요인으로 작용해 선충의 방어 능력을 키웠다.

심지어 다른 연구자들은 **산화촉진제**pro-oxidant를 주입해서 예쁜꼬마선충의 수명을 늘리는 데도 성공했다. 항산화 물질과는 상극인 산화촉진제는 산화 스트레스를 **증가**시킨다. 그것은 마치 도자기 가게 안에 있는, 자유라디칼이라는 미치기 직전의 황소에게 알칼로이드 물질인 카페인을 투입하고 엉덩이를 세차게 갈겨 주는 것에 가깝다. 그럼에도 불구하고 실험을 통해 산화 촉진 제초제인 패러쾃paraquat을 이용해서 선충의 수명을 안정적으로 늘릴 수 있음을 입증했다. 하지만 그런 선충들에게 다시 항산화제를 주입하자 그 스트레스는 해소되었고, 벌레들의 수명은 평균치를 넘지 못했다.

나는 '독극물의 왕' 또는 강력한 제초제 따위가 어찌 되었든 몸에 이로울지도 모른다고 주장하는 것이 약간 이상한 소리라는 걸 안다. 그러나 생물학의 세계는 이상한 일투성이다.

우리는 분명 인간을 상대로 비소나 제초제, 혹은 다른 유독성 물질의 효과를 알아보는 임상시험은 하지 못한다. 그렇지만 실제로 인간에게도 호르메시스 효과에 해당하는 유사한 사례는 존재한다.

1980년대 대만에서 발생한 사고를 한 예로 들 수 있다. 당시 대만은 역사상 유례가 없을 정도로 고도의 경제성장을 구가하고 있었다. '아시아의 네 마리 호랑이' 가운데 하나로 꼽혔던 대만의 수도 타이베이에는 전례 없는 건설 붐이 일었다. 이런 열기 속에서 건축자재 중 일부 철근이 인공방사성원소인 코발트 60으로 오염되어 있었다. 이 철근은 1,700세대 이상의 아파트를 건설하는 데 쓰였다. 하지만 1990년대까지 아무도 그 사실을 알지 못했다. 그리고 알았을 때는 이미 너무 늦었다.

결국 아파트는 철거되었지만 그때까지 그 아파트에서 대략 1만 명의 주민이 이 방사능에 노출되어 살았던 것으로 추정되었다. 이들은 평균치보다 훨씬 높은 방사능에 일상적으로 노출되었다. 방사능은 DNA에 손상을 가하고 암을 유발한다고 알려졌기에 큰 우려를 낳았다. 그러나 주민들의 병력을 조사한 의사들은 눈을 의심했다. 그곳 주민들이 여타 대만 사람들과 견주어 보았을 때 거의 모든 종류의 암에서 오히려 **발병률이 더 낮다**는 사실이 드러났기 때문이다.

이런 현상은 다른 곳에서도 발견된 바 있다. 미국의 조선소 노동자 가운데 핵잠수함 건조장의 노동자들이 일반 선박을 만드는 노동자들보다 사망률이 더 낮다. 미국 인구 전체로 봤을 때도 배경 방사선background radiation, 즉 자연 방사선에 더 많이 노출된 지역에서 사는 사람들이 평균 정도로 노출된 사람들보다 더 오래 산다. 또한 의사 중에서도 전리 방사선ionizing radiation에 상시 노출되는 방사선 전문의들이 다른 의사보다 더 오래 살고 암 발병률도 낮다.

하지만 오해는 없기 바란다. 나는 당신의 몸을 방사선에 노출시키라고 권하는 것도 **아니고** 여러 가지 독소를 주입하라고 부추기는 것도 **아니다**. 그랬다가는 당신의 멀쩡한 유전자를 망쳐 놓을지도 모른다. 우리는 어느 정도 수준까지 호르메시스 효과가 발동하는지는 모르지만, 그 수준을 넘어서면 어떤 악몽이 펼쳐지는지는 알고 있다. 고통과 끔찍한 죽음 말이다. 호르메시스 효과는 결국 정도의 문제다. 아예 운동을 전폐하는 것보다는 조깅으로 몸에 자극을 가하는 것이 좋다. 그러나 **지나친** 운동은 금물이다. 과훈련 증후군에 시달리게 될 지도 모른다. 같은 논리로 바람에 노출된 나무가 더 튼튼하게 자란다. 그러나 바람이 **지나치게** 강하면 튼튼하게 만드는 건 고사하고 나무를 거꾸러뜨리거나 부러뜨릴 것이다. 우리는 스트레스가 유발한 손상에서 자신의 몸을 회복시킬 수 있는 정도 내에서만 호르메시스 효과를 누릴 수 있을 뿐이다.

또한 몸에 해롭다면 어떤 것이든 혹은 스트레스 요인이라면 무엇이든 반드시 호르메시스 효과를 부르는 것도 아님을 명심해야 한다. 가령 머리를 벽에 대고 아무리 쿵쿵 찧어 대도 머리가 좋아지지는 않는다. 담배를 피운다고 폐가 튼튼해지지도 않는다. 우리 몸에 긍정적으로 작용하는 스트레스 요인은 우리가 진화 과정에서 저항력을 키워 온 스트레스에만 해당한다.

◆ • ◆

운동 쪽을 제외하고 호르메시스 효과를 볼 수 있는 최적의 방법은 우리가 섭취하는 음식에 있다. 하지만 이는 적당한 양만 찾으면 피자나 도넛이 은근히 유익하다는 말은 아니다. 호르메시스 효과를 보여주는 음식은 사실 식물에서 찾을 수 있다.

생명이라면 모두 그렇듯이 식물도 먹히기보다는 살아남기를 원한다. 하지만 포식자로부터 달아날 수 없는 식물의 처지는 난감하다. 식물에게는 생존을 위한 단 한 가지 선택지, 바로 싸우는 것이 남는다. 개중에는 삐죽한 가시를 내거나 단단한 껍질을 두르거나 혹은 뾰족한 침을 내밀며 맞서는 식물이 있다. 하지만 가장 흔한 식물의 대응책은 적들에 맞서 화생방전을 벌이는 것이다. 그리고 인간은 그들의 적으로 분류되어 있다.

오늘날 식물 중심의 식단을 짜는 것은 어려운 일이 아니지만, 석기시대의 인간에게 그것은 온갖 위험을 무릅쓰는 일이었다. 헤아릴 수 없을 정도로 많은 식물이 어떤 식으로든 해로웠다. 예를 들면 야생의 아몬드는 일명 청산가리라고 불리는 시안화물을 함유한다. 초강력 독극물에 속하는 것이다. 야생의 캐슈너트는 독담쟁이로도 알려진 덩굴옻나무poison ivy에 있는 독과 동일한 독성 물질을 함유한다(슈퍼마켓에

진열된 캐슈너트는 독성을 중화한 것이니 염려 말라).

심지어 인간에게는 독성이 없는(그래서 우리가 늘 먹는) 식물들조차 다른 동물에게는 해로울지도 모른다. 예컨대 초콜릿이나 그 밖의 코코아 가공품들은 고양이와 개에게 유독하다. 그리고 우리가 **먹는** 대부분의 식물에는 포식자에 맞서 싸우기 위해 만든 성분이 여전히 들어 있다. 파인애플을 먹고 난 뒤에 혀나 입이 아린 적이 없었는가? 만약 그랬다면 다 이유가 있다. 파인애플 속에는 단백질을 분해하는 효소가 있다. 이 효소는 고기를 부드럽게 하기 위해 사용될 수도 있는데, 만약 당신이 고기의 **입장**이 되면 그리 유쾌하지 않을 것이다. 파인애플을 먹으면 그 효소는 입속의 단백질을 분해하면서 당신의 일부를 소화시키기 시작한다. 물론 이 정도 아린다고 당신이 파인애플 먹기를 멈추지는 않겠지만, 만약 작은 동물에게라면 그 효소의 분해 작용은 상당한 위협이 될 것이다.

또 다른 좋은 사례는 고추다. 고추에는 캡사이신이라는 매운맛을 내는 화합물이 있어서 먹으면 입속이 얼얼하다. 포유류가 고추를 씹어 먹으면 씨앗이 으깨지면서 캡사이신이 방출된다. 그런 경험을 한 포유류는 적어도 당분간은 고추를 다시 먹고 싶은 생각을 못 할 것이다. 반면에 새들은 고추 씨앗을 통째로 삼켜 버리기 때문에 아무 문제가 없고 오히려 배설물을 통해 씨앗을 널리 퍼뜨려 준다. 영리한 진화의 방식이 아닐 수 없다.

식물의 건강상 이점을 논할 때 식물이 수동적으로 먹히기만 하는 존재가 아니라는 사실은 흔히 간과되어 왔다. 우리 식단에 식물을 많이 올리면 몸에 이롭다는 근거는 차고도 넘친다. 그러나 과학자들은 여전히 왜 그런지에 대해서 확고한 답을 갖고 있지는 않다. 그 수많은 근거 중에는 물론 호르메시스 효과도 있다.

가령 폴리페놀이라는 화합물은 식물이 몸에 좋은 주요한 근거로 제시되며 오랫동안 찬사를 받아 왔다. 한때는 폴리페놀이 항산화제처럼 작용해서 어떤 식으로든 우리 몸에 유익하기 때문에 그런 거라고 여겨졌다. 그러나 사실 상당수의 폴리페놀은 우리에게 약간의 독성을 보이며, 더불어 호르메시스 효과를 발휘한다. 연구에 따르면 우리 몸은 광범위한 세포의 방어 체계를 제어하는 Nrf2라 불리는 유전자를 상향조절upregulating(세포가 RNA나 단백질 같은 구성 성분의 양을 증가시키는 현상-옮긴이)함으로써 폴리페놀의 독성을 중화시키고 제거하려 하

동물 세계의 호르메시스

장수하는 새들이 그렇지 않은 새들보다 산화 스트레스를 덜 받는 것은 아니다. 벌거숭이두더지쥐 역시 최소한 자신들보다 수명이 짧은 사촌인 생쥐만큼의 산화 스트레스를 받는다. 벌거숭이두더지쥐는 대체로 스트레스가 적어서가 아니라, 절묘하게 스트레스에 적응할 태세를 갖추었기 때문에 오래 사는 것처럼 보인다. DNA를 손상시키는 화학물질이건, 낮은 산소 수치건, 중금속 섭취건, 혹은 극한 열기에 노출되는 것이건 간에 벌거숭이두더지쥐는 생쥐보다 훨씬 잘 견딘다. 장수의 비결은 고난의 시기를 겪지 않고 사는 것이 아니라, 그런 고난이 엄습했을 때 견뎌 내는 능력에 있는 것으로 보인다.

는 등 폴리페놀에 반응한다. 이 유전자는 방사성 붕괴가 있은 후에도 또한 상향조절되었다.

이제 당신은 비소를 몸에 주입하는 것보다는 식물을 충분히 섭취하는 것이 안전하고 월등한 대안이라고 생각할 것이다. 방사능에 노출된 아파트로 이사하는 것보다 안전하고 월등한 대안은 없을까? 높은 산으로 가는 것이 한 가지 방안이 될 수 있다. 고도가 높으면 대기가 희박해지는데, 이는 우주 방사선뿐만 아니라 태양의 자외선에 더 노출된다는 말이기도 하다. 지구상에서 으뜸가는 평평한 저지대인 덴마크에 사는 창백한 피부의 주민으로서 나는 5,000미터 높이의 산을 오르느라 일생일대의 일광 화상을 입었다는 사실을 증언할 수 있다. 더 이상 놀랍지 않을 수도 있지만, 방사능에 더 많이 노출되고 가혹한 환경에 시달리는데도 불구하고―아니 어쩌면 그것 때문에―고지대의 주민들은 해수면 가까운 곳에 사는 사람들보다 더 오래 살고 노화 관련 질병에도 덜 걸린다. 이런 사실은 오스트리아, 스위스, 그리스와 미국의 캘리포니아에서도 확인되었다.

더 높은 고도에 도달하면 산소 농도도 해수면보다 더 희박해진다. 그리고 이것이 또한 건강을 촉진하는 스트레스 요인으로 작용한다. 방사선과 낮은 산소 농도에 노출되었을 때 당신의 세포가 보일 대응 가운데 하나는 열충격 단백질heat shock protein이라 불리는 물질을 만드는 것이다. 용어가 암시하듯이 이 단백질은 고온과 관련한 실험을 통해서 최초 발견되었는데, 나중에 좀 더 보편적인 세포 보호 체계의 일부임이 드러났다. 이 사실은 앞서도 보았듯이 호르메시스 효과가 미치는 범위가 훨씬 광범위한 것임을 명확히 보여 준다. 한 스트레스 요인에 대한 대응이 다른 스트레스 요인에 대한 회복력도 개선시키는 경향이 있는 것이다.

열충격 단백질은 다른 단백질을 돕는 단백질계의 슈퍼히어로라고 생각할 수 있다. 세포가 어떤 스트레스 요인에 의해서 손상을 받으면 많은 단백질의 모양이 틀어지는 결과를 초래한다. 그러나 열충격 단백질이 그런 단백질의 모양과 기능을 복원하고 그것이 세포 쓰레기 cellular junk로 변하지 않도록 조처한다.

흥미롭게도 열충격 단백질이라는 용어의 유래인 열충격heat shock은 실험실 동물에게만 국한되는 것은 아니다. 그것은 북유럽에서 사우나라는 형태로 그들 삶의 일부가 되었다. 사우나의 본고장인 핀란드는 고맙게도 이미 우리가 예상할 수 있는 것 이상으로 엄청난 양의 사우나에 관한 연구물을 내놓았다.

이들 연구를 보면 사우나가 심혈관 질환의 위험을 떨어뜨리고 수명을 연장하는 등 건강에 다양한 혜택을 준다는 것을 확인할 수 있다. 아마도 열충격 단백질이 그런 효과에 기여할 것이다. 사우나의 혜택은 그뿐만이 아니다. 혈압도 낮춘다. (물론 사우나에도 일부 **조심해야 할 사항**이 있다. 아이 갖기를 원하는 남성은 사우나를 너무 오래 하지 않는 것이 좋다. 뜨거운 욕조에서 너무 오래 목욕을 즐기거나 무릎에 노트북을 두고 앉아 있는 게 안 좋은 것과 같은 이유에서다.)

사우나뿐만 아니라 북유럽인의 삶에 뿌리내린 또 다른 전통은 겨울 수영이다. 사실, 그 두 가지는 종종 동시에 이루어진다. 차가운 물에 수영을 한 뒤에 사우나를 즐기는 것이다. 겨울 수영의 유익한 점에 대한 연구 결과는 사우나만큼 많지는 않다. 그러나 찬물에 몸을 노출시키는 것이 장기적으로 건강에 이로울 것이라는 사실은 상식적으로 이해가 된다. 한 가지 이유를 들자면, 찬물 수영은 '갈색지방brown fat'이라 불리는 것을 활성화시킨다. 갈색지방은 그냥 지방과는 정반대로 작용한다. 그것은 에너지를 저장하는 것이 아니라 **연소시키고**, 그럼으로써 우리의 체온을 높여 준다. 흥미롭게도 장수하는 많은 종들에서 갈색지방 조직의 활동이 자연적으로 증가해 왔음이 드러났다. 아직 명백한 증거가 나온 것은 아니지만 내가 아는 겨울 수영 마니아들은 그 효과에 대해 찬사를 아끼지 않는다. 그들은 에너지가 솟구치는 것을 느끼며, 몸도 덜 아플 뿐만 아니라, 삶 전반에서 행복감을 느낀다고 고백한다. 겨울 수영이 그 모든 것을 가져다주었다는 것이다.

Chapter 6

키가 그렇게 중요한가

: 노화의 비밀을 푸는 성장 신호 :

1492년은 오늘날 에스파냐 땅이 된 이 지역에서 가장 파란만장했던 해로 꼽힐 것이다. 새해로 접어든 지 이틀 만에 에스파냐 남단에서 이슬람 세력의 마지막 보루였던 그라나다의 영주가 가톨릭 군주인 아라곤의 페르난도와 카스티야의 이사벨 앞에 무릎을 꿇었다. 이것으로 북부의 가톨릭 왕국들이 수 세기에 걸쳐 끈질기게 추구했던 레콩키스타Reconquista(국토 회복 운동)는 대단원의 막을 내렸다. 북부의 가톨릭 왕국들은 레콩키스타를 통해 이슬람 정복자들로부터 서서히 그들의 조국을 되찾아 온 터였다.

결정적인 전투가 있은 지 2주가 지나서 두 군주는 오늘날 이탈리아의 제노바 출신인 한 상인을 접견했다. 크리스토퍼 콜럼버스라는 이 상인은 수 년 동안 **서쪽**을 통해 아시아로 가는 항로를 개척하겠다는 자신의 계획을 선전하며 권력자들의 지원을 요청해 왔다. 그는 자신에게 자금 및 여타 지원을 해 준다면 새로운 항로를 통해 군주들에게, 그리고 그들의 왕국에 막대한 부를 가져다주겠다고 호언했다.

그 정확한 이유를 알지는 못하지만—어쩌면 승리의 기쁨에 취해서—두 군주는 콜럼버스의 항해에 자금을 대기로 했다. 얼마 지나지 않아 세 척의 에스파냐 선박이 대서양을 가로질러 서쪽으로 향했다. 오랜 항해 끝에 선원들은 아메리카 대륙에 상륙했다. 바이킹 이후로 그곳에 도달한 최초의 유럽인이었다.

한편 페르난도 왕과 이사벨 여왕은 국내 문제로 골머리를 앓고 있었다. 그들은 오랜 세월 이베리아반도를 삼켰던 종교적이고 지역적인 갈등을 매듭짓고 새로운 가톨릭 왕국을 만들고 싶었다. 이른바 알함브라 칙령Alhambra Decree의 반포와 함께 에스파냐에 거주하는 유대인들은 최후통첩을 받았다. 가톨릭으로 개종하거나, 아니면 에스파냐에서 떠나라는 통보였다. 그들 중 일부는 종교적 신념을 포기하고 고향에 남기로 결심하면서 개종자, 즉 콘베르소converso가 되었다. 신앙을 포기할 수 없었던 나머지는 새로운 정착지를 찾아 쫓기듯 떠났다.

이듬해 콜럼버스와 그의 선원들이 귀환했다. 처음 그들은 자신들이 아시아를 갔다 왔다고 믿었지만 시간이 지날수록 그들이 다녀온 곳은 당시 유럽인에게는 미지의 세계인 신대륙이라는 사실이 명백해졌다. 에스파냐는 이내 아메리카를 식민화하는 작업에 돌입했다. 각계각층의 에스파냐 사람들—농부, 범죄자, 성직자, 군인, 귀족, 매춘부와 몇몇 가문의 구성원—이 배를 타고 신대륙으로 향했다. 이주민 중에는 개종 유대인의 후손인 콘베르소도 있었다. 그들은 가톨릭으로 개종을 했음에도 불구하고 여전히 에스파냐에서 차별을 받는 처지여서 신대륙에서 자유를 누리고 싶었다.

◆ • ◆

1958년 이스라엘 의사 즈비 라론Zvi Laron과 그의 동료는 특이한 환자 집단의 연구에 착수했다. 그들은 모두 왜소증을 앓고 있었지만, 우리가 보통 생각하는 소인과는 달랐다. 물론 그들도 키는 작았다. 대략 120센티미터였다. 하지만 그들은 대부분의 왜소증 환자와는 다른 신체 비율을 보였다. 팔다리가 특별히 짧지도 않았고, 가슴과 머리가 몸에 비해 지나치게 큰 것도 아니었다. 그들은 단순히 정상인을 비율적으로 축소해 놓은 것처럼 보였다.

라론과 그의 동료들은 8년 동안 그 새로운 증상을 주의 깊게 연구했고 다음과 같은 결론을 내렸다. 이른바 라론증후군Laron syndrome 환자들은 성장호르몬과 관련된 유전적 변이가 있기 때문에 키가 작다는 것이다. 호르몬 자체에 결함이 있어서 그런 것은 아니었다. 아니, 라론증후군 환자들의 혈액 속에는 성장호르몬이 넉넉히 들어 있었다. 그들이 키가 자라지 않는 이유는 성장호르몬 **수용체**에 이상이 있어서였다. 즉 세포를 감지하고 성장호르몬에 반응을 보여야 할 수용체가 제 기능을 하지 못한 것이다. 이런 메커니즘은 다음과 같은 비유로 설명할 수 있다. 세포를 권력은 막강하지만 편집증적인 성주의 지배를 받고 있는 성이라고 가정해 보자. 그 성주는 외부인의 출입을 허락하지 않는다. 누구든 출입을 원한다면 망루를 지키는 파수꾼에게 큰 소리로 용건을 알려야 한다. 보통의 경우라면 파수꾼이 성주에게 그 용건을 전하고 성주의 분부를 받을 것이다. 그러나 파수꾼에게 청각 장애가 있다면 바깥에서 아무리 크게 소리를 질러 댄다 해도 애초에 메시지를 듣지 못할 것이다. 그러면 성주 또한 어떤 메시지도 받지 못하니 출입이 불가능하다.

이런 식으로 성장호르몬이 보내는 신호는 라론증후군을 겪는 환자의 세포에 결코 도달하지 못한다. 성장호르몬 수용체에 결함이 있으면 아무리 많은 성장호르몬이 핏속을 돌아다니더라도 신체는 성장할 수 없다.

◆ • ◆

에스파냐 사람들이 아메리카 대륙에 첫발을 내디딘 지 거의 500년이 지난 후 에콰도르에서 한 풋내기 의사가 어린 시절의 의문을 파헤치고 있었다. 그의 이름은 하이메 게바라아기레Jaime Guevara-Aguirre. 그는 자라면서 왜소증을 앓는 사람들을 이상하게 많이 만났던 기억을 떠올렸다. 이제 의학박사 학위를 받았으니 그 이유를 캐고 싶었다. 게바라아기레의 의문은 그를 다시 산이 많은 그의 고향 로하주州로 돌아오게 했다. 그는 이곳에서 말을 타고 원하는 곳으로 향했다. 깊은 산속의 외딴 마을들이었다. 하지만 그 고생은 그럴 만한 가치가 있었다. 거기서 그는 과거에 보았던, 인간을 축소시켜 놓은 듯한 사람들을 만날 수 있었다.

이 사람들은 모두 라론증후군을 앓고 있었다. 그들이 그 사실을 알 수는 없었지만, 그들은 이스라엘에서 즈비 라론이 연구하던 환자들의 먼 친척뻘이었다. 에콰도르의 왜소인들은 가톨릭으로 개종했지만 차별을 피할 수 없어서 아메리카 대륙의 식민지를 향해 도망치듯 떠나야 했던 에스파냐계 유대인의 후손이었다. 반면에 즈비 라론의 환자들은 그들과는 달리 자신의 종교적 신념을 지키기 위해 에스파냐를 떠났던 유대인의 후손이었다. 비록 역사의 곡절이 두 집단을 떼어 놓았지만 라론의 연구로 그들을 다시 연결되었다. 이제 우리는 그들의 조상 중 한 사람이 성장호르몬 수용체에 변이가 있었던 게 틀림없다는 것을 알게 되었다.

하지만 실제로 라론증후군에 걸리기 위해서는 어느 한쪽 조상에게만 변이가 있는 것으로는 부족하다. 한쪽에서만 변이를 물려받으면 여전히 다른 쪽 부모에게서 물려받은 정상적인 버전이 작동하기 때문에 영향을 받는다 해도 평균치의 인간보다 그저 몇 센티미터 정도만 작을 뿐이다. 그러나 **양쪽** 부모 모두로부터 성장호르몬 수용체의 변이를 물려받는다면 당신의 몸 안에 성장 수용 기능은 없는 상태가 된다. **이런 경우에** 라론증후군 환자가 된다. 그래서 오늘날 이스라엘에서 라론증후군이 드문 것이다. 부모 두 사람 모두 그런 변이를 가지고 있어서 자식에게 물려줄 가능성은 높지 않다. 하지만 로하 지방이라는 외딴 지역에서는 라론증후군이 훨씬 흔하다. 그 이유는 앞에서 봤던 번

마을의 아미시의 경우와 같다. 로하 지방이 지형적으로 고립되어 있고 처음부터 소규모의 집단으로 정착을 시작했기 때문이다. 이후에 있었던 인구 증가도 이 지역 사람들끼리 혼인을 통해 반복적으로 피를 섞으면서 이루어졌다.

그래서 하이메 게바라아기레는 라론증후군을 연구할 최적의 장소를 찾은 것이다. 그는 즉시 연구에 착수했고 머지않아서 놀라운 성과를 냈다. 라론증후군을 겪는 사람들은 거의 암에 걸리지 않는다는 사실이 드러났다. 연구 기간 내내 오직 한 사람만이 암에 걸렸다. 암은 (종양의) 지나친 성장이 문제가 되는 질병이다. 그런 점을 생각하면 성장 신호의 결핍이 암을 막아 줄지도 모른다는 생각은 나름대로 타당해 보인다. 그런데 라론증후군에 걸린 사람들은 사실 다른 노화 관련 질병에도 걸리지 않았다. 그들 중에는 심혈관 질환과 치매와 당뇨로 고생하는 사람도 없었다. 제기랄, 그들은 여드름도 생기지 않았다. 더 충격적인 것은 에콰도르의 라론증후군 환자들이 과체중인 데다 가공식품을 입에 달고 사는데도 그랬다는 사실이다. 마치 라론 변이는 나쁜 식습관을 가진 사람조차 철저히 병에 걸리지 않도록 막아 주는 것처럼 보였다.

◆ • ◆

라론증후군을 조사하기 위해 연구자들은 성장호르몬 수용체에 결함이 있는 쥐를 키웠다. 라론증후군 환자들과 마찬가지로 그 쥐들도 평균보다 덩치가 훨씬 작았지만 신체 비율은 그대로였다. 그리고 라론증후군 환자들처럼 그 쥐들도 놀라울 정도로 건강했다. 그들은 보통 쥐보다 훨씬 오래 살았다. 다양한 연구에서 라론증후군 쥐의 수명이 보통 쥐보다 16퍼센트에서 55퍼센트 정도 더 길다는 사실이 드러났다. 앞에서 거론했던 개체의 크기와 수명 간의 관계를 떠올린다면 이상할 것도 없다. 일반적으로 종과 종 사이에서는 대형 동물종이 소형보다 더 오래 살지만 종 내에서는 개체가 작을수록 더 오래 사는 경향이 있다. 그리고 라론증후군 쥐는 대략 우리가 만나 볼 수 있는 가장 작은 크기의 쥐다. 이 정도로 작은 쥐는 앞에서도 거론했던 에임스 왜소 생쥐 정도가 있을 뿐이다. 이름이 말해 주듯이 이 쥐들도 작다. 그리고 사실 에임스 왜소 생쥐는 생쥐 세계의 최장수 기록보유자이기도 하다. 게다가 라론증후군 쥐와 비슷한 이유로 작다. 에임스 왜소 생쥐는 뇌 바로 아래 있는 뇌하수체 내에 결함이 있는데 그것 때문에 성장호르몬이 아예 분비되지 않는다.

그렇다면 인간의 경우는 어떤가? 동일한 동물종 내에서 작은 개체가 더 오래 사는 경향이 있다면 키 큰 사람들은 한숨이나 쉬어야 한다는 말인가? 꼭 그렇다고 단정할 수는 없다 하더라도 122세 164일로 세계 최장수인으로 기록된 프랑스 여성 잔 칼망Jeanne Calment은 키가 150센티미터에 불과했다. 장수도 놀랍지만 키가 작은 것도 특이하다. 장수 기록에서 두 번째 기록보유자는 미국 여성 세라 크노스Sarah Knauss인데 그녀의 키는 140센티미터였다. 그리고 그 아래로 다른 장수인들인 마리루이즈 메이외르Marie-Louise Meilleur는 키가 칼망과 같았고, 엠마 모라노Emma Morano는 키가 152센티미터였다. 이 모든 여성들이 지금보다 대체로 키가 작았던 시대에 태어났다는 사실은 감안해야 한다. 그러나 최장수인들에 관한 데이터를 보면 설사 지금보다 작았던 시절이라 하더라도 장수인들로는 좋은 농구 팀을 꾸릴 생각은 꿈도 꾸지 말아야 했을 것이다.

최장수 집단에서 벗어나 좀 더 일반적인 사람들의 데이터를 보더라도 키와 장수 사이의 관련성은 여전하다. 예컨대 앞서 언급했던 연구에서 북유럽 국가들이 더 부유한데도 북유럽 사람들이 남유럽이나 동아시아 사람들보다 더 일찍 죽는 경향이 있었다는 사실을 기억하는가? 북유럽 사람들이 남유럽 사람들이나 동아시아 사람들보다 키가 더 큰 것도 사실이며, 어쩌면 그것이 상대적으로 이른 죽음의 근거가 될 수도 있다.

다른 사례로 미국의 사회학자들을 골똘히 고민하게 만든 소위 히스패닉 패러독스Hispanic paradox라는 것이 있다. 그것은 미국계 라틴아메리카 사람들이 백인들보다 더 오래 사는 경향을 말한다. 문서상의 자료로 보면 백인들이 더 잘살고 교육 수준도 높은 데다 비만율은 조금 더 낮아서 더 오래 사는 게 당연함에도 불구하고 결과는 그 반대로 나타났다. 물론 라틴계 사람들이 더 작다.

세 번째 예는 장수 지역인 블루존이다. 오키나와는 선진국 중에서 평균 신장이 작은 축에 속하는 일본에서도 가장 작은 사람들이 모여 사는 현이다. 사르데냐도 마찬가지다. 그 지역이 유럽에서 평균 키가 가장 작다. 사르데냐 남성들의 평균 키는 168센티미터다. 이탈리아인 평균 키보다 손가락 두세 마디가 작고 유럽에서 최장신 지역에 비하면 반 뼘 이상 차이가 난다. 연구자들은 사르데냐인의 키는 유전적으로 물려받은 것임을 확인했다. 흥미롭게도 라론 변이가 그 주범 가운데 하나인데, 사르데냐인 중 0.87퍼센트가 그 변이를 갖고 있다. 로하 지역의 에콰도르인을 제외하면 전 세계에서 라론 변이 발생 빈도가 가장 높은 축에 속하는 것이다.

하지만 이 모든 통계가 키 큰 사람이 일찍 죽을 운명이라고 말하는 것은 아니다. 혹은 키가 작기만 하면 오래 살 것이라고 말해 주는 것도 아니다. 통계 수치는 **평균적으로** 그렇다는 걸 보여 줄 뿐이다. 키 작은 사람 중에 일찍 죽는 사람도 수두룩하고 키 큰 사람 중에 오래 사는 사람도 숱하다. 그렇지만 **평균적으로** 키와 수명 사이에 분명히 어떤 상관성이 있다. 그리고 그 점을 잘 생각해 보면 노화에 관해 무언가 배울 점도 있다.

◆ • ◆

키 자체가 사람을 노화시키는 것은 분명 아니다. 가령 사람을 눌러서 억지로 키를 작게 만든다고 갑자기 오래 살게 만들 수 있는 것은 아니다. 오히려 그 반대라면 모를까. 그렇다면 무슨 이유로 작은 사람은 큰 사람보다 오래 사는 경향이 있는 걸까? 우선 키 큰 사람은 세포가 더 많다. 다시 말해, 암으로 발전할 수 있는 세포가 많아서 암에 걸릴 가능성도 그만큼 높다. 하지만 그 정도로 이런 경향을 설명하기에는 턱없이 부족하다. 차라리 키가 성장호르몬에 보이는 반응의 크기를 보여 주는 것이라고 설명하는 편이 타당할 것이다. 키가 크다는 것은 그들이 키 작은 사람보다 더 강한 성장 신호를 갖는다는 것을 의미할 수 있고, 성장 신호에 더 잘 반응한다는 것을 의미할 수도 있다.

따라서 장수의 비밀을 알기 위해서 우리는 성장 신호라는 토끼 굴로 들어가야 한다. 에임스 왜소 생쥐의 경우에서 보았듯이 우리는 뇌 바로 아래 뇌하수체에서 탐색을 시작할 것이다. 뇌하수체는 성장호르몬을 분비한다. 하지만 그 이름에도 불구하고 성장호르몬은 적어도 직접적으로 성장에 관여하지는 않는다. 그 대신 성장호르몬은 간으로 가서 성장호르몬 수용체와 결합한다. 이 결합으로 인해 간이 IGF-1(인슐린유사성장인자-1)이라 불리는 **또 다른** 호르몬을 분비하게 된다. 그리고 바로 그 IGF-1이 성장에 직접적으로 관여한다. 이 사실은 라론증후군을 성장호르몬이 아니라 합성 IGF-1로 치료할 수도 있다는 것을 뜻한다.

그런 식으로 IGF-1은 우리가 토끼 굴로 한 단계 더 내려가도록 도와주었다. 우리는 실험실 생물들을 관찰하는 것만으로도 연구가 올바른 방향으로 가고 있다는 걸 확인할 수 있다. 앞서 언급했던 장수를 누린 다양한 왜소 생쥐들은 모두 IGF-1 수치가 낮았다. 한편 예쁜꼬마선충의 수명을 늘리는 최고의 방법 중 하나는 선충이 자체적으로 분비하는 IGF-1 호르몬을 억제하는 것이다. 물론 우리 인간의 경우에는 라론증후군 환자들이 그런 효과를 입증해 주어야 하겠지만, 안타깝게도 라론증후군 환자들은 작은 몸집 때문에 각종 사고로 사망할 확률이 높아서 그들이 다른 사람들보다 더 오래 산다는 것을 구체적으로 실증하기는 어렵다. 하지만 그들이 노화 관련 질병에 잘 걸리지 않기 때문에 그들의 장수는 그리 놀라운 일은 아닐 것이다.

이 때문에 사람들이 더 오래 살기 위해 키를 줄여도 좋다고 생각할지는 확실하지 않다. 그것은 사람들이 무엇을 우선순위에 두는가에 따라 다를 것이다. 그러나 IGF-1 호르몬을 차단하는 것은 여전히 유용할지도 모른다. 노화 관련 질병들은 성장기보다는 인생 말년에 생긴다. 그래서 노년에 접어든 뒤에 IGF-1을 차단한다면 키를 그대로 유지하면서도 암을 비롯해 기타 노화 관련 질병의 발병률을 떨어뜨리는 것이 가능할 수도 있다. 어쩌면 더 오래 살 수도 있는 것이다.

아이러니하게도 성장호르몬—그리고 더 나아가 그 호르몬이 생성하는 IGF-1—은 1980년대부터 '항노화' 치유제라 불렸다. 알다시피 성장호르몬은 근육 성장을 촉진한다는 이유로 처음 출시된 이래 보디빌더들 사이에서 인기 있는 '보조제' 역할을 해 왔다. 그러나 일부 나이 든 보디빌더들은 성장호르몬을 주사제로 직접 주입하는 것이 훨씬 효과가 좋다는 것을 발견했다. 성장호르몬은 그들에게 젊음과 활력을 느끼게 해 주었고, 그래서 성장호르몬을 이용해 노화에 맞서 보겠다는 생각이 싹텄다.

이런 아이러니에 대해 무턱대고 비판부터 하기 전에 젊음과 활력을 느끼는 것은 그 자체로 가치가 있다는 점을 기억할 필요가 있다. 그러나 이것을 제외하더라도 성장호르몬 이용자들의 판단이 옳다고 볼 몇 가지 사항이 더 **있다**. IGF-1은 노화라는 관점에서 보더라도 명백히 긍정적인 측면이 있다. 그것은 근육과 골격의 성장을 돕는데, 이는 노년에도 이롭다. 물론 기세등등한 근육질 남자처럼 보일 정도라면 바람직하지 않겠지만, 노년기에 근육과 골격을 튼튼하게 유지하는 것은 중요하다. 게다가 IGF-1은 면역 기능도 활성화하는데, 이 또한 우리가 바라는 바이다. 우리의 면역 체계는 나이가 들수록 활력이 떨어지는 경향이 있기 때문이다. 감염과 암에 맞서야 할 때 면역 기능이 약화되는 것은 곤란하다.

그래서 단순히 'IGF-1은 나쁘다'고 단정해 버리는 것이 경솔한 생각이라는 점은 명백하다. 문제는 IGF-1이 엄청나게 많은 기능을 갖는 만능 호르몬에 속한다는 것이다. 우리 몸은 이런 식으로 호르몬을 다용도로 사용하는 것을 아주 좋아한다. 이를테면 옥시토신이라는 호르몬은 사람들 사이에서 유대감을 돈독하게 하는 데에도 관여하지만 자궁 근육을 수축시키기 때문에 병원에서 분만 유도제로도 사용된다.

IGF-1에 너무 많은 기능이 있기 때문에 어떤 기능이 노화를 촉진하는지 구별해 낼 필요가 있다. 일부 연구자들이 영리하게도 예쁜꼬마선충을 이용해서 그런 구별을 시도했다. 이들은 선충의 신경계에서 IGF-1을 차단하는 것만이 노화를 막는 데 유용하다는 점을 발견했다. 만약 근육조직에서 차단해 버리면 선충은 평소보다 **더 일찍** 죽어 버린다. 그래서 무조건 IGF-1을 차단하는 것은 바람직하지 않다. 어쩌면 미래에는 연구자들이 적시 적소에 IGF-1을 차단하는 요법을 개발해 인간의 회춘에 공헌할지도 모른다. 그러나 현재처럼 때와 장소에 따라 노화를 막아 주기도 혹은 촉진하기도 하는 모순적 상황에서라면 당장 회춘이라는 목표를 달성하기는 쉽지 않을 것이다. 할 수 없이 토끼 굴 아래로 좀 더 내려가 탐색을 계속해야 한다.

Chapter 7
이스터섬의 비밀

: 최초의 항노화 약물을 향한 꿈 :

당신이 외딴 작은 섬에서 바다를 바라보고 있다고 생각해 보라. 저 아래로 파도는 쉼 없이 바위에 부딪치며 철썩거린다. 돌아보면 군데군데 보이는 풀 무더기를 제외하고는 황금색 바위투성이의 지형만 펼쳐진다. 나무는 없다. 나무 대신 거대한 석상이 섬의 주민을 지켜 주기라도 하는 듯 섬 전역을 감싸고 있다.

이 섬은 외부 세계와 완전히 차단되어 있다. 사람이 거주하는 가장 가까운 섬이 2,000킬로미터나 떨어져 있다. 본토까지는 훨씬 더 멀다. 이 섬은 이스터섬이라 불리는 곳이다. 수평선 사방으로 섬 하나 보이지 않고 오로지 태평양으로만 둘러싸인 이곳에 8,000명의 주민이 살고 있다. 이 외딴섬이 장수 연구를 위한 최적의 장소로 보이지는 않는다. 대학도 없고 생체의학 연구소도 없다. 소수의 학자들이 있지만 그들은 모아이Moai라 불리는 거대 석상에만 관심이 있다. 신화에 따르면 이 거대 석상에는 초자연적 힘이 있어서 어떤 바람이라도 이루어 준다고 한다. 아마도 어떤 이가 석상을 향해 더 오래 살기를 염원했는지도 모를 일이다. 이스터섬의 토양 속에 장수와 관련된 성분 하나가 숨어 있는 것으로 밝혀졌기 때문이다.

1960년대에 캐나다의 한 탐사 연구 팀이 이스터섬의 토양을 조사하기 위해 이 섬을 방문하면서 그 비밀이 드러났다. 연구 팀은 섬 주민들이 맨발로 다니는데도 파상풍에 걸리지 않는다는 사실에 호기심이 생겼다. 파상풍은 박테리아 감염으로 걸리는데, 흔히 날카로운 것을 밟거나 피부가 파열됐을 때 생기는 병이다. 파상풍에 걸리면 혈류 속으로 독소가 유입되고 모든 근육이 극도의 고통에 가깝다 할 정도로 수축되면서 마비가 오는가 하면, 심지어 사망에 이르기도 한다.

이스터섬 주변의 토양 샘플을 채취한 캐나다 연구원들은 토양에서 어떤 파상풍 박테리아도 발견하지 못했다. 그런 뒤 그 토양 샘플은 그냥 버려지거나 혹은 대학 연구실 구석의 냉동고 속에 보관된 채 영영 잊힐 수도 있었다. 그러나 그것은 아이어스트제약회사Ayerst Pharmaceutical로 보내졌고 그곳에서 파상풍 박테리아가 존재하지 않는 이스터섬 토양의 비밀이 밝혀졌다. 스트렙토미세스 히그로스코피쿠스*Streptomyces hygroscopicus*라는 방선균 박테리아가 그 원인이었다. 이 박테리아는 특별한 항균 화합물을 생산하는데, 이 화합물은 이스터섬 원주민들이 섬을 라파누이Rapa Nui라 부르는 데서 착안해 '라파마이신rapamycin'이라는 이름이 붙었다.

라파마이신은 스트렙토미세스 히그로스코피쿠스 박테리아가 실제로 고대에 균류와 싸움을 벌일 때 만들어 낸 무기다. 이 분자는 엠토르mTOR라 불리는, 균류 속의 특별한 단백질 복합체를 차단하거나 억제한다. 아쉽게도 mTOR라는 용어는 천둥의 신 토르에서 온 것은 아니다. 단지 '작용 기전상 라파마이신의 표적mechanistic target of rapamycin'을 줄인 말이다(원래 명칭은 포유류 라파마이신 표적mammalian target of rapamycin이었는데, 포유류뿐 아니라 사실상 모든 생명체에서 발견되면서 이렇게 바뀌었다-옮긴이). 이름은 좀 재미없지만 mTOR가 하는 역할은 굉장하다. 그것은 세포의 성장을 제어하는 일종의 컨트롤타워다. 그 박테리아에게 라파마이신은 mTOR를 처치하기 위한 비장의 무기다. 라파마이신은 적인 균류의 성장을 억누름으로써 먹을 것을 놓고 균류와 벌이는 전쟁에서 이 박테리아가 결정적 우위에 서도록 돕는다.

우리 인간이 균류와 닮았다고 하면 이상하다고 여기겠지만, 사실 균류와 인간은 먼 친척뻘이다. 그 말은 인간이 균류와 꽤 많은 단백질을 공유한다는 것을 의미하며, 그중에는 mTOR를 만드는 단백질도 포함된다. 사실 mTOR는 성장 신호 전달의 궁금증을 해결하기 위해 거쳐야 하는 다음 단계의 토끼 굴이다. 첫 번째 토끼 굴에서는 성장호르몬으로 갔다(그 호르몬을 억누르면 생명이 연장된다). 그러고 나서 우리는 IGF-1에 도달했다(역시 그것을 저지하면 생명이 연장된다). 이제 우리는 mTOR에 도달한 것이다. IGF-1이 세포 수용체와 결합하면 mTOR 복합체가 활성화된다. 이는 곧 mTOR가 '각성'되어 성장과 관련된 세포 내 많은 과정이 작동할 수 있음을 의미한다. 가령 새로운 단백질의 생성과 여러 영양소의 흡수가 시작되는 것이다. 물론 우리 몸속의 mTOR는 균류가 만들어 내는 것과는 다르지만, 라파마이신은 동일하게 작용한다. 이제 내가 무슨 얘기를 하려는지 짐작할 수 있을 것이다. 과학자들이 실험실 동물들에게 라파마이신을 주입하자 성장을 촉진하는 mTOR가 억제되고, 결과적으로 동물의 수명이 연장되었다. 라파마이신을 주입한 쥐는 평소보다 20퍼센트나 더 오래 살았다. 약물 한 가지로 그런 성과를 낸 것은 엄청난 일이다. 그 20퍼센트의 차이를 인간에게 직접 적용한다면 그것은 책의 저자인 내가 유치원생일 때 죽어 버리는 것과, 지금 당신이 읽고 있는 책을 쓸 때까지 내가 살아남는 것만큼의 차이라고 할 수 있을 테다.

◆ • ◆

라파마이신은 이미 인간을 위한 용도로 승인되었고 사용 중에 있다. 그럼 왜 노화를 저지하기 위한 목적으로는 사용되지 않는가 하는 의문이 들 것이다. 원래는 전혀 다른 용도로 개발되었기 때문이다. 아이어스트제약회사의 연구원들은 라파마이신의 노화 방지 효과에 대해서는 아무것도 모른다. 그들은 라파마이신이 장기이식 과정에서 도움이 될 수 있다는 사실을 발견했을 뿐이다. 라파마이신을 고용량으로 복용하면 면역 체계가 억제되는데, 이는 면역세포가 이식된 장기를 이물질로 인식하고 공격해서 치명적인 결과를 야기할 위험을 낮추는 데 도움이 된다.

라파마이신이 여러 해 동안 사용되어 왔으며 우리가 사용할 수 있는 임상 자료가 충분히 축적되어 있다는 사실은 희소식이다. 덕분에 뇌 손상 같은 터무니없는 부작용이 없다는 사실도 이미 알고 있다. 하지만 장기이식에 사용되는 용량의 라파마이신은 신체에 무리를 가하고 해로운 결과를 초래할지도 모른다. 오래 살기를 원한다면 면역 체계를 약화시키는 것은 바람직하지 않다. 라파마이신을 고용량으로 복용한 장기이식 환자들은 감염에 더욱 취약하며, 면역 체계가 마치 한쪽 팔이 등 뒤로 묶인 채 싸우고 있는 형국이므로 감염 또한 더욱 심각한 상태로 악화되는 경향이 있다.

하지만 라파마이신을 조금씩 복용한다면 좀 더 긍정적인 효과를 볼 수도 있다. 저용량을 복용시켰더니, 아마도 호르메시스 효과를 유발해서인지 심지어 면역 기능이 **향상되었다**는 연구 결과도 나왔다. 이런 결과에도 불구하고 우리는 라파마이신을 소량 복용하는 것이 생명 연장의 효과를 불러올 수 있는지는 알 수 없다. 아직은 말이다. 현재 몇몇 회사와 연구 집단이 그런 사실을 확인하기 위해 다양한 방법으로 연구 중이다. 대부분의 경우 예컨대 긍정적 효과를 강화한다든지 최적의 복용량을 파악한다든지 혹은 부작용을 줄인다든지 하는 등 어떤 식으로든 라파마이신을 최적화하기 위해 분투하고 있다. 이 모든 노력이 라파마이신을 널리 쓰이는 최초의 항노화 약물로 만들고자 하는 데 초점을 맞추고 있다. 이것이 어떤 결실로 나타날지는 아직 지켜봐야 한다. 하지만 회사와 연구 집단을 제외하고도 이미 다양한 사람들이 라파마이신의 항노화 효과를 스스로에게 임상시험하고 있다. 인터넷에 올라온 그들의 자체 보고서는 낙관적인 경우가 많다. 하지만 부정적인 경우가 없지 않은데도 그 사실을 보고하는 경우는 드물다는 사실도 염두에 두어야 한다. 만약 당신이 제정신이라면, 생명 연장을 위해 라파마이신을 사용하는 것은 현재로서는 일종의 '최후의 승부수 Hail Mary pass' 같은 것이라는 점도 명심해야 한다. 미식축구에서 지고 있는 팀의 쿼터백이 뜻밖의 승리를 기대하면서 최후의 순간에 날리는 그 길고도 절박한 패스 같은 것이라는 말이다. 그런 급박한 경우가 아니라면 우리는 토끼 굴 아래로 좀 더 내려가야 한다.

개에게 라파마이신을 주입하면

인간의 절친한 친구 개를 떠올렸을 때 가장 슬픈 일은 그들이 너무 일찍 죽는다는 사실이다. 인간이 스스로의 수명 연장을 시도한다면 개의 수명도 그래야 하지 않겠는가? 사실 노화 연구에 있어서 개는 사람보다 훨씬 더 나은 실험 대상이다. 비용 절감도 막대하지만 실험 자체도 훨씬 용이하다. 그 말은 우리가 일석이조의 효과를 얻을 수 있다는 뜻이다. 우리는 우리의 친구가 더 오래 살도록 돕는 동시에 앞으로의 인간 연구를 위한 귀중한 교훈을 얻을 수도 있을 것이다.

예컨대 개를 이용한 어떤 연구에서 과학자들은 반려견 40마리에게 라파마이신을 주입했다. 지금까지 연구 결과는 낙관적이다. 주입 이전보다 개들의 심장 기능이 향상되었다. 그것이 또한 장수로 연결될지 어떨지는 아직은 더 지켜봐야 한다.

Chapter 8

우리 몸의 쓰레기 수집 체계

: 수명 연장과 자가포식 :

2016년 노벨 생리의학상은 일본의 생물학자 오스미 요시노리大隅良典에게 돌아갔다. 세포 내부의 '자가포식autophagy'이라는 것에 대한 연구 성과를 인정한 것이다. 'auto'는 '스스로'라는 뜻이며, 'phagy'는 '먹다' 또는 '게걸스럽게 먹어 치우다'라는 뜻이다. 그래서 자가포식, 즉 'autophagy'를 어원적으로 풀이하면 '자신을 먹어 치우다'라는 뜻이 된다. 무시무시한 질병처럼 느껴질 수도 있겠지만, 우리 몸의 건강을 지켜 주는 중요한 메커니즘이다. 세포가 '스스로를 먹어 치운다'는 말을 아무것이나 다 게걸스럽게 삼킨다는 뜻으로 오해하지는 말라. 자가포식은 개별 분자든 (세포소기관이라 불리는) 전체 세포 '기관'이든 손상된 세포 구성 요소를 특별히 분해하는 데 쓰인다.

자가포식을 세포의 쓰레기 수집 체계라고 봐도 무방하다. 세포는 쓰레기 봉지를 닮은 작은 거품 같은 구조를 이용해서 손상을 입은 분자나 세포 구성 요소를 집어삼킨다. 그러고는 이들 '쓰레기 봉지'를 재활용 센터에 해당하는 리소좀lysosome이라 불리는 특별한 세포소기관으로 보낸다. 리소좀은 그 속에 있는 다양한 효소를 이용해 세포 쓰레기를 분해하고 그것을 세포의 기본 구성 요소로 변환한다. 그리고 이 요소는 다시 방출돼 새로운 분자를 형성하는 데 재활용된다.

이 쓰레기 재활용 체계 및 그 비슷한 역할을 떠맡는 다른 체계들은 지금까지 우리가 논의해 온 **모든 것**을 하나로 연결한다. 그중 하나가 지금까지 파고든 토끼 굴의 맨 밑바닥에서 우리를 기다리고 있었던 자가포식이다. 우리는 맨 처음 뇌하수체에서 분비되는 성장호르몬에서 탐구를 시작했다. 다음에는 간에 도달한 성장호르몬이 IGF-1의 분비를 촉진한다는 사실을 알게 되었다. 그리고 IGF-1이 세포 수용체와 결합하면 그것은 mTOR라고 불리는 단백질 화합물을 활성화한다. 따지고 보면 mTOR는 **다양한** 역할을 담당하고 그중에 많은 것이 건강에 영향을 미친다. 그러나 노화와 가장 명백히 관련된 역할은 mTOR가 세포 쓰레기 수집 체계를 통제한다는 것이다. 특히 mTOR가 활성화되면 자가포식이 **차단**된다. 결과적으로 mTOR를 활성화하는 모든 성장 촉진 신호도 같은 방식으로 작용한다. 그렇기 때문에 라파마이신이 mTOR를 차단하면, mTOR의 자가포식 차단 작용을 도로 차단해서 그 효과를(다시 말해 자가포식 차단 작용의 효과를-옮긴이) 상쇄한다. 조금 혼란스럽게 들릴 수도 있을 텐데, 핵심은 성장 신호를 차단하면 결국 자가포식이 **활성화**된다는 것이다. 결과적으로 라파마이신은 자가포식이 원활하게 작동할 때에만 실험실 동물들의 수명을 연장해 준다. 자가포식 기능이 고장 나면 라파마이신도 효과가 사라진다. 이제 우리는 정말로 노화와 장수의 해법으로 향하는 토끼 굴의 마지막에 다다랐다는 느낌이 든다.

성장과 관련된 모든 논의에서도 그렇지만, 호르메시스 효과에서도 자가포식은 중요한 작동 기제다. 장기적으로는 손상이 우리를 더 강건하게 할 수 있다 해도 손상 자체가 이로운 것은 아니라는 사실을 잊으면 안 된다. 예컨대 당신이 조깅을 한 직후라면 당신의 몸은 이전보다 취약하다고 봐야 한다. 그리고 그 통제 불가능한 황소인 자유라디칼은 **유해**하다. 얼마간의 시간이 흐른 뒤에 그것이 우리 몸을 더 튼튼하게 해 주는 것은 우리 세포가 손상을 복구하고 뒤이어 회복시키는 능력을 갖고 있기 때문이다. 그 첫 번째 단계를 손상된 분자를 수집하고 처리하는 자가포식이 담당한다. 그래서 자가포식은 호르메시스 효과에서 핵심을 이룬다. 만약 세포 폐기물 수거 체계가 원활하게 돌아가지 않으면 다양한 형태의 호르메시스 작용이 실험실 동물의 수명을 연장하는 효과도 멈춘다.

애석하게도 수명 연장에 중요한 역할을 담당하는 자가포식 기능은 노화와 함께 퇴화한다. 그 이유가 명확히 해명된 적은 없지만, 우리 신체 속 세포 폐기물 수거 담당자는 시간이 지날수록 게을러지며 임무를 소홀히 한다. 이는 나이가 들수록 오래되고 손상된 단백질이 점점 더 체내에 축적되는 경향이 생기는 이유 가운데 하나다. 한때 늙은 세포는 젊은 세포보다 훨씬 더 손상에 취약하기 때문에 이 같은 '세포 쓰레기'로 가득 차 있다고 여겨졌다. 그러나 사실 그 못지않게 중요한 점은 늙은 세포가 그저 손상된 단백질을 **제거**할 수 없어서 손상이 축적되고 있다는 사실이다. 그렇다면 세포의 자가포식을 촉진하는 것이 우리 인체에 유익할까? 생쥐를 대상으로 한 실험에서는 그렇다는 결과가 나왔다. 과학자들이 인위적으로 생쥐들의 자가포식을 촉진했더니 생쥐는 더 날씬하고, 튼튼해졌으며, 결국 더 오래 살았다. 반면에 자가포식을 차단했던 생쥐들은 손상된 분자가 빠르게 누적되었고, 기력이 떨어졌으며, 결국 병에 걸렸다. (과학자들은 자가포식 작용이 완전히 차단된 생쥐를 만들 수는 없었다. 그랬다가는 생쥐가 태어나기도 전에 죽어 버리기 때문이다.)

활력 넘치는 벌거숭이두더지쥐

벌거숭이두더지쥐는 그들과 가까운 친척인 생쥐보다 DNA를 손상시키는 화학물질, 중금속, 혹은 극심한 열 따위의 스트레스 요인에 대한 저항력이 훨씬 강하다. 동시에 벌거숭이두더지쥐의 세포는 생쥐의 세포보다 자가포식 활동이 훨씬 활발하다. 벌거숭이두더지쥐는 또 다른 세포 폐기물 처리 시스템—손상된 단백질만 특별히 분해하는 프로테아좀proteasome 시스템—의 활성도 역시 월등히 높다.

마찬가지로 몸집에 비해 장수하는 또 다른 포유류인 박쥐는 오래 살수록 자가포식을 **상향조절**한다. 세포 폐기물 수집을 더욱 활성화하는 능력이 박쥐와 벌거숭이두더지쥐가 비슷한 크기의 다른 포유류보다 훨씬 더 장수하는 이유일지도 모른다.

여름이 오면 내 고향 코펜하겐의 인구는 세 곱절은 늘어난 것처럼 보인다. 당신도 코펜하겐처럼 춥고 어두운 겨울을 나는 곳에 살고 있다면 여름 태양의 마력을 알고 있을 것이다. 코펜하겐 사람들 대부분은 어느 정도는 일광욕을 즐기며, 그중 일부는 여름 몇 달을 몸을 완벽하게 태우기 위한 기회로 삼는다.

일광욕을 하면 피부는 자외선에 노출되고 손상을 입게 된다. 그러면 세포 내부에서 일련의 신호가 시작되고, 세포는 스스로를 보호하기 위해 멜라닌이라는 색소를 합성한다. 피부를 조금씩 태양에 노출하는 것은 별문제가 없다. 심지어 호르메시스 효과를 볼 수도 있다. 그러나 과다하게 노출하면 피부암의 위험이 급격히 증가하는 데다 주름이 눈에 띄게 늘어난다. 만약 우리가 피부를 구릿빛으로 만들면서도 피부암에 걸리지 않고 피부가 건포도처럼 쭈글쭈글해지지 않을 수 있다면 훨씬 더 바람직하지 않을까? 이런 결과를 얻기 위한 지혜로운 방법은 통상 자외선 손상에 의해 유도되는 일련의 신호를 자외선 노출 없이도 발생시킬 수단을 강구하는 것이다. 인위적으로 그런 신호를 만들어 보내서 멜라닌을 분비하도록 하면 가능하다. 잘 되기만 하면 세포는 두 신호의 차이를 감지하지 못할 것이다. 그저 '더 많은 멜라닌을 분비하라'는 메시지를 받아들이고, 거기에 따를 것이다. 일부 과학자들은 실험실 수준에서 이런 방법이 가능하다는 것을 입증했다. 그들은 특수 분자를 이용해서 쥐와 인간의 피부 샘플에서 멜라닌 분비를 촉진하는 데 성공했다. 그렇다면 미래의 자외선 차단제는 단순히 태양으로부터 피부로 만드는 것이 보호하기 위한 용도로만 사용되는 것이 아니라, 몇 시간씩 선베드에 누워 있지 않고서도 구릿빛 피부로 만드는 것이 가능하도록 도와주는 역할을 할 수도 있다.

자가포식에 대해서도 비슷한 전략이 가능하도록 노력을 기울이는 것은 어떨까? 현재 자가포식을 활성화하는 최선의 방책은 다양한 성장 신호를 차단하거나 혹은 호르메시스 효과를 동원하는 것이다. 두 가지 모두 어느 정도의 부작용을 무릅써야 한다. 그리고 이 모든 분투에도 불구하고 우리 체내의 세포 폐기물 수집 담당은 나이가 들수록 게을러질 것이다. 우리에게 필요한 것은 '폐기물 처리'를 촉구하는 메시지를 전달할 또 다른 방책이다. 그런 수단을 마련한다면 미래에는 노인의 신체에 대해서도 현재 가능한 정도보다 더욱 강력하게 자가포식을 촉진할 비결을 찾아낼 수도 있을 것이다.

아직 임상시험 단계를 거치지는 못했지만 자가포식을 촉진하는 첫 번째 항노화 후보물질이 벌써 발견된 것을 기쁘게 알려 드린다. 이 화합물은 세포 내에서 자가포식을 상당한 수준으로 증진시킨다. 과학자들이 쥐가 마시는 물에 이것을 첨가했더니 심지어 노화 단계에 들어선 쥐조차도 장수 효과를 누렸다. 문제의 분자는 스퍼미딘spermidine이라 불린다. 이름을 듣는 순간 당신은 그것의 최초 출처를 짐작할지도 모른다(스퍼미딘은 남성의 정액sperm에서 처음 발견되었다-옮긴이). 하지만 불편해할 필요는 없다. 스퍼미딘의 출처는 그곳만이 아니다.

첫째, 인간의 세포는 스스로 스퍼미딘을 비롯해 그와 유사한 화합물을 합성한다. 그러나 노화가 진행될수록 자가포식 작용이 더뎌지듯이 스퍼미딘 생성도 감소한다. 당장은 이런 경향을 역전시킬 뾰족한 수를 찾아내지 못한 상태다.

둘째, 장腸 속에 있는 일부 미생물들도 스퍼미딘을 합성해 낸다. 하지만 다시 한번 강조하건대, 아직 우리가 어떤 식으로 이런 과정에 개입할 수 있는지는 알지 못한다. 다른 장내 미생물은 스퍼미딘을 **분해**하는데 그 과정이 너무 복잡해서 아직은 아는 게 없다.

다행히도 스퍼미딘을 생성하는 과정에 어렵지 않게 개입할 수 있는 세 번째 방안이 있다. 식이요법이다. 스퍼미딘은 다양한 음식에서 발견되며, 스퍼미딘을 많이 섭취할수록 사망 위험이 낮아진다는 연구 결과도 있다. 만약 스퍼미딘 섭취를 증가시키고 싶다면 밀눈(밀 배아)을 먹는 것이 최선이다. 스퍼미딘을 보조 식품으로 만드는 것은 불가능하다. 만약 스퍼미딘 '보조 식품'이 있다면 그것은 그냥 밀눈에다 스퍼미딘을 더 추가한 것일 뿐이다. 그 밖에 스퍼미딘이 많은 음식으로는 콩, 일부 버섯, 해바라기씨, 옥수수, 콜리플라워 등이 있다. 만약 당신이 비위가 좋은 사람이라면 뱀장어 간이나 팥, 혹은 냄새가 고약하지만 맛은 좋은 열대 과일 두리안을 시도해 보라.

Chapter 9

미토콘드리아의 자가포식

: 세포 발전소도 늙는다 :

10억 년도 더 전에 온갖 것들이 뒤죽박죽 섞여 있는 뜨거운 웅덩이 속에서 박테리아 하나가 우리 모두의 조상뻘인 세포에게 잡아먹혔다(약 20억~15억 년 전 세포핵을 갖는 진핵세포가 지구상에 출현한 일을 가리킨다-옮긴이). 정확히 어떤 과정을 거쳐 그런 일이 발생했는지는 아직 모른다. 아마도 그 박테리아는 세포에게 그저 평범한 먹잇감으로 보였을지도 모른다. 아니면 반대로 박테리아가 새로운 보금자리를 찾다가 세포를 숙주 삼아 침투했을 수도 있다. 어느 쪽이든 박테리아는 세포 속에 오랜 세월 눌러앉아서 살았다. 그 세포의 후손들이 여전히 우리의 일부를 이루고 있다.

보다시피 비록 그 박테리아와 우리의 조상 세포가 원래는 서로 다른 종이었지만 지금은 하나가 되었다. 수백만 년의 진화를 거치면서 둘은 서로 결합했고, 이제는 떼려야 뗄 수 없는 한 몸이 되었다.

우리는 이 박테리아의 후손을 '미토콘드리아'라고 부른다. 그것은 우리 세포에서 핵심적인 부분이다. 지금 당장 세포 내부를 들여다본다면, 세포에 따라 적게는 몇 개에서 많게는 몇천 개에 이르는 미토콘드리아를 볼 수 있을 것이다. 이들 미토콘드리아는 여전히 과거 박테리아의 모습을 간직하고 있다. 이것들은 과거 박테리아를 닮은 외관과 구조를 보이는가 하면, 심지어 아직도 약간은 박테리아처럼 행동한다. 박테리아가 분열을 통해 더 많은 박테리아를 만들 듯이 미토콘드리아 역시 분열하면서 더 많은 미토콘드리아를 복제한다. 그렇다고 해서 우리 몸속에 있는 미토콘드리아는 인간과 분리된 무언가가 아니다. 그것은 세포소기관으로서 세포의 나머지 부분과 긴밀히 연결되어 있다. 그리고 체내의 미토콘드리아는 더 이상 홀로 생존하지 못한다. 이제는 우리 세포의 일부로서만 존재할 수 있다. 수백만 년의 진화를 거치면서 대다수의 미토콘드리아 DNA는 인간 유전자 구성 요소의 나머지 부분과 함께 세포핵으로 옮겨 갔다. 미토콘드리아 내부의 아주 미세한 부분만이 과거 한때 독자적 개체로서 존재했던 자신의 흔적을 갖고 있을 따름이다.

◆ • ◆

아마도 당신은 고등학교 생물책에서 본 가장 진부한 구절 때문에 이미 미토콘드리아의 역할을 기억하고 있을지도 모른다. **미토콘드리아**

는 세포의 발전소다. 비록 많은 사람들이 이것을 배워야 한다며 불평하지만, 그 구절로 인해 미토콘드리아는 가장 중요한 세포소기관 가운데 하나로 떠올랐다. 미토콘드리아는 세포가 우리 인체 내에서 행하는 모든 것이 가능하도록 만드는 최종 임무를 떠맡고 있다. 그 임무란 음식으로부터 에너지를 뽑아내는 것이다. 결과적으로 세포 속 미토콘드리아의 양은 세포의 기능에 따라 달라진다. 많은 에너지를 써야 하는 근육세포, 특히 심장근육세포에는 미토콘드리아가 많다. 피부세포처럼 하는 일이 별로 없는 세포에는 미토콘드리아가 거의 없다.

발전소는 미토콘드리아를 묘사하는 가장 탁월한 비유이며, 우리는 실제 지역 발전소에 기대하는 모든 특성을 그것에 기대한다. 신뢰성, 안정성, 환경 친화성 같은 것 말이다. 오랜 진화를 거치면서 우리 몸의 미토콘드리아는 그런 책무에 부응하도록 고도로 최적화되었다. 그러나 우리 몸속 대부분의 다른 세포도 그렇듯이, 노화는 그 체계를 망가뜨린다. 나이가 들면 미토콘드리아는 감소한다. 그리고 남은 미토콘드리아도 점점 제 기능을 수행하지 못한다. 갓 지어서 번쩍거리는 새 발전소가 오래되어 낡아 빠진 발전소로 변하는 것을 상상하면 별 무리가 없다.

미토콘드리아의 기능이 저하되면 문제가 발생한다. 세포가 뭔가를 하려면 에너지가 필요하기 때문이다. 연구에 따르면 기능장애가 있는 미토콘드리아는 실험실 생물들의 노화를 촉진한다. 그리고 인간에게서도 미토콘드리아 기능장애가 초래한 결과를 확인할 수 있다. 예컨대 나이가 들면서 근육이 퇴화하는 이유 가운데 하나는 미토콘드리아의 수가 줄어들기 때문이다. 그렇다면 미토콘드리아라는 발전소가 윙윙거리며 활발히 돌아가도록 하려면 어떻게 해야 할까?

그 질문에 대한 답은 앞에서 살펴봤던 목록에 올라 있다. 다른 생물학적 체계와 마찬가지로 미토콘드리아도 호르메시스 효과의 영향 아래에 있다. 이들 미토콘드리아를 고생시켜서 이로운 결과를 낳는 비결은 체내의 에너지 필요량을 급격히 증가시키는 것이다. 우선 두 가지 방법이 있다. 첫째, 운동이다. 특히 고강도 운동이다. 둘째, 몸을 추위에 노출시키는 것이다. 이를테면 겨울에 수영을 하는 것이다.

미토콘드리아가 외부의 시련에 대응할 때 보이는 호르메시스 반응 중 하나는 이른바 '미토콘드리아 생합성mitochondrial biogenesis'이다. 미토콘드리아가 분열하면서 더 많은 미토콘드리아를 생성하는 것을 가리킨다. 이는 이로운 현상이다. 세포의 능력을 강화하고 노화에 일반적으로 수반되는 미토콘드리아 손실을 보상해 주기 때문이다. 실제로 운동을 충분히 한다면 노화로 인한 미토콘드리아 손실을 상당한 수준으로 상쇄할 수 있을 것으로 보인다.

시련에 맞서는 또 다른 미토콘드리아의 호르메시스 반응은 자가포식이다(미토콘드리아의 자가포식이므로 '미토파지mitophagy'라고도 한다). 이 과정을 통해 늙어서 기능장애를 보이는 세포 발전소가 정기적으로 제거된다. 사실 손상된 미토콘드리아를 제거하는 것은 자가포식이 수행하는 가장 중요한 역할 가운데 하나다. 그 결과 스퍼미딘 같은 자가포식 촉진제는 특히 미토콘드리아에 큰 영향을 미친다. 연구자들이 수명을 늘리기 위해 쥐에게 스퍼미딘을 주입했을 때 가장 핵심적인 효과는 미토파지를 통해서 이루어지는 것으로 드러났다. 특히 심장근육세포 내부에 존재하는 기능장애 미토콘드리아가 제거되는 과정을 통해 그 핵심 효과가 매개되었다. 스퍼미딘 요법은 쥐의 심장 건강을 개선했고, 깨끗한 에너지 공급을 가능케 했다. 이것은 심장박동을 계속 유지하기 위한 아주 중요한 요건이다. (실은 스퍼미딘을 공급받은 쥐만 건강한 심장을 갖는 것은 아니다. 인간 역시 식사를 통해 스퍼미딘을 충분히 섭취하면 심혈관 질환 발병률이 하락한다.)

과학자들은 미토파지를 증가시키는 유로리틴 Aurolithin A라 불리는 또 다른 화합물을 발견했다. 실험실에서 유로리틴 A를 활동력이 떨어진 노인에게 주입했더니 그들의 근육 내부에서 미토파지가 증가했다. 쥐에게 주입해도 똑같은 일이 일어났고, 결과적으로 쥐들의 지구력이 향상되었다. 유로리틴 A는 단지 미토파지만 활성화시키는 게 아니었다. 그것은 또 미토콘드리아를 자극해서 분열하도록 했는데, 운동을 할 때 나타나는 것과 동일한 현상이었다.

애석하게도 음식 섭취로 유로리틴 A를 얻을 방법은 없다. 적어도 아직까지는 아무도 그런 음식을 발견하지 못했다. 그러나 유로리틴 A 분자의 선구물질predecessor(어떤 물질대사나 반응에서 특정 물질이 되기 전 단계의 물질-옮긴이)은 엘라지탄닌이라 불리는 폴리페놀의 형태로 석류, 호두, 나무딸기 따위에서 발견된다. 그리고 일부 장내 박테리아가 엘라지탄닌을 유로리틴 A로 전환할 수 있다는 사실도 밝혀졌다. 모든 사람의 장 속에 이들 미생물이 있는 것은 아니지만 석류, 호두, 나무딸기를 더 많이 먹어서 나쁠 일은 없다.

자연은 다재다능하다

세포에 에너지를 공급하는 것이 미토콘드리아의 주요 역할이지만, 자연은 다재다능하다. 정확한 이유는 알 수 없지만 미토콘드리아에는 그 주요 역할과는 큰 상관이 없어 보이는 기능도 있다. 한 예로 미토콘드리아에서는 세포자살, 즉 아폽토시스apoptosis가 촉발된다. 그뿐이 아니다. 미토콘드리아는 우리의 면역 체계에도 관여하는데, 적을 섬멸하는 일에 개입하는 한편 그 모든 것을 통제하는 신호 전달 경로에도 연관되어 있다.

Chapter 10
불멸을 향한 모험담

: 끝없이 분열하는 세포 :

1951년 겨울, 헨리에타 랙스Henrietta Lacks라는 서른한 살의 가난한 흑인 여성이 메릴랜드주 볼티모어의 존스홉킨스병원에 입원했다. 랙스는 자궁 경부에 '불룩한 느낌'이 있다면서 또 임신을 한 것은 아닌지 물었다. 의사는 임신이 아니라 자궁 경부에 병변이 있는 것이라고 진단했다. 암이었다. 암은 순식간에 전이되어 랙스의 몸 전체로 퍼졌고, 결국 1951년을 넘기지 못하고 그녀는 사망했다.

헨리에타 랙스가 죽기 전에 의사들은 조직검사를 위해 그녀의 자궁에서 세포를 채취했고, 그것을 실험실에서 배양하며 연구했다. 보통 이런 시도는 실패하기 쉬웠다. 인간 세포는 배양하기가 어려워서 신체에서 떨어져 나오면 금세 죽어 버리기 때문이다. 하지만 헨리에타 랙스의 암세포는 무럭무럭 잘 자랐다. 세포들이 매일 꾸준히 분열하는 것을 보면서 의사들은 어리둥절해했다.

헨리에타 랙스는 사망했지만, 그녀의 세포 표본은 실험실에서 생생하게 살아 있었다. 여기에는 우울한 흑역사가 있다. 랙스의 세포가 배양 가능한 인간 세포주cell line(생체 밖에서 쇠퇴해 죽는 보통 세포와 달리 계속 세포분열을 일으키는 돌연변이 세포-옮긴이)로는 최초였기 때문에 과학계의 큰 주목을 받았다. 관련된 과학자들은 그 세포를 다른 과학자들과 줄기차게 공유했다. 그러나 그들 중 누구도 헨리에타 랙스나 그녀의 가족에게 허락을 구하지 않았다. 존스홉킨스병원은 50년이 지나서야 자신들의 윤리적 태만에 대해 사과를 했다. 당신이라면 그런 태만을 용서할 수 있겠는가?

문제는 그녀의 세포가 오늘날에도 살아 있다는 점이다. 헬라HeLa(Henrietta Lacks의 이름과 성에서 각각 두 글자씩 땄다-옮긴이)라고 불리는 그녀의 세포주는 여전히 죽지 않았으며, 공짜이기 때문에 오늘날에도 전 세계의 실험실에서 이용되고 있다. 그녀가 죽고 난 뒤 몇 년 후에 조너스 솔크Jonas Salk 박사는 헬라를 이용해서 소아마비 백신을 개발했다. 그 이후로도 헬라 세포는 암 연구, 바이러스 연구, 그리고 다른 생체의학 연구를 위해 수없이 사용되었다.

◆ • ◆

신발 끈의 끝에는 그 끄트머리가 해지지 않도록 단단히 싸매어 놓은 플라스틱이나 금속 조각이 있다. 설마 그것의 이름이 뭔지 궁금해한 적은 없으리라. 그것은 애글릿aglet이라고 불린다. 그게 노화에 관한 책과 무슨 상관이 있을까 싶겠지만, 당신의 세포는 사실 애글릿이 해결하고자 했던 것과 같은 문제에 직면해 있다.

세포 내부의 DNA는 염색체라는 긴 실처럼 생긴 구조물 속에 들어 있다. 이 염색체의 끄트머리는 신발 끈의 끝처럼 손상을 입거나 해질 수 있다. 우리 세포는 텔로미어telomere라 불리는 유전적 애글릿으로 이 문제를 해결했다. 텔로미어는 DNA의 나머지 부분처럼 뉴클레오타이드nucleotide라 불리는 동일한 기초단위로 만들어졌다. 그러나 DNA와는 달리 텔로미어에는 정보가 없다. 유전자도 없고, 그냥 동일한 염기 서열이 반복적으로 중첩되어 있을 뿐이다. 영리한 방식이다. 세포가 텔로미어를 일부 상실하더라도 별 탈이 없기 때문이다. 적어도 단기적으로는 그렇다. 그러나 궁극적으로 텔로미어는 세포의 수명을 결정하는 핵심이다.

과거에는 전체로서의 생명은 늙어 죽더라도 세포는 불멸한다고 생각했다. 그러나 레너드 헤이플릭Leonard Hayflick이라는 과학자가 인간의 세포도 정해진 횟수만큼 분열하고 나면 죽는다는 사실을 입증했다. 이런 현상을 헤이플릭 한계Hayflick's limit라고 부르는데, 이를 초래하는 것이 텔로미어다. 우리가 맨 처음 태어났을 때 텔로미어는 대략 1만 1,000개의 뉴클레오타이드로 이루어져 있다. 그러나 세포가 분열할 때마다 텔로미어는 조금씩 짧아진다. 어느 정도까지는 별일이 없지만, 텔로미어가 너무 짧아져서 유용한 DNA가 위험에 처하면 얘기가 달라진다. 이런 일이 발생하기 전에 세포는 비상 제동장치를 당기고 분열을 멈춘다.

이런 식으로 텔로미어가 짧아지는 것은 세포에 치명적이다. 세포가 헤이플릭 한계에 도달한 후에도 어떻게든 세포분열이 지속될 수 있게 해 주더라도 결국 세포의 텔로미어는 닳아 없어진다. 그 결과 DNA는 손상을 입고, 어쨌든 세포는 죽게 된다.

그러나 실현 가능한 해결책을 최소한 하나는 생각해 봄 직하다. 텔로미어의 길이를 늘려서 손실을 상쇄하면 되지 않을까? 실제로 일부 세포가 그것을 할 수 있다. 우리 몸에는 텔로머레이스telomerase라 불리는 효소가 있다. 애초에 텔로미어를 만든 것도 이 효소다. 텔로머레이스는 염색체의 말단으로 가서 텔로미어를 잡아 늘리는 작은 분자 기계 같은 것이다. 대개 발생이 시작될 무렵 세포는 텔로머레이스를 이용해서 단일 세포일 뿐인 인간을 단기간에 수십억 개의 세포를 갖춘 인간으로 성장시킨다. 그 과정은 수많은 세포분열을 필요로 하고, 텔로머레이스는 생명이 시작되기도 전에 텔로미어가 닳아 없어지지 않도록 조처한다. 그러나 발생에 성공하고 나면 대부분의 세포가 텔로머레이스 유전자의 작동을 차단하면서 인간은 죽을 수밖에 없는 존재로 전락한다.

◆ • ◆

헨리에타 랙스의 암세포가 죽지 않은 것은 텔로머레이스 덕분이다. 랙스의 자궁경부암은 인간유두종바이러스-18human papillomavirus-18

(HPV-18)로 인해 발병했다. 이 바이러스는 전 세계 자궁경부암 대부분의 발생 원인을 차지한다. HPV-18 바이러스가 랙스를 감염시키는 과정에서 텔로머레이스를 만드는 유전자 또한 작동시켰다. 이는 바이러스가 세포에 계속해서 텔로미어를 연장하는 능력을 부여했다는 말이며, 결국 세포는 텔로미어의 고갈 없이 무한대로 분열할 수 있게 된 것이다. 그것은 암세포의 성장을 돕는 일이었고, 헬라 세포가 지금까지도 살아 있는 이유이기도 하다. 만약 과학자들이 헬라 세포 속의 텔로머레이스 효소를 차단해 버린다면, 그 세포는 불멸성을 잃고 정해진 횟수의 분열을 거듭한 후에 암에 걸리기 전의 세포가 그랬듯이 죽어 버릴 것이다.

여기서 잠시 생각을 정리해 보자. 이제 우리는 세포가 죽지 않도록 하는 방법을 알게 되었다. 그리고 인간은 수많은 세포로 이루어져 있다—정확히 말하자면 37조 개다. 하지만 세포를 불멸로 이끈다고 자동으로 그 세포로 이루어진 생명체도 불멸할 것이라 말할 수 있을까? 만약 그렇다면 생명을 연장하는 비결은 텔로미어가 짧아지지 않도록 단속하는 것이다. 과학자들은 실험실에서 비정상적으로 긴 텔로미어를 갖고 태어나는 생쥐를 기르면서 과연 그것이 가능한지 살펴봤다. 이 쥐들은 보통 쥐보다 몸집도 더 날렵했고, 신진대사도 더 활발했으며, 나이가 들어도 더욱 활기가 넘쳤고, 결국 더 오래 살았다.

인간에게서도 그런 사실을 암시하는 증거를 찾을 수 있다. 텔로미어가 빠르게 짧아지는 변이를 갖고 태어난 사람들은 조로증이 와서 때 이른 노화가 진행되었다. 심지어 정상적 변이라 하더라도 텔로미어는 노화와 연관성을 보였다. 다른 모든 유전적 특징들이 그렇듯이 텔로미어와 관련된 특징도 사람에 따라 차이를 보인다. 어떤 사람은 다른 사람보다 텔로미어가 더 긴가 하면, 또 어떤 사람의 텔로미어는 평생 남들보다 더 천천히 닳는다. 덴마크에서는 6만 5,000명을 대상으로 조사를 진행했는데 더 짧은 텔로미어를 가진 사람들이 더 높은 사망률을 보였고, 심혈관 질환이나 알츠하이머병과 같은 노화 관련 질병의 발병률도 높았다.

그렇다면 이제 텔로미어를 연장시켜야 한다는 말인가? 과학자 중에 공식적으로 이런 실험을 행한 사람은 없다. 하지만 학계가 아닌 일반의 영역에서 그런 실험이 이루어졌다.

◆ • ◆

2015년에 한 미국 여성이 콜롬비아로 가서 획기적인 수명 연장 프로젝트를 단행했다. 그녀의 이름은 리즈 패리시Liz Parrish. 사람들의 말처럼 미치광이 과학자도 아니고, 괴짜 부자도 아니었다. 그냥 도시 교외의 주택가에서 가정을 꾸린 평범한 워킹맘에 가까웠다.

줄기세포를 홍보하는 일을 하면서 패리시는 텔로머레이스의 효능에 대해 알게 되었다. 과학자들은 그녀에게 긴 텔로미어를 가진 생쥐는 넘치는 활력을 주체하지 못해 뛰어다니는데, 비슷한 나이의 다른 생쥐들은 늙고 기력이 다한 상태로 구석에 주저앉아 있는 모습을 보여 주었다.

패리시는 이 마법을 인간에게도 전하고 싶었다. 그러나 넘어야 할 장벽이 너무 많았다. 과학자들은 텔로머레이스 효소를 활성화시키는 약물을 만들어 보려 했지만 그 방법이 너무 어렵다는 걸 알게 되었다. 패리시는 차라리 유전자 치료라는 것을 선택했다. 이것은 새로운 의학 요법인데, 마치 예비 부품을 추가하듯이 사람의 세포에 추가로 유전자를 주입하는 방식이다. 이 경우, 유전적 예비 부품은 추가적인 (그리고 활성화된) 텔로머레이스 유전자가 될 것이다.

리즈 패리시가 콜롬비아까지 가야 했던 것은 콜롬비아 사람들이 특별히 텔로미어를 길게 늘려야 할 필요가 있어서는 아니다. 그보다는 미국 식품의약국의 단속을 피하기 위해서였다. 패리시는 자신이 첫 실험 대상이 되고자 했지만, 미국을 비롯한 대부분의 선진국에서는 설사 자신의 신체를 대상으로 하더라도 개인이 받을 수 있는 의학적 시술의 유형을 엄격하게 규제하고 있었다. 자신이 직접 고안했다 하더라도 유전자를 주입받았다가는 처벌을 면할 수 없었다.

그래서 패리시는 콜롬비아로 날아갔다. 그곳에서 그녀는 자신을 기꺼이 도와줄 병원을 찾았다. 패리시의 공동 연구자들은 우선 시술의 효능이 어느 정도인지 파악하기 위해 패리시의 텔로미어를 측정했다. 그녀의 텔로미어는 동일 연령대의 다른 여성들보다 상당히 짧은 편이었다. 실험 대상으로는 나쁘지 않았다.

그러고 나서 패리시는 유전자 주입 시술을 받았고, 있을지도 모를 급성 부작용에 대한 검사를 마친 후에 미국으로 돌아왔다. 이듬해 실험 결과가 나왔다. 패리시의 공동 연구자들은 그녀의 텔로미어 길이를 다시 측정했다. 결과는 긍정적이었다. 리즈 패리시는 텔로미어를 성공적으로 연장한 최초의 인간인 것으로 보인다.

◆ • ◆

패리시의 자가 실험은 과학계에 큰 반향을 일으켰다. 찬성하는 쪽에서는 자가 실험이 인류를 위한 귀한 자료를 제공하게 될 것이라고 격찬했다. 반면에 비판적인 쪽에서는 이런 식으로 개인에게 고통을 가하는 것은 위험한 일일뿐더러 심지어 무모하기까지 한 실험 행위이며, 사회적 전염 현상을 부를지도 모른다고 우려했다. 패리시는 자신의 입장을 옹호하면서 다음과 같이 말했다. "유전자 치료를 제공하기 위해 미국 정부의 승인을 얻으려면 (…) 10억 달러 가까이 되는 거금을 모금해야 한다. 15년가량의 시험 기간을 필요로 할 것이기 때문이다. 그리고 내가 알아본 바로는 그 15년을 너무 길다고 생각하는 사람들이 있는 것으로 안다."

그러나 한 발짝만 물러나서 사태를 냉정히 검토해 보자. 자가 실험의 안전성 여부에 대해서 논쟁하는 것은 필요하다. 그러나 가장 중요한 질문은 이 실험이 **성공했다 하더라도** 과연 그만한 가치가 있냐는 것이다. 한 번 더 생각해 보자. 앞에서 우리는 각각의 세포에 텔로머레이스 유전자가 있다는 사실을 알게 되었다. 그러나 생애 초기 단계에서 그것들은 작동을 멈추어 버리고, 평생 그런 기능 정지 상태를 유지한다. 만약 장수의 비결이 텔로머레이스인 게 사실이라면 왜 우리 세포가 텔로머레이스 효소를 당장 재가동해서 사용하지 않을까?

치명적인 트레이드오프trade-off(어떤 것을 얻고자 하면 그것만큼 다른 것을 희생시켜야 하는 거래 관계-옮긴이)가 도사리고 있기 때문이다. 헨리에타 랙스의 사례를 떠올려 보자. 텔로머레이스에 세포를 불멸로 이끄는 힘이 있는 것은 사실이다. 헨리에타 랙스의 세포가 그렇지 않았는가? 하지만 그것이 초래한 결과는 그녀의 사망이었다. 텔로머레이스 유전자는 암세포의 발달을 위해 필수적이다. 인간에게 발병하는 암 중에서 80~90퍼센트가 어떤 식으로든 텔로머레이스를 재가동시킨다. 그렇게 못하는 암세포들은 대개 텔로머레이스를 연장하는 또 다른 방법을 찾아낸다. 안 그럴 수가 없다. 텔로미어의 길이를 계속 연장하지 못한다면 암세포도 일반 세포처럼 결국 죽을 수밖에 없기 때문이다.

사실 패리시처럼 텔로미어 연장에 찬성하는 이들도 세포를 영원히 살릴 생각은 없다. 텔로머레이스 유전자를 잠시 동안만 켜서 암세포를 가동할 정도까지는 아니고 그저 텔로미어를 약간 늘릴 정도가 되기를 바란다. 하지만 그런 정도로 정확한 시술이 가능한지는 여전히 의문이다. 여러 연구에 따르면 평균치보다 긴 텔로미어를 갖는 사람들은 암에 걸릴 위험이 더 높다. 그래서 텔로미어를 만지작거리는 것은 아무리 좋게 봐도 당장은 위험한 불장난으로 보인다. 현재 암에 대응하는 의학의 수준이 약진하고 있기 때문에 언젠가는 승부를 걸 만한 가치가 있는 시기가 올지도 모른다. 하지만 아직까지는 너무 위험하다. 어쩌면 기나긴 진화 단계에서 이런 노화와 암 사이의 트레이

우주 비행이 텔로미어 길이에 미치는 변화

2016년 미국인 우주 비행사 스콧 켈리Scott Kelly는 그 당시 미국인 중에서 국제우주정거장 최장기 체류 기록을 세우고 돌아왔다. 지구로 귀환한 켈리는 가족들과 재회했다. 그중에는 쌍둥이 동생 마크 켈리Mark Kelly도 있었다. 그도 우주 비행사였다.

NASA(미국 항공우주국)는 우주에서 장기 체류한 후에 생기는 육체적 변화를 알아보기 위해 우주 비행 전과 후, 그리고 우주정거장 체류 동안에 쌍둥이의 신체를 각각 면밀히 살폈다. 우주여행을 했던 스콧은 지구에 남았던 마크에 비해 많은 신체적 변화를 겪은 것이 확인되었다. 그중 하나는 스콧의 텔로미어가 우주정거장 체류 동안 **더 길어졌다**는 사실이다. 그러나 지구로 귀환한 뒤에 그의 텔로미어는 급격히 짧아지더니, 심지어 지구를 떠나기 전보다도 더 짧아졌다.

어쩌면 영원한 젊음은 돌아오지 못할 우주 비행으로만 가능한 것인지도 모른다.

드오프 관계가 이미 고려되었고, 그것에 따라서 텔로미어의 길이가 정해졌는지도 모를 일이다.

게다가 텔로미어 연구에는 다른 문제점도 있다. 대부분의 연구에서 생쥐를 실험 대상으로 사용한다는 것이다. 비용과 용이성을 고려해 봤을 때 인간을 대신하는 실험 대상으로 쥐를 쓰는 것은 타당하다. 그러나 텔로미어를 연구하기 위해서는 적절치 못하다. 생쥐 텔로미어의 유전적 특질은 인간의 것과 매우 다르다. 생쥐는 모든 세포에서 텔로머레이스가 활성화되어 있으며, 우리 인간보다 훨씬 긴 텔로미어를 갖고 태어난다. 만약 텔로미어가 젊음을 위한 유일한 수단이라면 생쥐가 우리보다 훨씬 오래 살아야 할 것이다. 그러나 생쥐는 아무리 애써도 높은 암 발병률에 시달려 가면서 겨우 몇 년을 살 수 있을 뿐이다. 이제 다른 요인을 살펴볼 때가 되었다.

Chapter 11

좀비세포의 정체와 그 제거법

: 노화 세포라는 게 있다 :

고대 그리스 시대의 무덤은 마치 죽은 자가 되살아나기를 막아 버리려는 듯 돌이나 다른 무거운 것으로 유골을 짓눌러 놓았다. 그보다 더 과거로 거슬러 올라가 고대 메소포타미아에서는 '망자를 되살려 산 자를 잡아먹게 하리라'며 으르대는 이슈타르 여신에 관한 얘기가 전해진다. 오늘날 이 첨단의 세상에서도 여전히 좀비라 불리는 산 주검에 관한 호러물이 떠돌고 있다.

그리고 좀비는 이 책 속으로도 엄습했다. 하지만 이 책에서 다루게 될 좀비는 할리우드 호러물의 좀비와는 질적으로 다르다. 그것은 **좀비 세포**다.

◆ • ◆

일반적으로 세포는 자신의 상태를 세심하게 점검한다. 뭔가 잘못되었다는 것을 감지했을 때 세포는 아폽토시스라 불리는 세포자살을 감행한다. 실험실에서 인간의 세포를 배양하기가 어려운 것은 그래서다. 신체에서 세포를 떼어 내는 순간 뭔가 이상하다는 것을 알아차린 세포는 즉시 자멸한다. 이 정도의 편집증이 지나쳐 보일 수 있지만, 언제나 그렇듯이 세포가 이렇게 행동하는 데에는 진화적 이유가 있다. 세포자살은 암을 예방하고 감염에 맞서기 위한 메커니즘이다. 만약 우리 신체의 한 세포가 자신이 암세포로 변질되었다거나 바이러스에 감염되었다고 의심되면 몸 전체를 구하기 위해 사심 없이 자살을 감행한다.

영웅적인 행위라는 생각이 들지도 모르겠지만, 실은 전적으로 우리 몸이 작동하는 정상적인 과정의 한 부분일 뿐이다. 당신이 이 책을 읽고 있는 지금 이 순간에도 당신 몸속에서는 수백만 개의 세포가 자살을 단행하고 있다. 그렇다, 수백만이다. 인간의 몸속에서는 매일 **500~700억** 개의 세포들이 아폽토시스를 감행하고 있다. 어지러울 정도로 엄청난 숫자지만 몸 전체의 세포를 생각하면 극히 일부에 불과하며, 우리 몸은 재빨리 죽은 세포를 대체해 낸다.

어떤 경우에 손상된 세포는 바로 자멸하지 않는다. 그 대신 세포노화라 불리는 상태로 진입하는데, 이 상태의 세포를 좀비세포라고 부른다. 노화senescence는 세포가 헤이플릭 한계에 다다른 결과라고 레너드 헤이플릭이 최초로 설명했다. 말하자면, 세포의 텔로미어가 다 닳아 버리면 그 세포는 노화 상태에 진입해 좀비세포가 될지도 모른다는 것이다. 그러나 좀비세포가 되는 데에는 또 다른 다양한 경로가 존재한다. 일반적으로 세포자살을 초래할 수 있는 모든 형태의 손상에서 세포는 자멸하는 대신 좀비세포가 되기를 선택할 수도 있다.

세포가 좀비세포로 변하면 대부분의 일상적인 활동을 중지한다. 당연히 세포분열도 멈춘다. 하지만 다음 단계로 예정되어 있던 자살을 결행하지 않고 미적거리며 뭉개기만 한다. 그뿐 아니다. 몸에 해로운 잡다한 분자를 사방으로 뿜어내기 시작한다. 그런 세포가 노화를 촉진하리라 판단하는 것은 그리 어렵지 않다. 그래서 미네소타주 메이요클리닉(미국 최고의 병원 중 하나로 꼽힌다-옮긴이)의 과학자들은 좀비세포가 생명체의 수명에 어떤 영향을 미치는지 연구하기 시작했다.

한 연구에서 과학자는 늙은 생쥐로부터 분리한 좀비세포를 젊고 건강한 생쥐에게 이식했다. 젊은 생쥐는 원래 활력이 넘쳤으나, 그 활력을 빼앗는 데는 좀비세포를 단 한 번 주입하는 것으로 충분했다. 이상하게도 이식 후 6개월이 흘렀지만 그 생쥐는 여전히 기력을 찾지 못했다. 원래의 좀비세포는 한참 전에 죽었는데도 말이다. 그 이유는 할리우드 영화 속 좀비들이 그러하듯이 좀비세포가 다른 세포들까지 좀비화시켰기 때문인 것으로 밝혀졌다. 좀비세포가 주변으로 뿜어낸 분자들은 정상적이며 건강한 세포들까지 좀비세포로 만들어 버릴 수 있다. 심지어 완전히 동떨어진 곳에 있던 멀쩡한 세포까지 오염시킨다. 그 결과 좀비세포를 이식받은 생쥐는 결코 이전의 상태로 돌아갈 수 없었으며, 또래의 다른 쥐들보다 일찍 죽고 말았다. 또 더 많은 좀비세포를 주입할수록 더 빨리 죽었다.

이들 불쌍한 생쥐에게 생긴 일은 정상적인 노화 과정에서 발생하는 일과 다소 유사하다. 일부러 좀비세포를 주입당하지 않더라도 우리는 나이가 들수록 좀비세포가 몸에 축적되는 경향이 있다. 나이가 많은 사람은 젊은 사람보다 좀비세포가 훨씬 더 많다. 좀비세포가 인체에 미치는 명백히 부정적인 영향을 고려한다면 그 세포를 바로 제거하는 것이 이롭지 않겠는가? 연구자들—이번에도 메이요클리닉이다—이 꽤 교묘한 유전공학을 동원해서 과연 그러한지 살펴보았다. 그들은 특별한 유전적 설계를 거친 생쥐를 배양했다. 그 생쥐 안에 좀비세포를 만날 때만 활성화되는 작은 폭탄 같은 것을 설치했고, 연구자들은 특별한 격발장치 역할을 하는 분자를 이용해서 필요할 때 그 유전적 폭탄을 터뜨릴 수 있게 조치했다. 생쥐에게 이 격발 분자를 주입하기만 하면 그 '세포 폭탄'은 좀비세포 속에서 폭발하고, 결국 좀비세포는 죽을 것이다.

연구자들은 이런 식의 유전적 설계를 마친 생쥐를 두 그룹으로 나누어서 좀비세포 제거 효과를 측정했다. 첫 번째 그룹은 그대로 두었고, 다른 그룹에는 일주일에 두 번 세포 폭탄이 터지도록 했다. 좀비세포는 평생에 걸쳐 생겨나기 때문에 이렇게 지속적으로 제거해야 할 필요가 있었다. 좀비세포를 표적 삼아 끊임없이 없애면서 과학자들은 두 번째 그룹의 생쥐들 속에 좀비세포가 발을 못 붙이게 만들었다. 예상했던 대로 좀비세포를 제거하는 것이 생쥐에게 유익하다고 나타났다. 과학자들은 좀비세포를 제거시킨 생쥐들이 좀비세포로 들끓는 생쥐들보다 훨씬 더 건강하고 활력에 넘치는 것을 확인했다. 그리고 궁극적으로 좀비세포를 제거한 생쥐가 그냥 내버려 둔 생쥐보다 대략 25퍼센트 더 오래 살았다.

◆ • ◆

그렇다면 이제 우리 자신의 좀비세포를 제거할 방안을 강구해야 한다는 말인가? 세포노화 현상이 늘 해로운 것은 아니라는 것을 염두에 두는 것이 중요하다. 좀비세포는 생명체를 성장시키고 상처를 치료하는 데 핵심적인 역할을 한다. 이런 역할을 중단시킬 수는 없는 일이다. 그러나 메이요클리닉의 실험에서 보았듯이 생쥐 연구는 좀비세포가 노화에 관여하고 있다는 것을 꽤 분명히 시사하며, 심지어 좀비세포가 몇몇 노화 관련 질병을 유발한다는 징후도 보였다. 결국 세포노화는 젊은 시절에는 유익한 역할을 하는 것 같지만 노화가 진행되면 해로운 쪽으로 돌변한다.

이 과정에서 면역 체계가 어떻게든 역할을 한다. 일반적으로 면역세포는 좀비세포를 먹어 치워 제거할 수 있다. 사실 좀비세포가 뿜어내는 해로운 분자는 면역세포를 유인하는 이로운 역할도 한다. 그러나 노화에 접어들면 좀비세포가 아무리 유인해도 면역세포는 묵묵부답이다. 노화가 우리에게서 면역세포를 앗아 가는 데다, 그나마 남아 있는 면역세포조차도 여기저기 불려 다니느라 정신이 없기 때문이다.

그런 상황이라면 좀비세포를 제거할 다른 대책을 마련해야 할 것이다. 인간의 유전자 속에는 '세포 폭탄'이라 할 만한 것이 암호화되어 있지 않기 때문에 다른 수단을 마련해야 한다. 두 가지 선택지가 있다. 좀비세포를 '구출'해서 그것들을 건강한 세포로 돌려놓거나, 그것이 여의찮다면 제거하는 것이다.

두 번째 방안이 좀 더 흥미로워 보이는데, 세포노화 연구자들도 같은 생각인 것 같다. 적어도 현재까지는 좀비를 제거하는 것이 실험실에서 가장 우세한 선택지다.

그러나 애석하게도 좀비세포를 없애는 것은 영화에서 좀비를 죽이는 것처럼 쉬운 일은 아니다. 좀비세포가 몰려다니지 않는다는 점이 중대한 난관이다. 그것들은 몸 전체에 흩어져 있고 어쩌다 찾아내도 소수에 불과하다. 심지어 노화가 진행되어서 상대적으로 좀비세포가 많은 신체라 해도 사정은 마찬가지다. 그래서 만약 좀비세포를 사냥하려 든다면 매우 정확해야 한다. 조금만 빗나가더라도 좀비세포는 고사하고 멀쩡한 세포들을 무더기로 죽이는 참사를 초래할지도 모른다. 그랬다가는 총체적 난국이 될 것이다.

그런 어려움에도 불구하고 과학자들은 좀비세포만을 표적으로 하는 약물 후보물질 몇 가지를 가까스로 **발견했다**. 이 약물을 통칭 '세놀리틱senolytic'이라 부르는데, 대개는 강압적으로 좀비세포를 세포자살로 이끈다. 앞에서 살펴봤듯이 세포자살은 원래 좀비세포가 좀비가 되지 않았다면 운명적으로 예정된 것이었다. 좀비세포는 세포자살을 거부했지만, 세놀리틱 화합물은 다시 좀비세포가 스스로 명줄을 끊도록 억지로 떠민다.

지금까지 발견된 세놀리틱은 식물에서 추출한 다양한 화합물에서 얻은 것이다. 그래서 나는 다시 한번 과일과 야채 섭취의 중요성을 강조하고자 한다. 세놀리틱 분자의 한 가지 예로 딸기와 사과에서 발견되는 피세틴fisetin이라 불리는 플라보노이드flavonoid(식물의 잎·꽃·뿌리·열매·줄기 등에 많이 들어 있는 색소-옮긴이)를 들 수 있다. 늙은 생쥐의 먹이에 피세틴을 추가하면 비록 늙은 쥐라 할지라도 수명이 연장되는 것으로 나타났다. 하지만 문제의 연구에서 사용된 피세틴은 현실적으로 음식을 통해 섭취할 수 있는 것보다 훨씬 많은 양이었다. 만약 여러분이 똑같은 양을 먹으려 든다면 딸기를 몇 킬로그램은 집어삼켜야 할 것이다. 그걸 핑계 삼아서 과일과 야채 섭취를 게을리하지는 말자.

그 밖에 좀비세포를 죽여서 생쥐의 수명을 연장하는 화합물에는 포도에서 발견되는 플라보노이드 프로시아니딘 C1flavonoid procyanidin C1, 그리고 양파와 양배추에 풍부한 물질이자 피세틴의 가까운 사촌인 퀘르세틴quercetin이 있다. 퀘르세틴은 특히 백혈병 치료제인 다사티닙dasatinib과 병용해서 연구가 많이 진행되었다. 둘을 함께 쓰면 퀘르세틴만 쓸 때보다 훨씬 효과가 강력하다. 사실 다사티닙은 우리가 일상적으로 복용할 약물은 아니다. 하지만 현재 몇몇 연구실에서 임상시험을 통해 다사티닙과 퀘르세틴을 함께 복용했을 때의 효과를 연구하고 있다. 이는 좀비세포를 제거하기 위한 미래의 약학적 해법으로서 유망한 후보지만, 백혈병 치료제인 다사티닙은 분명히 함부로 다룰 수 있는 것이 아니다. 결국 좀비를 제거하는 몇몇 화합물을 복용 가능한 의약으로 삼는다 하더라도 세심한 주의가 선행되어야 한다는 말이다. 함부로 고단위 처방을 했다가는 이들 화합물이 정상적인 세포를 해칠 수도 있다. 실험에 참여하는 사람들은 반드시 각별한 주의를 기울여야 한다.

좀비세포를 박멸하기 위해 우리가 할 수 있는 최선은 아직까지는 기도하는 마음으로 임상시험을 지켜보는 것이다. 벌써 성공 사례가 나오고 있기는 하다. 시험 단계에 있는 세놀리틱 약을 써서 노화로 인한 두 가지 눈 질환을 안전하게 개선했다는 소식이 있다. 엄청난 돈을 쏟아붓고 다양한 실험을 하고 있다는 점을 감안하면 세놀리틱 화합물에서 의료 당국의 승인을 얻은 최초의 항노화 약물이 나올지도 모른다. 그렇지만 여전히 비록 덜 효과적이기는 하더라도 좀비세포를 없애는 다른 많은 방법도 존재한다.

첫째, 바이러스 감염은 세포를 좀비로 만든다. 흥미롭게도 A형 인플루엔자와 같은 일부 바이러스들은 쿼르세틴과 같은 세놀리틱 화합물들을 사용해서 퇴치할 수 있다.

둘째, 면역적 관점이다. 건강한 면역 체계는 좀비세포 문제를 다른 약물의 도움 없이도 자체적으로 처리할 수 있을 것이다.

셋째, 좀비를 제거하는 화합물 대부분이 식물에서 발견되는 플라보노이드라는 것은 흥미롭다. 물론 이들 실험에 사용되는 정도의 양을 섭취하자면 코끼리라도 된 양 엄청난 양의 식물을 먹어 치워야 한다. 그러나 식물에는 이와 비슷한 다른 많은 화합물이 들어 있어서 조금씩 먹는다 해도 몸속에서 그들끼리 유익한 상승효과를 일으키지 말란 법도 없다.

마지막으로 그동안의 연구 방향이 좀비세포를 죽이는 쪽으로 집중되었던 게 사실이지만 또한 좀비를 교화하는 것을 목표로 한 신기한 연구도 진행 중이다. 일주기 생체리듬 호르몬인 멜라토닌은 좀비세포를 건강한 세포로 되돌아가게 만들 수 있다고 몇몇 연구에서 밝혔다. 멜라토닌은 흔히 말하는 '수면 호르몬'은 아니지만 수면을 최적화하고 수면 각성 주기를 꾸준히 지키는 것은 좋은 습관이다.

Chapter 12

생체시계 되감기

: 후성유전학 시계와 생물학적 나이 :

당신이 노화 방지를 위한 신약을 연구하고 있는 과학자라고 가정해 보자. 맨 먼저 실험 대상으로 삼는 여러 생명체를 단계적으로 거쳐야 한다. 그 신약이 효모균에서 효과를 보이는가? 그랬다면 예쁜꼬마선충에게서도 같은 효과를 내야 한다. 그다음에는 초파리, 그리고 마지막으로는 생쥐에게서도 성공을 확인해야 한다. 그러고 나면 당신은 매우 기뻐할 것이다. 얼마간의 추가적인 연구와 숙의를 거친 뒤 약을 개발하기로 결단을 내린다.

안전 테스트를 거치고, 기금을 마련하고, 적정 복용량 실험을 하고 수많은 번잡한 제출 서류를 작성하느라 몇 년은 그냥 지나간다. 그것으로 끝난 것이 아니다. 가장 중요한 문제가 남았다. 당신이 만든 신약이 인간에게도 동일한 효력을 보일까? 다시 실험 계획을 짜야 한다.

어떻게 그 효과를 확인할 것인가? 중년층에게 신약을 투여할 것인가? 그런 경우 보통의 집단보다 약을 투여받은 집단이 더 오래 살았는지를 확인하려면 수십 년은 기다려야 할 것이다. 그게 싫어서 이미 늙은 사람들을 대상으로 할 수도 있다. 하지만 이런 경우에도 적잖은 세월이 걸릴 뿐 아니라 노인을 대상으로 했기 때문에 신약의 효능을 시험할 시간을 충분히 확보하지 못하게 된다. 그런 이유 때문에 임상은 실패로 끝났지만 여전히 일말의 희망적 단초를 확인할 수 있었다면 어쩔 것인가? 포기할 것인가, 아니면 중년들에게 약을 투여하고 그 결과를 보기 위해 과학자로서 당신의 일생을 걸 것인가.

생체의학자들에게 이런 '지체 시간'은 견디기 어려운 어려움을 준다. 그것은 예방 의약품을 개발하려는 사람을 좌절시키는 심각한 장애물이다. 이를테면 당신이 치매나 암을 퇴치하고 싶다 하더라도 그런 약이 실제로 가능한지 연구하는 데에만 꽤 오랜 세월이 걸린다. 그러고 나서야 당신의 접근법을 연구 결과에 맞춰 조정할 수 있다. 게다가 그런 의약품을 테스트하는 단계에 이르기 위해서만도 수년이 걸리고 수백만 달러의 돈이 든다. 의학 분야에서의 발전이 다른 많은 과학기술 분야보다 더딘 것은 조금도 놀랍지 않다.

신약 개발을 위해 투입해야 하는 이런 엄청난 시간 소모 때문에 연구자들은 생체지표biomarker라는 것을 중요시한다. 생체지표는 어떤 중요한 생물학적 결과를 살피기 위한 대리 지표다. 그것은 쉽게 측정할 수 있어서 특정한 생물학적 상태를 파악하는 데 도움이 된다. 가령 열이 나면 체온이 오른다. 그래서 체온을 측정하는 것으로 발열의 강도를 알 수 있다. 그렇다면 열이 나는 사람에게 신약을 투여했을 때 그 사람의 체온이 떨어진다면, 그 약이 열을 유발한 어떤 질병을 치료하고 있다는 방증일 수도 있다.

다른 생체지표를 생각해 보는 것도 가능하다. 예컨대 열의 오르내림을 '추적'하는 것이 아니라 생물학적 나이를 추정하는 지표 말이다. 그것은 당신의 생일 케이크에 꽂혀 있는 촛불 개수가 아니라 **생물학적 관점에서** 당신의 노화 정도를 말해 준다. 조금 섬뜩하게 표현한다면, 생물학적 나이를 말해 주는 생체지표는 당신이 죽음과 얼마나 가까이 있는지를 정확히 보여 준다. 그 지표는 **연대기적으로** 동일한 나이의 두 사람이 육체적 조건으로 봤을 때 서로 얼마나 다른 나이에 속해 있는지를 말해 준다. 어떤 70세 먹은 노인들은 마라톤을 하느라 바쁜가 하면 또 어떤 70세들은 길모퉁이 가게까지 걸어가는 것도 힘겨워한다. 첫 번째 경우의 생물학적 연령이 55세라면, 후자의 경우는 85세라고 봐야 할지도 모른다.

만약 당신이 생체시계를 갖고 있다면 당신이 신약 개발에 들이는 노고도 훨씬 줄어들 것이다. 시작부터 기준 측정치를 확보한 셈이니까. 그 측정값을 바탕으로 비슷한 생물학적 특성을 가진 두 그룹을 만들어서 한 집단의 피험자에게만 당신이 만든 신약을 투여한다. 이제는 사람들이 죽을 때까지 몇 년을 기다리는 대신, 이따금 그들의 생물학적 나이를 측정하기만 하면 된다. 당신의 약이 실제로 효과를 발휘한다면 신약을 투여받은 집단의 생물학적 노화가 늦추어질 것이다. 즉 그 집단이 신약을 투여받지 못해 정상적 노화가 진행되는 통제집단보다 생물학적으로 더 젊어진다는 것이다. 그런 식으로 당신은 신약 연구에 들이는 시간을 획기적으로 줄이게 된다.

◆ • ◆

최초의 '생체시계' 후보군으로 텔로미어가 들어갔다. 언뜻 생각해 보면 타당하다. 앞에서 살펴봤듯이 텔로미어는 우리 생애 동안 조금씩 짧아지며, 더 짧은 텔로미어는 더 이른 죽음과 상관관계가 있다. 이런 이유로 많은 연구실에서 텔로미어를 생체시계로 **사용**하는데, 아쉬운 대로 없는 것보다는 낫다. 그러나 텔로미어의 길이 단축은 실험실이 기대하는 만큼 신뢰할 만한 생체시계가 되지는 못한다. 물론 짧은 텔로미어를 갖는 사람이 평균적으로는 일찍 죽는 경향이 있는 것은 사실이지만, 이 상관관계는 확실한 지표가 되기에는 많이 부족하다. 그리고 우리가 인간이라는 대상에서 벗어나 그 지표의 적용 범위를 다른 생명으로까지 확대한다면 더욱 믿을 수 없는 기준이 된다. 이미 확인했듯이 생쥐는 인간보다 더 긴 텔로미어를 갖고 있지만 훨씬 수명이 짧다. 그리고 과학자들은 흰허리바다제비Leach's storm petrel의 경우 심지어 나이가 들수록 텔로미어가 더 길어진다는 사실도 발견했다(흥미롭게도 이 새는 덩치에 비해 수명이 길다). 텔로미어가 우리가 말하는 노화 현상 전체를 반영하는 지표가 될 수 없다는 것은 분명하다.

2013년에 독일계 미국인 과학자 스티브 호바스Steve Horvath는 텔로미어의 길이 단축뿐 아니라 거의 모든 생체시계 지표를 무색하게 만드는 새로운 지표를 제시했다. 이 새로운 생체시계는 '후성유전학 시계epigenetic clock'라 불린다. 조금 복잡하지만 그것의 작동 방식을 한번 알아보자.

그 이름이 암시하듯이 후성유전학 시계는 후성유전학이라는 것에 기초한다. 그것은 세포 내의 통제 체계로 볼 수 있다. 당신의 모든 세포(적혈구를 제외한) 속에는 당신의 모든 DNA가 들어 있으며, 그 안에는 당신을 만드는 모든 유전적 레시피가 탑재된 상태다. 하지만 보통 당신의 세포가 필요로 하는 것은 그 레시피 중 극히 일부일 뿐이다. 근육세포는 근섬유를 만드는 데 도움을 주는 유전자를 요긴하게 쓰지만, 치아 법랑질이나 미각 수용체를 만드는 유전자는 필요로 하지 않는다. 반면에 치아를 만드는 세포는 법랑질을 만들 유전자가 **필요하지**, 근섬유를 만드는 유전자가 필요하지는 않을 것이다. 그뿐만 아니라 혹시 어떤 세포에 특정한 유전자가 **필요하더라도** 항상 그 유전자가 필요한 것도 아니다.

이런 것이 가능하기 위해 구비된 해결책은 세포에서 특정한 유전자를 언제든 쓸 수 있도록 관리하는 통제 체계다. 우리 몸의 세포는 어떤 유전자를 필요로 하면 그것을 켤 수 있다. 반면에 필요로 하지 않을 때는 그 유전자를 꺼 버릴 수 있다.

이 같은 통제 메커니즘의 일부가 후성유전이다. 후성유전은 DNA에 가역적인 화학적변화가 일어나는 현상이다. 세포가 유전자에 '켜시오', '곧 켜시오', '잠시 꺼 두시오', '영원히 꺼 두시오'와 같은 다양한 꼬리표를 붙이는 모습을 상상해도 좋다. 사실, 꽤 기발한 방식이다.

이런 식으로 우리 세포는 동일한 유전적 레시피를 가지고 뇌세포, 면역세포, 새끼손가락 세포를 비롯해 그 밖의 모든 다른 세포를 만들 수 있다.

후성유전학은 우리가 작은 세포 덩어리로부터 태아, 어린이, 그리고 나중에 성인으로 성장하는 발달 과정에서 특히 유용하다. 어떤 유전자는 초기 발생 과정에만 필요한가 하면, 어떤 것은 특정 유형의 세포가 되는 데 필요하고, 또 어떤 것은 성장하고 성숙한 성인이 되는 데 유용하다. 그러나 그 시점이 지나면 우리는 우리의 후성유전학적 작용에 비교적 큰 변화가 없을 것이라고 예상할 것이다. 결국, 일단 성인이 되면 그 프로그램은 성공적으로 완료된 것이기 때문이다. 하지만 놀랍게도 후성유전학적 변화는 그 이후에도, 심지어 노년까지도 계속된다. 과학자들은 이런 현상이 단순히 노화가 진행되면서 세포 작동 체계에 오류가 생기기 때문이라고 믿었다. 그들은 세포가 서서히 통제력을 상실하면서 유전자에 엉터리 꼬리표를 붙이기 시작한 것이라고 추정했다. 이런 추정을 뒷받침이라도 하듯 노화와 관련된 후성유전학적 변화의 대부분에 해당하는 것은 유전자를 효과적으로 끄는 능력의 상실이다. 그리고 이런 혼란은 위험을 불러온다. 성장을 끝낸 지 오랜 시간이 지난 후에도 성장과 관련된 유전자가 계속 작동하면서 암세포의 성장을 자극하기 때문이다.

이런 식으로 성장이 끝난 후의 후성유전학적 변화를 오류와 혼란으로 설명하는 방식이 그럴싸해 보이기는 하지만, 스티브 호바스 박사는 후성유전학적 변화가 그렇게 제멋대로 일어나는 것이 아니라는 사실을 입증했다. 마치 발달 프로그램이 쭉 이어지기라도 하듯, 줄곧 특정한 패턴을 따라간다는 것이다. 노화도 프로그래밍되어 있다는 말인가? 맨정신으로는 수용하기 힘든 이 패턴을 과학자들은 '유사 프로그램화化'라는 용어로 설명했다. 하지만 이유야 어떠하든 후성유전학적 변화가 예측 가능하다면 그것을 세포의 생물학적 나이를 결정하는 데 사용할 수 있다.

후성유전학 시계는 유전자 작동을 차단하는 데 이용되는 메틸화(유기화합물의 수소 원자를 메틸기, 즉 $-CH_3$으로 치환하는 반응-옮긴이)라 불리는 특정한 후성유전학적 '꼬리표'를 사용한다. 노화와 관련된 변화가 정해진 패턴을 따르기 때문에 과학자들은 유전자의 특정 위치에서 메틸화의 정도를 측정하고, 통계를 기반으로 상당히 정확한 생물학적 나이를 결정할 수 있다. 이를테면 어떤 사람이 자신의 실제 나이보다 후성유전학적 나이가 더 많은 사람은 조기 사망 위험이 높다. 그들은 또한 노화 관련 질병인 심혈관 질환, 암, 알츠하이머병 따위에 걸릴 위험도 높다. 심지어 인지능력 검사에서 나쁜 성적을 보이고, 육체적으로도 더 허약하며, 더 늙어 **보인다**. 반면에 백세인들은 그들의 실제 나이보다 생물학적으로 확실히 더 젊은 것으로 드러났는데, 이것이 그들이 그렇게 오래 사는 이유일 터이다. 실제 나이는 106세일 수 있지만, 신체의 생물학적 상태는 그보다 훨씬 더 젊은 것이다.

사실 후성유전학 시계의 최신 버전은 너무 잘 들어맞아서 다른 종에 통용되기도 한다. 맨 먼저 침팬지에게 활용되었지만, 현재는 모든 다른 포유류에 적용할 수 있는 후성유전학 시계도 생겼다. 이런 진전은 이 시계들이 노화 과정을 매우 근본적인 수준까지 측정할 수 있다는 것을 시사한다.

◆ • ◆

후성유전학적 생체시계가 만들어진 이후로 연구자들은 그것으로 노화의 온갖 흥미로운 양상을 들여다보는 데 몰두해 왔다. 그중 하나는 다양한 신체 기관마다 어떤 식으로 노화가 진행되는가다. 알다시피 한 사람의 세포와 조직은 연대기적으로 나이가 동일하다. 일부 세포들은 **개별적으로** 더 젊을 수도 있는데, 이 세포들은 세포를 만드는 세포인 줄기세포로부터 최근에 분화된 것이다. 그리고 결국 한 사람의 세포는 모두 그가 유일하게 가지고 있던 첫 번째 세포인 수정란으로부터 분화했다. 후성유전학 시계가 이를 뒷받침해 준다. 한 사람의 세포는 거의 동일한 생물학적 나이를 갖기 때문이다. 이는 동일한 인물의 온갖 다양한 세포에 모두 적용되며 뇌세포, 간세포, 피부세포 등 세포의 유형이 달라도 후성유전학 시계가 동일한 생물학적 나이를 보여 줄 것임을 의미한다. 그러나 **몇 가지** 예외가 있는데, 이는 노화에 대한 놀라운 사실을 말해 준다. 가장 두드러지는 예외는 여성의 유방 조직인데, 그것은 그동안 연구된 다른 어떤 조직보다도 더 많은 생물학적 나이를 보이는 경향이 있다. 유방암이 여성에게 가장 흔한 암이며 매년 수백만의 생명을 앗아 가는 점까지 고려할 때, 그 사실은 더욱 연구자들의 관심을 집중시킨다. 유방암은 커다란 골칫거리다. 수많은 유방암 후원 단체와 암 퇴치를 위한 기금 사업의 존재가 그것을 입증한다. 하지만 그런 사정을 전혀 모르는 사람이라면 과연 누가 젖가슴에서 암이 가장 빈번히 발병할 가능성이 있다고 생각하겠는가. 다른 곳도 많은데 왜 하필이면 젖가슴인가? 만약 유방 조직이 더 빨리 노화하기 때문이라면 조금 납득할 법도 하다. 실제로 빠른 세포노화가 어떤 식으로든 암과 관련이 있을 것이다. 여성 가슴 조직의 후성유전학적 연령이 그녀의 실제 나이에 비해 많을수록 유방암의 발병률이 더 높다는 연구 결과도 나왔다. 물론 이런 결과는 또 다른 중대한 의문을 낳을 뿐이다. 왜 가슴 조직은 더 빠르게 노화하는가? 아직 그 이유는 알지 못한다. 그러나 일단 우리가 그 질문에 대한 답을 찾는다면, 유방암 치료와 예방의학 개발에 적용할 수 있을지도 모른다. 그리고 그 과정에서 신체 전반에 적용 가능한 세포노화에 관한 새로운 사실을 알게 될 수도 있다.

이와는 반대로 신체의 다른 부분에 비해 좀 더 **느리게** 노화하는 경향을 보이는 특정 조직 또한 존재한다. 소뇌cerebellum라고 불리는 뇌의 일부분은 보통 사람의 신체에서 후성유전학적 나이가 가장 낮다. 소뇌는 과학자가 아니라면 그리 많이 들어 본 신체 부위는 아니다. 여기서 일이 크게 잘못되는 경우가 별로 없다는 게 그 이유 중 하나일 것이다—적어도 소뇌는 뇌의 나머지 부분들에 비해 노화 관련 질병에 훨씬 덜 걸린다. 왜 그런지는 정확히 알지 못한다. 그러나 소뇌의 노화에 관한 연구는 뇌의 나머지 부분에서 노화를 늦추고, 신경 퇴행성 질환의 위험을 떨어뜨리는 방법을 찾는 데 도움이 될 것이다.

여성의 이점

여성은 남성보다 더 오래 사는 경향이 있다. 여성의 후성유전학적 나이도 대체로 어리다. 이런 경향은 이미 두 살 때부터 명백하게 드러난다. 여성의 이점은 완경完經 이전까지 특히 두드러진다. 그때까지 여성은 불공평하다 싶을 정도로 노화 관련 질병의 안전지대에 있는 것으로 보인다. 완경이 오고 나서야 여성이 위험에 처하는 정도가 남성과 동일한 수준으로 서서히 수렴된다. 더 늦게 완경이 오는 여성일수록 평균보다 더 오래 사는 경향을 보인다는 점도 흥미롭다. 후성유전학 시계가 그 이유를 짐작케 한다. 수술로 난소를 제거해서 인위적으로 이른 완경에 도달한 여성들은 예상보다 더 많은 생물학적 나이를 보인다. 반면에 호르몬요법으로 완경을 늦춘 여성들은 대개 더 적은 생물학적 나이를 보인다.

하지만 애석하게도 호르몬요법은 유방암의 위험을 증가시킨다. 텔로미어처럼 아이러니한 경우다. 우리에게 좀 더 믿을 만한 암 치료법만 있다면 호르몬요법은 매우 강력한 항노화 수단이 될 가능성이 있다.

당신은 단 하나의 세포로 삶을 시작했다. 그 세포는 어머니의 난자와 아버지의 정자가 융합하면서 생긴 것이다. 융합 후 생긴 수정란은 빠르게 분열하기 시작하여 작은 공 모양의 세포 덩어리를 형성한다. 이 모든 발생 초기의 세포는 과학자들이 '만능성pluripotent' 세포라고 부르는 것인데, 오늘날의 당신을 이루는 200종 이상의 세포 유형 중 어떤 것으로도 분화할 수 있는 능력을 지니고 있다. 하지만 성장하면서 당신의 세포는 점점 몇 가지 능력으로 특화되고 다른 잠재 능력들은 차단해 버렸다. 세포들이 키 큰 나무를 타고 올라가는 것에 비유해 보자. 처음에 나무의 몸통에서 출발했을 때는 각자가 원하는 어느 가지로든 타고 오를 수 있다. 어느 시점에 이르면 가지를 선택해야 하는데, 그 선택은 세포가 장래에 될 수 있는 다른 선택지를 제외하는 결과를 낳는다. 계속해서 올라가면서 매번의 선택에 따라 선택지는 더욱 좁혀지고 마침내 마지막으로 특정한 하나의 가지에 도달하게 된다. 그 '마지막 결과물'이 뇌세포, 근육세포 또는 피부세포다. 이를 최종 분화 세포terminally differentiated cell라고 부른다.

한때 과학자들은 이런 분화가 일방통행이라고 생각했다. 한번 어떤 세포가 특정한 운명을 결정하고 나면 그 선택을 뒤집고 돌아갈 길은 없다는 것이다. 그러나 야마나카 신야山中伸弥라는 한 일본인 과학자가 그런 생각이 틀렸다는 것을 입증했다(나중에 그 공로로 2012년 노벨 생리의학상을 수상했다). 야마나카는 최종 분화 세포를 발생 초기의 만능성 세포로 **되돌릴** 수 있다는 것을 보여 주었다. 그 말은 피부세포를 살살 구슬려서 (앞의 나무 비유를 상기하면) 가지를 거슬러 내려가 최초 출발선인 나무 몸통까지 돌아가게 할 수 있다는 말이다. 야마나카와 그의 연구 팀은 '야마나카 인자'라 불리는 네 개의 단백질을 이용해서 세포를 초기 상태로 되돌리는 것에 성공했다. 야마나카 인자가 세포 내에서 활성화되면 '역분화'가 시작되고, 그런 식으로 생겨난 세포를 '유도 만능성 줄기세포induced pluripotent stem cell'(역분화 줄기세포)라고 부른다. 즉 연구자들에 의해 역분화 과정을 거쳐 만능성 줄기세포pluripotent stem cell로 되돌아가도록 유도된 세포로, 이제 얼마든지 다른 세포로 분화할 수 있는 세포를 말한다.

앞에서 살펴본 것처럼 **자연적인** 만능성 줄기세포는 생명의 초기 단계에서 발견된다. 이것은 생물학적 나이가 거의 0에 가깝다는 것을 뜻한다. 그래서 과학자들은 **유도된** 만능성 줄기세포 또한 그렇게 어린 나이인지, 아니면 그들이 역분화되기 전의 성숙한 세포와 같은 나이인지 궁금했다. 후성유전학 시계를 사용해서 살펴보니 야마나카 인자가 사실상 생물학적 시계를 되돌려놓은 것이 명백했다. 과학자들이 성체 세포에 야마나카 인자를 사용해 보았더니 세포는 조금씩 유도 만능성 줄기세포로 변했고, 그 생물학적 나이도 0을 향해 갔다. 결국 **자연적인** 줄기세포와 똑같은 나이가 되었다. 이것은 실험실 수준에서 우리가 이룰 수 있었던, 해파리 투리토프시스의 회춘에 가장 근접하는 연구 성과다. 투리토프시스의 회춘도 야마나카 인자의 작동 방식과 사실상 비슷할 것으로 여겨진다.

잠시 정리해 보자. 야마나카 인자는 사실상 생물학적 시계를 되돌려놓았다. 그 말은 지금 당장 당신의 피부세포를 하나 떼어 내서 야마나카 인자를 사용하면, 그 세포를 당신 몸 전체의 나이보다 훨씬 어린 나이로 만들 수 있다는 말이다. 다시 한번 강조하는데, 세포 수준에서 항노화와 불멸은 이제 현실이 되었다.

그러나 역시 중요한 문제는 우리가 그 효과를 생명체 전체로 어느 정도까지 전환할 수 있느냐 하는 것이다. 모든 세포에 네 가지 야마나카 인자를 적용하는 것은 가능한 방책이 아니다. 그랬다가는 모든 세포가 발생의 나무를 타고 끝까지 내려가서 '작은 공 모양의 세포 덩어리' 상태에 이를 수 때문이다. 근육세포와 뇌세포를 비롯한 모든 세포가 사라지고 육체는 바로 해체되어 버릴 것이다. 대신에 과학자들은 야마나카 인자를 적용은 하되 그 강도를 조절하려고 한다. 세포를 회춘시키되 만능성 세포까지는 되돌리지 않겠다는 것이다. 이런 기술을 '세포 재프로그래밍cellular reprogramming'이라고 하는데, 현재 생쥐 실험에서 소기의 성과를 거두고 있다. 최초로 이 기술을 적용한 과학자들은 재프로그래밍이 늙은 생쥐의 재생 능력을 키워 준다는 사실을 확인했다. 그 이후 다른 과학자들은 세포 재프로그래밍으로 늙은 생쥐에게 젊은 시절의 시력을 되찾아주었다. 이들은 발암의 위험을 줄이기 위해 표준적인 실험 절차를 조정했다. 알다시피 세포 재프로그래밍은 텔로머레이스 실험과 동일한 암 발병 위험을 안고 있다. 아니, 세포 재프로그래밍으로 유발된 암은 훨씬 더 끔찍하다. 지나치게 '역분화'된 세포들은 결국 만능성 세포가 되는 것이다. 이 세포들은 발생 과정을 처음부터 밟아 나가고, 그 과정에서 기형종teratoma이라는 암이 될 수 있다. 이 암은 새로운 유기체인 양 성장하면서 섬뜩한 특질들을 발현한다. 기형종은 온갖 종류의 조직으로 이루어져 있다. 종종 머리칼을 만들어 내는가 하면, 어찌 된 셈인지 왕왕 기형종 내부에서 치아가 자라나기도 한다. 큰 대가를 바란다면 그만한 위험도 감수해야 하지 않겠는가?

사실, 많은 과학자와 회사들은 세포 재프로그래밍에 많은 것을 걸 준비가 되어 있다. 그 이유는 분명하다. 지금껏 우리가 논의해 왔던 방식들은 얼마간의 손상을 줄인다든지, 혹은 복원 능력을 개선한다든지 하는 수준이었다. 그렇게 해서 기껏 노화를 조금 지연하거나 혹은 건강을 약간 개선하는 효과를 얻었을 뿐이라는 말이다. 반면에 세포 재프로그래밍 방식은 노화의 진행을 전면 재설계하고, 그 과정을 통제하는 방법까지 가능하게 할지도 모른다. 그 말은 이 방식이 성공한다면 마음먹은 대로 나이를 줄였다 늘렸다 할 수도 있다는 말이다. 아직이 연구가 어떤 식으로 전개될지는 모른다. 어쩌면 길에 금덩이가 떨어져 있기를 바라는 것처럼 가망 없는 일인지도 모른다. 하지만 감히 권하건대, 혹시라도 금덩이가 보이거든 힘껏 달려 눈먼 횡재의 임자가 되는 편이 나을 것이다. 그리고 이 눈먼 금덩이를 향한 경주는 이미 시작이 되었고, 그리 놀라운 일도 아니다.

이미 몇 년 사이에 억만장자들의 돈과 최고 과학자들의 재능을 바탕으로 몇몇 회사가 출범해 인간에게 세포 재프로그래밍을 적용하기 위한 연구에 돌입했다. 특히 눈여겨볼 곳은 실리콘밸리의 스타트업 기업인 알토스랩스Altos Labs다. 이 회사는 노화 방지를 위한 역대 최대의 베팅을 했다. 투자자들이 30억 달러라는 거액을 그 회사에 투입했지만, 투자자의 면면이 구체적으로 밝혀지지는 않았다. 소문에 따르면 제프 베이조스Jeff Bezos와 같은 몇몇 손꼽히는 억만장자들이 이름을 올려놓았다고 한다. 그 결과 그 회사의 이사진 명단은 이 책 뒷부분의 참고 도서 목록만큼이나 두툼하다. 알토스랩스는 전 세계 최고의 노화 연구자들을 대거 고용했으며, 충분한 자금만 주어진다면 세포 재프로그래밍 기술로 젊음의 샘을 실현할 수 있으리라 확신하고 있다.

◆ • ◆

야마나카 인자와 만능성 줄기세포를 노화 방지에 접목시키는 방식이 세포 재프로그래밍만 있는 것은 아니다. 앞에서 보았듯이 만능성 줄기세포는 몸을 이루는 어떤 세포라도 될 가능성이 있다. 그렇다면 만약 우리가 세포들이 보통 어떤 식으로, 가령 심장근육세포가 되는지를 파악한 다음 만능성 줄기세포를 그쪽으로 발달하도록 유도한다면 어떨까? 그러면 사실상 신체의 예비 부품을 만들 수 있게 된다. 정확한 지식만 있으면 만능성 줄기세포를 이용해서 우리가 원하는 어떤 종류의 세포라도 만들 수 있을 것이다. 신장이식 수술을 위해 더 이상 가족 구성원이나 친구 혹은 타인의 호의에 기대지 않아도 될 것이다. 그 대신 **당신 자신의 세포**로 새로운 신장을 배양하면 된다. 앞으로는 우리가 갖고 태어난 장기들을 젊게 유지하기 위해서 지속적으로 애쓰지 않더라도 '대체' 장기를 배양할 수 있을지도 모른다.

SF같이 들릴지도 모르지만 연구실에서는 이런 수준의 연구가 이미 몇십 년째 진행 중이다. 과학자들은 우리가 떠올릴 수 있는 모든 유형의 세포나 조직—심지어 뇌세포까지—을 만들기 위해 분투 중이다. 생물학의 많은 분야가 그렇듯이 이 분야도 정말 어렵다. 줄기세포는 만들기도 어렵고 관리하기 위해 많은 시간을 들여야 한다. 그리고 원하는 방향으로 줄기세포의 발달을 유도하기 위해 사용되는 신호 전달 분자는 극히 비싸서 진척이 더디다. 그러나 거의 다 왔다. 사실 수십 년간의 연구가 이제 결실을 보는 단계에 들어섰다. 물론 여러 다양한 유형의 세포에 복잡한 구조로 이루어진 완전한 대체 장기를 만들기까지는 아직 많은 시간이 걸릴 것이다. 하지만 개별 유형의 세포를 만드는 데에는 많은 진전이 있었다. 예컨대 하버드대학의 과학자들은 베타세포beta cell라 불리는 것을 만드는 데 성공했다. 베타세포는 인슐린 호르몬을 생산하는 췌장의 세포들이다. 제1형 당뇨병에서 베타세포는 면역 체계의 공격을 받아서 결국 죽고 만다. 예전에는 치명적이었지만, 이제 우리는 인공 인슐린을 만들 수 있고 환자들이 스스로 베타세포가 하는 일을 떠맡을 수 있게 되었다. 하지만 혈당을 측정하고 인슐린을 주입하는 것은 매우 성가신 일이고, 단지 증상을 완화하는 수준이어서 치료책이라고는 할 수 없다. 그렇지만 만능성 줄기세포로 얻은 베타세포를 배양해 내게 되면서 치료로 가는 길은 거의 눈앞에 있다. 사실 임상 단계에서 최초의 환자는 이미 '인공' 베타세포를 이식 받았고 자신의 제1형 당뇨병을 완치했다.

하지만 베타세포를 비롯해서 그와 비슷한 다른 세포를 배양할 때 **유도** 만능성 줄기세포를 사용하지는 않는다. 대신에 배아줄기세포라고 불리는 것을 사용한다. 이 세포는 환자 본인에게서 얻은 것이 **아니라** 앞에서 '작은 공 모양의 세포 덩어리'라고 했던 배아로부터 얻은 실제 세포다. 타인의 신체에서 얻은 것이기 때문에 면역 체계와 불화가 생길 수 있다. 면역 체계는 낯선 세포를 발견하면 그것을 공격하고 죽이려 한다. 이것은 환자에게 위험한 정도를 넘어 치명적일 수도 있다. 당연히 연구에도 어느 정도로든 지장을 초래할 것이다. 면역 체계가 새로운 세포를 죽여 버린다면 우리는 그 세포를 별로 활용하지 못한다. 그러나 다행히도 의학계는 장기이식과 관련해 많은 임상 경험을 쌓아 왔기 때문에, 그런 경우에 대비해서 면역 체계를 억제하는 법도 알고 있다. 또한 과학자들은 면역 체계가 이식한 세포를 이질적인 것으로 인식하지 못하고, 나아가 공격하지 않도록 줄기세포를 변형시키는 연구도 진행하고 있다. 하지만 여전히 한 가지 우려되는 부분이 있다. 배아줄기세포는 대개 인공수정을 위해 만들었다가 쓰고 남은 배아로부터 추출한다. 즉 그런 배아는 아직 태어나지는 못했지만 잠재적으로 인간이 될 수 있는 존재라는 점에서 윤리적 딜레마를 제기한다. 본질적으로 다른 인간의 세포인데, 이를 사용하는 것이 과연 정당한가? 이것은 헨리에타 랙스의 세포를 두고 벌인 논란과도 유사한 점이 있다. 두 경우 모두 의학 치료법의 발전에 막대한 도움을 주었고, 그 과정에서 수많은 생명을 구했다. 하지만 늘 그랬듯이 기술 발달은 어쩔 수 없이 윤리적 타협을 요구하는가 하면, 인간이 내세우는 가치를 반성하는 기회가 되기도 한다.

발생 과정에서 출현하는 만능성 줄기세포 이외에도, 성인의 몸에는 줄기세포가 존재한다. 이것들 대부분은 '만능성pluripotent'까지는 아니지만 '다능성multipotent'은 유지하고 있다. 즉 모든 유형의 세포를 생성하지는 못하지만 몇 가지 유형의 세포는 만들 수 있다는 말이다. 성체줄기세포는 세포 손상이나 정상적인 세포 물갈이 때문에 지속적으로 손실되는 세포를 대체하는 과업을 맡고 있다. 이를테면 내장의 가장 바깥쪽 층은 4일에 한 번 갈아 치워진다. 피부세포는 10일에서 30일에 한 번, 그리고 적혈구는 대략 120일에 한 번 물갈이된다. 모든 세포 유형이 이렇게 자주 교체되지는 않는다. 예컨대 뼈세포는 매년 10퍼센트 정도만 대체된다. 그리고 뇌세포 같은 일부 세포는 보통 평생 그대로 유지된다. 그러나 대체로 세포는 주기적으로 교체가 필요하며, 그 과정에서 줄기세포가 중요한 역할을 한다.

사실 줄기세포는 세포의 조직 수준에서 여러분의 재생 능력을 결정한다. 자가포식, 그리고 그것과 유사한 세포 재생 또는 세포 수선 시스템은 개별 세포가 손상으로부터 회복하는 것을 돕는 반면, 조직 수준에서의 수선과 유지는 줄기세포가 담당한다. 하지만 체내의 많은 다른 수선 시스템과 같이 줄기세포의 능력도 시간이 흐를수록 퇴화한다. 나이가 들수록 줄기세포는 수동적으로 변하고 손상된 세포를 새로운 세포로 대체하는 능력도 떨어진다. 이런 현상을 일반적으로 '줄기세포 고갈stem cell exhaustion'이라고 한다. 그로 인해 늙을수록 손상으로부터 회복이 더뎌지고, 결국에는 정상적인 유지 관리조차도 버거워진다. 예를 들어 새로운 면역세포를 만드는 책무를 띤 줄기세포가 시간이 흐를수록 태만해지는데, 이것이 노인들의 면역 체계가 약화되는 한 가지 요인이다. 또한 노인은 부상이나 수술로부터 회복하는 데도 점점 더 시간이 걸리는 반면에, 장기 합병증으로 시달릴 위험은 더욱 높다. 이 모든 것이 세포 재생을 담당하는 줄기세포가 제 역할을 팽개쳐 버렸기 때문이다.

그렇기 때문에 우리는 만능성 줄기세포로 만든 새로운 장기로 신체의 모든 장기를 대체하겠다는 구상을 하는 한편, 세포의 재생 능력을 북돋기 위해 성체줄기세포를 대체하는 방안을 마련할 수도 있는 것이다. 할리우드 영화에나 등장하는 사기성 시술처럼 황당하게 보일지라도 줄기세포를 주입해 노화를 퇴치해 보겠다는 발상은 가능하다. 이런 접근법은 특히 성체줄기세포의 하나인 중간엽줄기세포mesenchymal stem cell(MSC)라고 불리는 것에서 발전했다. 이것은 뼈, 근육, 연골, 그리고 지방의 세포를 만드는 줄기세포다. 한 실험에서 연구자들은 어린 생쥐로부터 채취한 중간엽줄기세포를 늙은 생쥐에게 주입했다. 원래 이 연구는 중간엽줄기세포 주사가 골밀도 감소로 뼈가 약해지는 노인병인 골다공증에 대한 치료법이 될 수 있는지를 알아보려는 것이었다. 골다공증의 이유 중 하나는 줄기세포가 골밀도 유지를 위한 세포를 만들어 내지 못하기 때문일 수 있다. 그런데 놀랍게도 연구원들의 처치는 뼈 건강을 호전시켰을 뿐 아니라, 생쥐의 수명까지 늘려 주었다. 그렇다고 해서 반드시 인간에게도 동일한 효과가 나타날 것이라는 보장은 못하지만, 일부 성형외과 의사들은 벌써 중간엽줄기세포를 써서 햇빛에 손상된 피부를 재생하고 있으며, 중간엽줄기세포로 각종 스포츠 부상을 치료하는 병원도 있다.

결론적으로 세포 재프로그래밍, 장기 대체, 혹은 줄기세포 등 그 어느 것을 말하는 것이든 간에 줄기세포 연구가 노화에 대항하는 많은 미래의 치료법에 요긴할 것이라는 사실은 의심할 여지가 없다.

Chapter 13

이렇게 놀라운 일이

: 늙은 피, 그리고 젊은 피 :

1920년대 초, 한 소련의 과학자가 인류의 미래에 대한 큰 포부를 품고 모스크바의 거리를 배회하고 있었다.

그 박애주의자의 이름은 알렉산드르 보그다노프Alexander Bogdanov. 그는 작가, 철학자, 의사였으며 골수 공산주의자였다. 시베리아 유형지로 쫓겨날까 봐 안절부절못하는 좀팽이가 아니라, 공산주의에 대한 자부심으로 충만한 자들도 고개를 숙이게 만드는 그런 사람이었다. 자신의 SF 소설과 정치적 이상, 단세포 유기체에 관한 연구에 영감을 받아서 그는 인간은 서로 피를 나눠야 한다고 확신했다. 수혈은 이상적인 공산주의 사회로 이행하기 위한 필수 과정이며, 게다가 노화를 치유하는 부수적 효과까지 줄지도 모른다고 생각했다. 늘 실천적 인간이었던 그는 소련 정부에 대한 자신의 정치적 영향력을 동원한 끝에 수혈을 위한 연구소를 모스크바에 설립했다. 곧바로 수혈을 시작했고, 물론 자신도 실험 대상자로 참여했다.

초반에는 모든 일이 계획대로 돌아갔다. 보그다노프는 2년 동안 열 번이나 수혈에 참여했고, 성공적인 결과를 봤다고 생각했다. 심지어 한 친구는 보그다노프가 실제 나이보다도 10년은 젊어 보인다고 말했다. 그러나 마침내 그의 운도 다했다. 그가 열한 번째 수혈을 받은 후에 상황은 최악으로 급변했다. 오늘날까지도 정확히 무슨 일이 일어났는지는 모른다. 그와 함께 수혈을 받은 사람은 말라리아와 폐결핵에 걸렸고, 보그다노프는 혈액 자체에 면역 반응을 보였다. 정계의 인물들이 서로의 정적을 가능한 한 가장 기상천외한 방식으로 살해하는 것이 능력으로 비춰졌던 시대에 벌어진 사건이었다. 자초지종이 어떠했든 보그다노프는 수혈이 있은 뒤 신장과 심장에 온 합병증으로 2주를 못 넘기고 55세를 일기로 사망했다.

◆ • ◆

알렉산드르 보그다노프가 최초로 수혈을 시도한 과학자는 아니다. 수혈의 역사는 그보다 훨씬 오래되었고 보그다노프 정도의 '괴짜력'으로는 수혈계에서는 명함도 못 내밀 정도다. 수혈 실험은 그 시절보다 한참 전인 1864년 프랑스 과학자 폴 베르Paul Bert에 의해 시도되었다. 그는 생쥐 두 마리를 바늘로 꿰매어 접합시켜 보고자 했다. 아마도 자신의 수술 능력을 과시하고 싶었을 것이다. 이 고약한 실험은 성과를 거두었다. 수술 후에 베르는 생쥐의 순환계가 자동적으로 합쳐져 두 마리의 쥐가 서로 피를 공유하게 된 것을 확인했다. 이런 현상은 파라바이오시스parabiosis(병체결합)라 명명되었다. 그 후 수십 년동안 다른 과학자들이 이따금 과감히 그런 시술을 시도했다. 무엇보다도 그들의 실험은 성공적인 장기이식을 위한 길을 터 주었다.

많은 괴짜 학자들이 애를 쓰기는 했지만, 과학자들이 병체결합을 노화 방지에 이용하려는 연구에 착수하기까지는 베르의 최초 실험으로부터 거의 100년의 세월이 걸렸다. 최초로 그런 시도를 한 이들 중에 클라이브 매케이Clive McCay라는 미국의 과학자가 있다. 그는 늙은 쥐와 젊은 쥐에게 접합 수술을 해서 둘이 서로에게 어떤 영향을 미치는지 알아보려고 했다. 하지만 이런 종류의 실험은 별 진전이 없었고 이내 잊혔다. 2005년이 되어서야 스탠퍼드대학의 한 연구 팀에서 이 아이디어가 다시 주목받았다. 과학자들은 또다시 나이 차이가 있는 두 마리 쥐를 접합했다. 연구진은 접합으로 인해 늙은 쥐의 세포 재생 능력이 개선됨과 동시에(그 쥐는 회춘했다), 젊은 쥐는 허약해졌음을 확인했다. 피를 공유하고 나니 두 마리의 쥐는 서로의 신체 상황을 평준화시키는 것으로 보였다. 그런 연구 결과는 뱀파이어 환상소설에나 등장할 법한 황당한 일로 보였다. 과학자들은 고민에 빠졌다. 어떻게 피가 재생 능력을 전할 수 있을까? 일부는 젊은 쥐의 건강한 줄기세포가 늙은 쥐의 몸속으로 이동해서 자리 잡은 것이라고 생각했다. 그러면 그 건강한 줄기세포가 늙은 쥐를 갑자기 회춘시켰다는 설명이 가능하다. 하지만 이는 사실이 아닌 것으로 밝혀졌다. 실제로 재생이 늙은 쥐 자신의 줄기세포로부터 비롯되었기 때문이다. 이유는 모르겠지만 젊은 피가 늙은 쥐의 낡은 줄기세포를 활기를 띠게 하고 다시 왕성하게 활동하도록 한 것으로 보였다. 회춘 과정에 필요한 것은 혈구를 제외한 혈액인 **혈장**뿐이라는 연구 결과로 보건대 이 효과는 혈액세포, 다시 말해 혈구와도 관련이 없다. 혈장에는 다양한 단백질뿐 아니라 온갖 호르몬과 영양소가 가득하다. 나이가 들면서 혈장의 구성이 변한다는 것은 이미 알려진 사실이지만, 많은 과학자는 그런 변화가 단지 노화의 후속적 결과일 뿐이라고 생각했다. 하지만 병체결합 실험은 노화의 인과적 진행이 그 반대로 향할 수도 있다는 단서를 제공한다. 어쩌면 혈장의 변화는 노화의 결과물이라기보다는 노화를 초래한 원인일지도 모른다는 것이다.

◆ • ◆

젊은 피를 통한 회춘에 대한 이야기를 기업가들이 놓칠 리가 없었다. 젊은이의 피를 헐값에 사서 늙은 백만장자에게 비싸게 팔아먹기란 식은 죽 먹기일 테니까. 수혈은 흔한 의료 행위여서 자격 있는 시술인을 구하는 것도 어려운 일이 아니었다. 이와 같은 사업 계획을 가진 암브로시아Ambrosia(영국의 커스터드 브랜드가 아님)라는 미국 회사가 2016년에 문을 열었다. 하지만 식품의약국이 경고 통지를 한 직후 사업을 접어야 했다. 우리는 어떤 종류의 의학적 효능을 내세울 만큼 이 물질에 대해서 아직 충분히 알지 못한다. 그런 상황에서 '영생불멸'을 주장하는 것 역시 회사의 신뢰도에 별 도움이 되지 않았다.

다행히도 다른 회사들이 이 연구를 좀 더 엄밀하게 진행하고 있다. 이들은 젊은 혈액의 어떤 인자가 늙은 쥐에게서 보였던 회춘 효과를 불러오는지 확인하고자 한다. 우리는 그것이 혈구가 아니라는 사실은 알고 있다. 그러므로 아마도 어떤 종류의 가용성soluble 단백질일 가능성이 크다. 우리가 운이 좋다면 하나, 혹은 그저 몇 개의 단백질이 그런 효과를 일으킬 것이다. 만약 운이 없다면 온갖 요인이 복합적으로 작용해 수많은 결과를 만들어 내는 난감한 생물학적 미로에 갇힌 꼴이 될 것이다. 만약 그런 경우라면 더 이상 범위를 좁혀서 특정하기보다는 그냥 혈장을 붙들고 씨름하는 것이 해결책이 될 수도 있다. 현재 여러 가능성을 두고 몇몇 연구소에서 임상 시험을 진행 중이다. 몇몇은 결론을 내리고 이를 논문으로 발표하기도 했다. 이를테면 알츠하이머병을 앓는 환자에게 젊은이의 혈장을 주입하는 시도가 있었다. 기대하시라. 두두두두둥… 그러나 실패로 끝나고 말았다.

젊은 피에 대한 연구는 여전히 진행 중인데, 새로운 연구들은 회춘 효과를 설명하는 것이 정확히 무엇인지에 대해 의문을 던진다. 젊은 피에는 젊음을 유지시켜 주는 '항노화 인자'라고 부를 수 있는 분자가 포함되어 있다는 가능성을 완전히 부인할 수는 없다. 하지만 새로운 연구는 그보다는 **늙은** 피의 자체 성분이 더 중요한 것으로 드러났다. 늙은 쥐의 활력을 되찾아 주기 위해 반드시 젊은 피로 교체해야 할 필요는 없다는 것이다. 약간의 단백질을 함유하는 생리식염수로도 원기 회복의 효과를 볼 수 있다. 그 말은 늙은 쥐의 피를 조금 뽑아내고 대신 단백질 성분이 든 얼마간의 소금물을 주입하더라도 쥐가 활력을 찾는다는 것이다. 결국 이 실험에서 정말로 중요한 것은 무엇을 추가하느냐가 아니라 무엇을 **덜어 낼** 것인가임을 시사한다. 늙은 쥐의 피에는 쥐에게 부담을 주는 '친親노화 인자'가 분명히 포함되어 있으며, 이를 제거하는 게 유익한 것이다.

이 연구는 특히 흥미롭다. 왜냐하면 우리에게는 이미 그 결과와 비교할 수 있는, 인간을 대상으로 한 헌혈이라는 방대한 자연실험natural experiment(연구진의 개입 없이 실제 상황에서 인과관계를 도출하는 실험-옮긴이)이 있기 때문이다. 헌혈을 하면 보통 0.5리터 정도의 피를 잃게 된다. 처음에는 인체가 손실된 피를 몸속 나머지 체액으로 대체할 것이고, 그다음 몇 주 동안은 혈구와 다양한 혈액 성분을 다시 채워 넣을 것이다. 이는 잃은 피를 생리식염수로 대체 공급받은 늙은 쥐와 다소 비슷한 경험을 헌혈인도 하게 된다는 것을 의미한다. 만약 이따금 혈액의 일부를 빼내는 것이 수명 연장의 효과를 발휘한다면 헌혈인들에게서 그런 효과를 확인할 수 있을 것이다. 덴마크의 연구자들이 과연 그런 효과가 있는지를 살펴보았는데, 헌혈인들이 비헌혈인들보다 실제로 더 오래 산다는 사실을 확인했다. 헌혈을 하는 사람들이 기본적으로 더 건강한 편이라는 사실을 감안했음에도 동일한 결과가 나왔다. 어쨌든 헌혈을 하자면 그만큼 건강했다는 말이니까. 흥미로운 것은 헌혈을 더 많이 할수록 장수 효과도 더 커졌다는 사실이다. 물론 헌혈만으로 극히 오래 살 수 있을 정도로 그 효과가 대단한 정도는 아니다. 하지만 그것이 장려할 만한 선행이라는 점까지 고려한다면 헌

사혈법의 귀환

피 뽑기, 즉 사혈瀉血을 건강과 연관시키는 전통은 예전부터 있었다. 오랜 역사 동안 사혈법은 흔한 의료 관행이었는데, 어쩐 일인지 이발사가 사혈 시술을 했다. 머리를 깎기 위해 이발소에 들렀다가 깎은 김에 피도 조금 뽑는 것은 흔한 일이었다. 사실 이발소 앞 삼색등의 붉은색은 이발소에서 뽑았던 피를 나타낸다. 당시 사람들은 정기적인 사혈이 건강에 온갖 이로움을 준다고 생각했지만, 그 믿음은 어떤 과학적 근거가 아니라 민간의 속설에 근거한 것이었다. 그런 식으로 사혈법은 **만병통치**의 수단이 되었다. 심지어 총상을 입어 수혈이 필요한 사람에게도 사혈을 감행했다.

혈은 고려해 볼 가치가 있다.

그렇다면 과연 헌혈의 건강상 이점은 어디에서 비롯된 것일까? 우선 계속 언급된 호르메시스 효과를 들 수 있다. 0.5리터의 피를 잃는 것은 신체에 스트레스 요인인데, 우리 몸이 그것에 대응하도록 진화했을 것이란 점을 상상하기는 어렵지 않다. 현대인이 피를 잃는 일은 많지 않다. 하지만 예전에는 피를 빨아 먹는 온갖 종류의 장내 기생충이 사람들 몸속에 많기도 했고, 갖가지 날카로운 흉기를 들고 사람들끼리 싸움을 벌이는 일도 흔했다. 그러나 앞서 논의했듯이 나이 든 피에는 노화를 촉진하는 한편 제거하면 도움이 되는 특정 분자, 즉 '친노화 인자'가 들어 있을 수도 있다. 만약 이것이 사실이라면 수천 개의 잠재적 범인이 있다. 그중에서 관심을 끄는 것은 철분이다.

철분은 어떻게 작용하는가? 헌혈을 하면 많은 적혈구 손실이 발생한다. 적혈구는 폐로부터 받은 산소를 온몸으로 전달하는 세포다. 그 일은 헤모글로빈이라고 불리는 특별한 단백질을 이용해서 이루어지며, 모든 헤모글로빈 단백질 속에는 철분 분자가 있다. 사실 적혈구와 그것을 포함하는 혈액이 붉게 보이는 것은 바로 그 철분 때문이다. 따라서 헌혈을 하고 나면 철분을 함유하는 적혈구가 많이 손실되는데, 이 적혈구들은 보충되어야 한다. 새로운 적혈구를 생성할 때 당신의 몸은 세포 축적물 속의 철분을 사용해서 헤모글로빈을 만들며, 그렇게 해서 헌혈은 체내 철분의 수치를 하락시킨다.

그런데 철분 손실이 특별히 몸에 좋을 것으로 보이지는 않는다. 오히려 철분이 **부족**하지 않도록 조심하라고 늘 강조하지 않는가? 그렇지만 철분은 사실 상당히 으스스한 몇몇 상황에서 등장한다. 가령 알츠하이머병이나 파킨슨병에 걸린 환자들은 뇌 질환이 있는 부위에서 다량의 철분이 검출되며, 뇌 철분 수치가 특히 높은 알츠하이머병 환자들은 병의 진행 속도가 훨씬 빠르다. 마찬가지로 나이가 들면서 혈관에 축적되는 플라크plaque(몸속의 나쁜 지방질이 동맥의 내벽 표면에 생긴 상처에 들러붙어 이뤄진 퇴적물-옮긴이)에는 다량의 철분이 있어서 심장마비와 뇌졸중을 유발할 수 있다. 심지어 어떤 무작위 대조군 실험에서는 의사들이 채혈로 실험 대상자의 철분 수치를 떨어뜨렸더니 암 발병률이 낮아졌다. 이 연구의 참가자 1,300명은 두 집단으로 나뉘었다. 한 집단은 정기적으로 채혈을 했고, 다른 집단은 그대로 두었다. 실험이 종료되었을 때 정기적으로 채혈한 집단의 암 발병률은 다른 집단보다 35퍼센트나 낮았다. 그리고 채혈 집단은 암에 걸리더라도 생존 확률이 60퍼센트나 높았다.

유전자 연구도 철분의 대사와 장수의 연관성을 뒷받침한다. 앞에서 언급했던 전장유전체 연관성 분석(GWAS)을 기억하는가? 과학자들이 어떤 유전적 변이가 우리 인간의 다양한 형질을 유발하는지 밝혀내는 연구다. 우리는 면역 체계, 성장, 신진대사 그리고 좀비세포의 생성에 영향을 미치는 유전자 변이들이 노화와 관련이 있다는 사실을 GWAS를 통해 알게 되었다. 그러나 그것 외에도 이 연구들은 사실 철분과도 연관이 있다. 적어도 유전적으로 높은 철분 수치를 보이는 사람들은 다른 사람들보다 일찍 사망하는 것으로 보인다. 이 결과는 실제로 혈액을 측정해서 확인한 것이다. 9,000명의 덴마크인을 대상으로 한 연구에서, 과학자들은 몸속에 철분을 저장하는 역할을 하는 페리틴ferritin이라 불리는 단백질을 관찰했다. 체내에 철분이 많을수록 페리틴 수치도 높아진다. 연구자들은 높은 페리틴 수치가 특히 남성들의 조기 사망 위험과 관련이 있다는 사실을 발견했다.

하지만 이 모든 연구가 **낮은** 철분 수치가 위험하지 않다는 의미는 아니다. 특히 월경으로 매달 소량의 혈액 손실을 겪고, 그로 인해 철분을 잃는 여성의 경우 더욱 그렇다. 그러나 철분 과잉의 위험은 건강에 대해 우리가 흔히 갖는 통념의 오류를 보여 준다. **많으면 많을수록 더 좋은 것이다.** 사람들은 온갖 식이 보충제를 섭취한다. 모든 것을 조금씩이라도 더 섭취한다면 그만큼 더 좋지 않을까? 종합 비타민을 복용하고자 하는 마음에는 그런 논리가 깔려 있다. 왠지 뭔가 부족한 것이 있을지도 모른다는 불안을 종식시키기 위해 **모든 것**을 조금씩 더 섭취하는 전략을 취하는 것이다. 안타깝게도 생물의 신진대사는 그런 식으로 작동하지 않는다. 이 같은 접근법의 결함을 보여 주는 좋은 예는 아이오와 여성 건강 연구Iowa Women's Health Study라는 대규모 연구다. 당시 과학자들이 3만 9,000명의 여성들을 추적 관찰한 결과, 무엇보다도 철분 보충제를 먹는 여성이 그렇지 않은 여성보다 조기 사망 위험이 높다는 사실을 확인했다. 종합 비타민 제제—물론 철분을 함유한다—를 복용한 여성들에게서도 동일한 결과가 확인되었다.

그럼에도 불구하고 '많을수록 더 좋다'는 식의 접근이 그렇게 자주 문제를 일으키지 않는 것은 우리 몸이 온갖 영양소와 비타민을 조절하는 데 탁월한 능력을 발휘하기 때문이다. 대부분의 경우 우리 몸은 어떤 것이 너무 많이 들어오면 배설해 버린다. 하지만 철분은 예외에 속한다. 사실 우리 몸에 과다한 철분을 배설하는 메커니즘은 없다. 땀, 죽은 세포, 출혈 등을 통해 간접적으로 철분을 조금씩 상실할 뿐이며, 갑자기 너무 많은 철분이 몸에 축적되었을 때 철분 배출을 전담하는 체계는 갖추지 못했다. 아마도 과거에는 부실한 영양 섭취와 피를 빨아먹는 장내 기생충, 잦은 출혈로 인해 철분 과잉이 전혀 문제 되지 않았기 때문일 것이다. 오늘날은 상황이 전혀 다르다. 특히 남성은 나이가 들면서 철분이 축적되는 경향이 있다. 철분 과잉의 극단적인 예가 유전성 혈색소증hereditary haemochromatosis(HH)이다. 이 유전성 질환에 걸리면 음식으로부터 평소보다 더 많은 철분을 흡수하게 된다. 치료하지 않은 채 방치하면 환자 몸의 철분 수치가 한없이 증가한다. 결국 그들은 보통 암이나 심장병 합병증으로 일찍 사망하며, 그 전에는

켈트인에게 내린 저주인가,
바이킹이 전파한 질병인가

유전성 혈색소증은 거의 유럽인에게서만 발견된다. 특히 아일랜드에서 발병 빈도가 높아 한때는 '켈트인에게 내린 저주'라고 불리기도 했다. 바이킹이 퍼뜨린 병이라는 다른 의견도 있다. 스칸디나비아 지역에서 높은 발병률을 보이기 때문이고, 과학자들이 역사적으로 바이킹의 습격을 받았거나 그들이 정착했던 지역에서 발병률이 높다는 사실을 확인했기 때문이다.

다른 많은 유전적 질병들처럼 HH 질환에 걸리기 위해서는 양쪽 부모로부터 관련 유전자 변이형을 물려받아야 한다. HH 유전자 변이를 하나만 받았다면 아무 문제가 없다. HH 질환이 진화적으로 유리한 것은 분명 아니지만, 과학자들은 HH 유전자 변이를 단 하나만 갖는 것에 어떤 이점이 있을 수 있기 때문에 어쨌든 그 변이가 흔해진 게 아닐까 짐작한다. 즉 한 쌍의 HH 변이가 질환을 유발하더라도, 변이 유전자의 단일 사본을 갖는 사람은 변이가 아예 없는 사람보다 더 유리한 점이 있기 때문에 그 변이가 살아남았을 것이라는 말이다. 그 이점이라는 것은 철분이 낮은 곡물 중심의 식사를 하는 농부들에게 도움이 되었을 가능성을 말한다. 또 다른 가능성도 있다. 철분 수치가 조금 더 높으면 적혈구의 수가 늘어나 유산소운동 능력이 더 강화되는 메커니즘이 작용했을 수도 있다.

실제로 한 연구에 따르면, 세계적인 대회에서 메달을 획득한 프랑스 선수 가운데 80퍼센트가 HH 유전자 변이를 갖고 있다는 사실을 확인했다. 프랑스인 전체에서 HH 유전자 변이를 갖는 사람의 비율은 그보다 훨씬 낮았다. 또 다른 연구들에서는 HH 변이 유전자의 단일 사본을 소유한 이들이 그렇지 않은 이들에 비해 더 높은 지구력을 보이는 것으로 드러났다.

당뇨병, 피로 및 관절통과 같은 온갖 질환에 먼저 시달린다. 물론 피를 뽑아 체내의 철분 농도를 낮추기만 하면 문제가 없다.

왜 과다한 철분이 모든 신체적 이상에 관여하는지는 설명이 필요하다. 한 가지 가능성은 철분이 자유라디칼의 형성을 촉진한다는 사실이다. 철분이 도자기 가게의 난동꾼인 황소를 자극한다는 것은 잘 알려져 있다. 물론 우리는 자유라디칼이 한때 과학자들이 생각했던 것만큼 큰 문제가 아니라는 것은 이제는 알고 있다. 자유라디칼의 농도가 낮은 경우라면 호르메시스 효과를 기대할 수 있기 때문에 심지어 유익하기까지 하다. 하지만 늘 그렇듯이 호르메시스 효과는 정도의 문제다. 신체가 해결할 수 있는 범위를 넘어서는 손상이 발생하는 순간, 스트레스 요인은 순전히 해로운 것이 되어 버리고 수명마저 단축된다.

철분과 장수의 연관성을 설명하는 또 다른 논리도 있다. 미생물이 철분을 **사랑**한다는 것이다. 철분은 모든 생명체에 필수적이며, 박테리아나 곰팡이 같은 미생물도 예외가 아니다. 사실 철분은 박테리아의 성장을 위한 비료 같은 존재다. 무해한 감염인지 아니면 생명을 위태롭게 하는 감염인지를 구분하는 기준은 감염을 일으킨 박테리아가 스스로 철분을 얼마나 잘 조달할 수 있는가, 즉 몸속에 이용 가능한 철분이 얼마나 많은가에 달려 있다. 이 점은 많은 어린이가 상시적 철분 부족 상태에 있는 저개발국에서 문제를 일으키고 있다. 철분 결핍 상태에서 성장하는 것은 발육과 인지 발달을 저해하기 때문에 세계보건기구(WHO)는 그 결핍을 막기 위해 철분 보충제를 권장한다. 하지만 철분 보충제는 어린이에게 말라리아를 비롯해 다양한 박테리아 감염의 위험을 높이는 부정적 효과도 함께 유발하며, 일단 한번 감염된 상태에서는 질병을 악화시키기도 한다.

진화는 이런 정보들을 이미 우리 몸에 각인해 왔다. 철분에 대한 접근성은 감염과 싸울 때 최전선 가운데 하나다. 면역 체계가 감염을 포착하는 순간 우리 몸은 즉시 철분 저장고인 페리틴 단백질의 생산을 독려한다. 이렇게 하면 철분은 분자 저장고 속에 안전하게 격리되고 철분에 대한 박테리아의 접근은 차단된다. 이와 유사한 방식으로 감염은 또한 우리 몸이 음식으로부터 철분을 흡수하는 것을 차단하는 헵시딘hepcidin이라는 단백질의 생성을 증가시킨다. 이제 미생물의 세계를 살펴볼 때가 되었다.

Chapter 14
미생물과의 전쟁

: 우리 몸의 비인간 유기체 :

1847년의 어느 날, 이그나즈 제멜바이스Ignaz Semmelweis라는 한 헝가리계 독일인 의사가 무거운 마음으로 빈Wien 거리를 터벅터벅 걷고 있었다. 제멜바이스는 임신과 출산을 담당하는 산과 전문의였고, 빈종합병원의 산과 병동을 책임지고 있었다. 병원은 빈의 빈곤 여성들에게 무료 진료를 제공하기 위해 두 개의 병동을 운영했다. 그리고 공짜라는 이유로 한 병동은 풋내기 산파의 수련을 위해 사용했고, 다른 병동은 초짜 의사의 수련을 위해 사용했다.

제멜바이스는 두 병동 사이의 산모 사망률이 큰 차이를 보이자 놀랐다. 산파 수련 병동에서는 출산 중 산모의 사망률이 4퍼센트였던 반면에, 초짜 의사 병동에서는 10퍼센트가 넘는 산모가 사망했다. 원인은 '산욕열childbed fever'이라 불리는 이해하기 힘든 질환이었다.

빈의 빈곤 여성들은 두 병동 사이의 사망률 차이를 잘 알고 있었다. 그들은 산고가 시작되면 더 안전한 병동으로 데려가 달라고 애걸복걸했다. 심지어 어떤 산모는 초짜 의사의 손에 자신을 맡기기보다는 길바닥에서 낳기를 선택하기도 할 정도였다.

제멜바이스는 이런 상황에 크게 상심했고 원인 파악을 위해 자신이 가진 모든 권한을 동원했다. 그는 두 병동 사이의 모든 절차와 도구를 일원화시켰다. 그래도 사망률의 격차는 조금도 변함이 없었다.

어느 날 제멜바이스의 친구 야코프 콜레치카Jakob Kolletschka가 부검 중에 한 학생의 수술칼에 베이는 사고를 당했다. 그 상처는 치명적인 감염을 유발했고 얼마 지나지 않아 그는 죽고 말았다. 콜레치카를 부검했던 의사들은 그의 병변이 산욕열로 죽은 산모들의 그것과 의아할 정도로 비슷하다는 사실을 발견했고, 마침내 제멜바이스는 어떤 아이디어를 번쩍 떠올렸다.

그때만 해도 의사들이 부검 후에 바로 분만실로 향하는 것이 일반적이었다. 말하자면 죽은 사람의 몸에 칼을 댄 뒤 산모의 출산을 도우러 간 것이다. 제멜바이스는 여기에 뭔가 문제가 있다고 확신했다. 그는 의사들이 시신으로부터 얻어 온 어떤 '죽음의 물질'을 분만 중인 산모들에게 옮긴 것이라고 추론했다. 심사숙고를 거듭한 끝에 제멜바이스는 차아염소산칼슘calcium hypochlorite(오늘날 수영장 소독에 사용되는 '염소')으로 손을 세척하면 그 물질이 제거될 것이라고 생각했다. 그는 즉시 출산을 앞둔 산모에게 가기 전에 모든 의사가 손을 씻도록 의무화했다.

새로운 조치는 제멜바이스가 갈망했던 획기적인 성과를 낳았다. 병동의 사망률이 급락했다. 손 씻기를 도입하기 직전인 4월의 산모 사망률은 18.7퍼센트였다. 6월이 되자 그 수치는 2.2퍼센트로 떨어졌다. 그리고 7월의 사망률은 무려 1.2퍼센트까지 하락했다.

제멜바이스는 자신의 성과를 의학계에 즉시 보고했다. 의학사의 중대한 발견이며 수많은 생명을 구할 수 있는 일이었기 때문이다. 하지만 놀랍게도 의학계의 반응은 차갑다 못해 거의 적대적이었다. 일부 의사들은 제멜바이스가 그들이 청결하지 않다고 은근히 비난한다고 생각해 몹시 마음이 상했다. 다른 의사들은 제멜바이스의 분석이 당시의 주류 의학 이론에는 맞지 않다고 꼬집었다.

한 비판자는 카를 레비Carl Levy라는 덴마크에서 존경받는 산과 전문의였는데, 그 또한 코펜하겐의 병원에서 엄청난 산모 사망률과 씨름 중이었다. 레비는 눈에 보이지 않을 정도로 아주 작은 것이 그렇게 심각한 병을 일으킬 수 있다는 주장이 터무니없다고 비판했고, 빈에서 온 수치들은 우연의 일치일 뿐이라고 폄하했다.

가엾은 제멜바이스는 오랜 시간 사방에서 몰아치는 엄청난 악평에 맞서 싸워야 했다. 그는 의학계의 저명인사들에게 수없이 편지를 보내서 자신의 주장을 옹호했지만 아무 소용이 없었다. 의학계의 비난에 분노한 제멜바이스는 비판자들에게 살인자라며 저주를 퍼부었다. 머지않아서 그는 모든 대화를 강박적으로 산모 사망률과 손 씻는 문제로 몰고 갔다.

시간이 지날수록 제멜바이스의 정신 상태는 악화되었다. 1861년에 그는 심각한 우울증을 겪었으며 얼마 못 버티고 신경쇠약이 왔다. 몇 년 뒤 그는 정신병원 신세를 지게 되었다. 거기서 그는 병원 간수들에게 구타를 당해 상처를 입었는데, 아이러니하게도 그로 인한 패혈증으로 마흔일곱의 나이로 사망했다.

◆ · ◆

다행히 제멜바이스의 사망을 전후해서 미생물학을 도약으로 이끈 인물들이 나타나기 시작했다. 프랑스, 영국, 독일 등 유럽 '빅 3' 출신의 과학자 세 명이 미생물이 질병을 유발할 수 있다는 이론을 확립하는 데 기여하며 그 도약대를 놓았다. 첫 번째로 프랑스인 루이 파스퇴르Louis Pasteur는 미생물이 저절로 생긴다고 믿었던 당시의 통념이 틀렸다는 것을 입증했다. 그는 또한 미생물이 맥주나 와인의 발효 과정(당류가 알코올이 되는 과정)의 원인이며, 미생물이 음식을 썩게 한다는 점을 발견했다.

파스퇴르는 가열(저온살균), 여과, 그리고 화학 용액 처리 등 세 가지 방법으로 음식물의 부패를 방지할 수 있다는 것을 밝혀냈다. 파스퇴르의 방안로부터 영국인 외과의사 조지프 리스터Joseph Lister는 한 가지 착상을 얻었다. 당시 환자들은 수술 후에 흔히 감염에 시달렸다. 리스터는 화학 용액으로 소독을 하면 감염을 막을 수 있을 것이라 생각하고, 상처와 수술 장비를 소독하는 방법을 개발했다. 그 뒤를 이어 독일인 과학자 로베르트 코흐Robert Koch는 실험실에서 박테리아를 배양하는 법을 개발했고, 마침내 특정한 박테리아를 결핵, 콜레라, 탄저병과 같은 특정한 질병을 유발하는 구체적인 원인균으로 지목했다.

물론 이 모든 진전은 끊임없는 비웃음과 온갖 비방 속에서 진행되었다. 그러나 서서히 명확한 증거가 드러나면서 더 이상 반박이 불가능한 상황으로 나아갔고, 가장 끈질긴 비방자조차 결국 입을 다물어야 했다.

오늘날의 우리로서는 박테리아가 허공에서 난데없이 생긴다고 믿거나, 의사들이 손도 씻지 않고 시신과 산모 사이를 오가는 것을 괜찮다고 여겼던 과거를 이해하기 어려울지도 모른다. 하지만 무지를 앞세워 새로운 아이디어에 대해 거센 비난을 퍼붓는 것은 결코 낯선 일이 아니다.

오늘날 우리는 미생물에 대항할 막강한 무기를 갖추고 있다. 인간을 괴롭혀 온 거의 모든 박테리아를 퇴치할 수 있는 항생제를 언제든 구할 수 있다. 그리고 인간을 사망에 이르게 하거나 불구로 만들었던 질병을 막을 수 있는 백신도 강력하다. 여기에 위생, 감염 경로, 살균에 대한 수많은 지식도 축적했다.

이쯤이면 이제 미생물과의 오랜 전쟁에서 인간의 최종 승리를 선언할 수도 있을 것 같았다.

그런데 정말 그랬을까?

◆ • ◆

1980년대 초 오스트레일리아 퍼스에서 로빈 워런Robin Warren 이라는 병리학자는 소화성 궤양 환자로부터 얻은 실험실 표본에서 뭔가 이상한 점을 발견했다. 현미경으로 봤더니 모든 표본에서 나선 모양의 작은 박테리아를 확인할 수 있었다. 워런은 배리 마셜Barry Marshall이라는 젊은 학자에게 이 사실을 알렸고, 마셜도 즉시 연구에 착수했다.

그 당시 사람들은 소화성 궤양은 스트레스로 생긴다고 **알고 있었다**. 박테리아가 그 원인일 것이라는 사실은 상상도 못하고 있었다. 대부분의 과학자는 로빈 워런이 발견했다는 그 나선 모양의 박테리아는 위장이 아니라 실험실에서 유래한 게 틀림없다고 추정했다. 표본이 오염되어서 생겼을 것이라고 말이다. 그러나 워런과 마셜은 확신할 수 없었고, 그 의문의 미생물을 계속 연구하기로 마음먹었다.

첫 번째 단계는 박테리아를 분리해서 실험실에서 배양하는 것이었다. 두 과학자는 100명의 소화성 궤양 환자들을 모아서 조직검사를 실시했고, 그것으로 얻은 샘플에서 박테리아 군체를 배양하려고 시도했지만 결과는 실망스러웠다. 하지만 계속 시도를 이어 갔고, 마침내 이 두 사람에게 행운의 신이 응답했다. 페트리 접시(세균 배양 따위에 쓰이는 둥글고 넓적한 작은 접시-옮긴이)에 세균 배양을 할 때는 보통 이틀 동안만 하는 것이 당시의 관행이었다. 그러나 과학자들이 부활절 휴가로 연구실을 비우는 바람에 페트리 접시 가운데 하나가 엿새 동안 방치되는 일이 생겼다. 엿새면 나선형 박테리아 군체가 배양되기에 충분한 시간이었다.

워런과 마셜은 소화성 궤양의 진짜 원인을 찾았다고 확신했다. 원흉은 스트레스도, 운동 부족도, 교과서에서 주장하는 그 어떤 것도 아니었다. 모든 것은 이 작은 나선 모양의 박테리아 때문이었다.

오스트레일리아 출신의 이 두 과학자는 기회가 되는 대로 자신들의 연구 결과를 알리고자 했다. 그러나 학계의 반응은 대체로 차가웠다. 동료 과학자들은 세균성 질병은 과거의 일이라고 주장했다. 이미 수십 년 전에 다 밝혀졌고 항생제의 발명으로 치료가 가능하다는 것이다. 이제는 학자들이 훨씬 더 복잡하고 어려운 연구를 하고 있었다. 박테리아 같은 것을 찾는 일은 더 이상 멋지지 않았다. 게다가 그 두 명의 오스트레일리아 학자들이 주장하는 것처럼 그 일이 그렇게 쉽지만도 않았다. 박테리아는 절대 가혹한 위산에서 살아남을 수 없을 테니까.

더구나 소화성 궤양의 원인은 이미 모두가 **알고 있었고**, 증상을 완화하는 데 특화된 제산제 시장이 이미 거대한 규모로 형성되어 있었다. 그 당시 미국인의 2~4퍼센트가 호주머니 속에 제산제를 늘 지참하고 다닐 정도로 **거대한 시장**이었다.

◆ • ◆

나중에 밝혀진 바로는 워런과 마셜이 세균 감염을 소화성 궤양과 연관시킨 최초의 과학자들은 아니었다. 1800년대 후반에 몇몇 과학자들이 소화성 궤양 환자들에게서 얻은 표본으로부터 박테리아를 발견했다. 그리고 다음 세기가 시작될 무렵 일본의 연구자들은 심지어 고양이로부터 추출한 의문스러운 나선형 박테리아를 이용해 기니피그에게 소화성 궤양을 일으키기도 했다.

하지만 이 이론은 그다지 주목받지 못했으며, 한 유명 병리학자가 이론의 타당성을 시험해 본 1950년대에 마지막 희망의 불씨마저 꺼졌다. 그는 소화성 궤양 환자들에게서 박테리아를 찾으려 했지만 방법상의 오류로 인해 아무것도 발견하지 못했다.

그 후 이 발상은 과학자들의 시야에서 사라졌지만, 어쩌다 한 번씩 되살아나기도 했다. 한 그리스 의사가 본인의 소화성 궤양을 항생제로 치료하고, 같은 방법으로 자기 환자들을 치료하는 데 성공한 것처럼 말이다. 하지만 어떤 학술지도 그의 성과를 실어 주지 않았으며, 어떤 제약 회사도 그의 치료법에 관심을 보이지 않았다. 상을 주지는 못할망정 그리스 정부는 이 의사에게 벌금을 부과하고 그를 법정에 세웠다.

소화성 궤양의 원인을 박테리아로 보는 이론에 대한 반대와 탄압은 전혀 새로운 일이 아니었다. 워런과 마셜은 박테리아를 세상에서 가장 흥미로운 생물로 꼽는 두어 명의 미생물학자들을 설득할 수 있었을 따름이다. 그러나 그것을 제외하면 둘의 이론은 스트레스, 식단, 위산 등등을 원인으로 주장하는 수많은 논문에 의해 압사할 지경이 되고 있었다.

두 과학자가 동물실험으로 그들의 논리를 입증하려고 애쓴 것도 도움이 되지 못했다. 돼지부터 생쥐에 이르기까지 온갖 동물을 감염시키려 했지만, 그 나선형 박테리아는 그들의 몸에 자리잡기를 거부했다.

시간이 지나면서 워런과 마셜은 점점 더 막다른 골목으로 몰렸다. 그들은 자신들이 뭔가를 발견했다는 것을 확신했고, 항생제로 환자들을 치료할 수 있다고 생각했다. 그리고 전 세계의 모든 의사도 그렇게 할 수 있으리라는 것을 믿어 의심치 않았다. 그러나 워런과 마셜이 영향력 있는 학계의 권위자들을 납득시키는 것이 선행되어야 했다. 유일한 해결책은 인간을 대상으로 자신들의 이론을 확실히 입증하는 것이었다. 하지만 대체 어떤 방법으로?

배리 마셜은 오스트레일리아인 특유의 강단을 발휘해서 자신을 기니피그 삼기로 결단했다. 그는 환자에게서 나선형 박테리아를 추출한 뒤 실험실에서 배양한 후, 그것을 들이마셨다. 며칠이 지나서 고통이 시작되었다. 열흘 후 그 박테리아가 마셜의 위장을 뒤덮으면서 위궤양의 전조가 보였다. 마셜은 그 과정을 세심하게 기록한 후에 항생제 투여로 병원균을 제거한 뒤 깨끗이 나았다.

무모할 정도로 과감했던 자가 실험의 결과를 보고서야 과학계는 마음을 돌렸다. 그러나 학계의 마지막 반대까지 물리치고 제산제의 특허가 말소되기까지는 또다시 10년이 걸렸다. 나선형 박테리아 헬리코박터 파일로리*Helicobacter pylori*는 점차 소화성 궤양의 주범으로, 나아가 대다수 위암의 원인으로 인정되었다.

끈질기고 단호한 두 오스트레일리아인의 업적은 달콤한 해피엔딩으로 끝났다. 2005년에 로빈 워런과 배리 마셜은 자신들의 공로를 인정받아서 과학계 최대의 영예인 노벨 생리의학상을 수상했다.

옛날 옛적, 미생물이 어떻게 질병을 일으키는가에 대한 우리의 이해는 이런 식이었다. 만약 특정한 미생물, 가령 박테리아나 바이러스 같은 것에 감염이 되면 그에 상응하는 질병이 발생한다는 것이다. 로빈 워런과 배리 마셜이 끈질긴 반대에 부딪혔던 이유가 바론 이런 통념 때문이었다. 그들은 헬리코박터균이 소화성 궤양과 위암을 일으킨다는 것을 입증하기 위해 노력 중이었다. 하지만 어떤 사람들은 위장 속에 헬리코박터균이 살고 있는데도 아무 문제없이 살아간다. 반대로 많은 사람에게 그 세균은 병의 원인이며, 그것을 제거해야 치유되는 것도 사실이다. 이런 모순은 인간과 미생물 사이의 관계가 우리가 생각하는 것보다 훨씬 더 복잡하다는 것을 말해 준다.

과거에 우리는 인간의 몸은 무균 상태라고 생각했다. 하지만 최근 수십 년간의 기술 발전으로 그런 생각은 전혀 사실이 아니라고 드러났다. 우리 몸은 사실 마이크로바이옴microbiome이라 불리는 수조 개의 비인간 유기체들로 가득 차 있다. 사실 우리 몸속에는 우리 몸에서 기원하는 것보다 외부에서 유입된 세포들이 더 많다. 박테리아, 바이러스, 균류 등을 포함하는 이들 유기체는 피부와 입속, 소화관, 그리고 그 사이의 모든 곳에서 서식한다. 열대우림의 한 나무와 비교해 봐도 좋을 것이다. 그 나무는 홀로 있는 것을 좋아했을지 모르지만 온갖 곤충, 파충류, 조류, 포유류와 심지어 다른 식물들이 깃들어 사는 공동 서식처이다. 마찬가지로 우리 몸도 그냥 한 사람으로만 존재하는 것이 아니라, 살아 있는 것들의 방대한 생태계이기도 하다.

우리 몸에 기거하는 미생물 손님 중에는 우리에게 이로운 것도 있고, 그저 무해한 것도 있다. 그리고 마지막으로, 없으면 차라리 좋았을 해로운 것도 있다. 이로운 미생물은 중요한 생물학적 기능을 수행하는, 예컨대 소화를 돕는 장내 박테리아 따위를 포함한다. 한 가지 예로 몸속 소화효소로는 잘 분해되지 않는 난소화성 식이 섬유를 사용해서 우리 몸에 유익한 화합물인 부티르산butyrate을 생성하는 박테리아를 들 수 있다. 또 다른 예로는 우리가 앞서 살펴보았던 자가포식을 촉진하는 화합물인 스퍼미딘을 합성하는 박테리아가 있다. 또 우리를 돕는 다른—훨씬 특이한—미생물의 예도 있다. 이를테면 젖산이 축적되지 않도록 분해함으로써 달리기 주자들의 지구력 향상에 기여하는 장내 박테리아가 그런 경우다.

다른 미생물로부터 우리를 보호해 주기 때문에 특히 이로운 미생물도 있다. 장을 비롯한 모든 우리 몸속 생태계는 미생물들끼리 먹이와 공간을 두고 경쟁을 벌이는 가운데 균형을 이루고 있다. 장내 박테리아들은 적극적으로 서로를 밀어내고, 자기들끼리 결투를 벌이고, 심지어 서로 먹어 치우기까지 한다. 이런 다툼 속에서 균형이 무너진다면, 예컨대 일단의 항생물질이 우리 몸에 이로운 박테리아를 죽이고 해로운 박테리아들이 영역을 확장할 수 있도록 허용한다면 어떤 식으로든 장에서 혼란이 벌어진다.

어떤 미생물이 우리 몸을 이롭게 해 준다고 생각하면 좋은 일이고 안심도 되지만, 그렇다고 그들이 우리의 처지에 공감해서 그런 것은 아니라는 점은 분명히 해 두자. 우리 몸의 미생물들은 그들 자신에게만 관심을 가지고 오로지 자신을 위해서만 움직인다. 우리 몸이 그들의 서식처이므로 때로는 우리를 돕는 게 그들에게 이로울 수 있다는 것이다. 하지만 상황이 돌변해서 우리를 해치는 것이 자신들에게 이롭다면, 그들은 기꺼이 그렇게 할 것이다.

예를 들어 당신 몸속 어디에선가 평화롭게 공존 중인 무해한 박테리아가 있다고 가정하자. 이 박테리아는 이따금 증식을 하지만 당신의 면역 체계가 통제 가능한 수준이다. 어느 한 순간 그 박테리아에 변이가 발생했고, 갑자기 면역 체계의 통제망을 벗어나 버렸다. 그러면 박테리아는 훨씬 더 많은 사본을 만들 수 있게 되어서 경쟁자를 물리치고 새로운 숙주로 한층 쉽게 전파될 수 있다. 하지만 박테리아가 값진 자원을 함부로 쓰기 시작하는 데다, 심지어 그 과정에서 당신을 해칠 수도 있기 때문에 결국 당신이 대가를 치르게 된다. 물론 박테리아가 지나치게 번식해서 숙주를 죽이는 정도까지 가 버린다면, 박테리아도 살 곳을 잃게 될 것이다. 그러나 진화적 관점에서 보면, 박테리아의 확산을 돕기만 한다면 그런 극단적인 상황조차도 이따금 박테리아가 감수할 수 있는 대가일지도 모른다. 이는 악마적이고 이기적인 전략이다. 물론 실제로 박테리아에게 지각력이 있기 때문은 아니며, 단지 진화적 작용일 뿐이다. 자신의 사본을 더 많이 만드는 박테리아가 승자가 된다.

미생물이 가장 많이 서식하는 곳은 피부와 위장관 내부다. 피부와 위장관은 먹이를 구하기도 쉽고, 두 곳 모두 신체의 내부가 아니라 외부이기 때문에 면역 체계의 통제도 약하다(입에서 항문까지는 통로여서 이 통로의 표면은 엄밀히 말하면 우리 신체의 '외부'에 해당한다). 그러나 미생물이 거주하는 곳은 신체의 '외부'만은 아니다. 사실, 우리가 한때 무균 상태일 거라고 믿었던 장기 속에도 미생물은 넘쳐 난다.

피를 예로 들어 보자. 최근까지도 의학계는 우리 피에는 세균이 없다고 생각했다. 지금은 그것이 사실이 아니라는 게 밝혀졌다. 실험실에서 헌혈로 구한 혈액 샘플을 적절한 조건하에서 배양하면 거의 모든 종류의 미생물을 길러 낼 수 있다. (젊은 피의 비밀은 어쩌면 유해 세균이 더 적다는 것일 수도 있다.)

뇌는 훨씬 더 극단적인 사례다. 과거에는 뇌가 뇌혈관 장벽blood-brain barrier이라 불리는 것으로 보호되기 때문에 무균 상태일 수밖에 없다고 생각했다. 이름이 말해 주듯이 뇌혈관 장벽은 뇌로부터 혈액을 분리하는 막이다. 그 막을 산소와 영양소는 통과할 수 있지만, 다른 분자가 진입해 뇌까지 도달하는 것은 극히 어렵다. 이것이 정신 질환 치료제 개발이 그렇게 어려운 이유 중 하나다. 뇌는 우리 몸에서 가장 중요한 기관이므로, 우리 몸이 뇌를 안전하게 보호하고 미생물을 차단하려 하는 것은 너무나 당연한 일이다.

그렇긴 하지만, 뇌 속에는 미생물이 **존재한다**. 사실 과학자들은 이미 200종 이상을 발견했다. 그리고 그 발견은 지금도 계속되고 있다. 실제로 미생물은 우리가 상상할 수 있는 모든 곳에 존재한다. 근육 속에도, 간 속에도, 가슴 속에도, 우리 몸 어디에도 미생물은 존재한다.

중요한 것은 이 미생물들이 빈둥거리며 놀고만 있는 것은 아니라는 사실이다. 그들은 인체의 모든 작용에 관여한다. 심지어 우리의 의료 행위에도 영향을 준다. 연구에 따르면 가장 대중적인 약물의 절반 이상이 장에서 체내로 진입하기도 전에 박테리아에 의해 변질된다.

생명 연장을 대가로 개미의 뇌를 통제하는 기생충

새와 개미 사이를 오가는 촌충이라는 특이한 기생충이 있다. 촌충은 딱따구리와 같은 새들의 내장에서 살면서 자신의 알은 새의 배설물을 통해 방출한다. 개미가 촌충 알이 든 배설물을 먹으면 촌충이 부화를 하여 개미의 배 속에서 살게 된다. 거기서 그들은 사는 데 필요한 영양소를 꾸준히 공급받는다. 그러나 촌충은 궁극적으로 새의 내장으로 회귀하는 것을 목표로 한다. 그곳이 아니면 알을 낳을 수 없기 때문이다. 그것은 괴이한 생활사lifecycle다. 자신의 목표를 성취하기 위해 촌충은 개미를 완전히 통제한다. 긍정적인 것은—뇌를 조종하는 기생충에 감염되는 일에 무슨 그런 것이 있겠냐마는—촌충이 숙주인 개미의 수명을 연장하는 법을 터득하고 있다는 사실이다. 기생충에 감염된 개미는 감염되지 않은 개미보다 적어도 세 배는 더 오래 산다. 어떤 방식으로 이 모든 것이 가능한지는 확실히 모른다. 물론 기생충이 개미 좋으라고 하는 일은 아니다. 그들이 개미가 장수하기를 원하는 이유는 단 한 가지, 어느 시점에 새에게 잡아먹힐 가능성을 더 높이고자 하는 것이다. 그리고 만약 새가 나타나면, 기생충은 자신의 숙주에게 어떤 자비도 베풀지 않는다. 촌충은 개미의 본능적 경계 반응을 방해하기 때문에 기생충에 감염된 개미는 도망치는 대신 멍하니 하늘만 쳐다보며 맥 빠진 꼴로 그저 어슬렁거리다 새의 먹잇감이 된다.

Chapter 15
등잔 밑이 어둡다

: 노화 유발 바이러스들 :

1960년대 미국에서 홍역바이러스 백신을 접종하기 시작하자, 다행히도 홍역은 사라졌다. 그런데 이게 전부가 아니었다. 미국에서 각종 감염병으로 사망하는 어린이들의 수치도 급락했다. 비슷한 시기에 백신 접종 행렬에 동참했던 유럽 국가들에서도 같은 일이 발생했다. 어떻게 해서 홍역 백신이 목표로 하지도 않았던 다른 감염병까지 예방할 수 있었을까?

우리 몸을 감염시키는 다른 모든 미생물들처럼 홍역바이러스도 우리 면역 체계를 별로 좋아하지 않는다. 면역 체계의 세포들은 끊임없이 침입자를 경계하고 있으며 불청객이 발견되면 즉시 행동에 나선다. 홍역바이러스와 같은 미생물들은 숨어서 면역 체계를 속이고 때로는 반격을 가하며 맞선다. 면역 체계와 다양한 미생물 사이의 전쟁은 우리 몸에서 평생 벌어진다. 지금 당장 당신의 몸 안에서도 그런 전쟁이 벌어지고 있다.

병원체는 면역 체계를 공략하기 위해 다양한 무기를 진화시켜 왔는데, 홍역바이러스는 특히 효과적인 무기를 개발했다. 이 바이러스는 면역 기억상실증이라고 불릴 만한 것을 유발한다. 보통 면역 체계의 특정 세포는 이전의 침입자를 기억해 놓는다. 영리한 대응책이다. 똑같은 적을 다시 만났을 때 면역 체계의 대응 시간을 줄여 주기 때문이다. 감염이 세력을 떨칠 여유를 주지 않도록, 앞서 시행되고 검증된 전술을 전개할 준비가 이미 되어 있는 것이다. 이 같은 면역 체계의 '기억술'은 백신이 질병의 발병을 예방할 수 있는 이유이며, 또한 당신이 수두와 같은 병에 평생 단 한 번밖에 걸리지 않는 이유이기도 하다.

하지만 홍역바이러스가 우리 면역 체계에 '기억상실'을 불러오면 이 모든 귀중한 정보가 날아가 버린다. 이것은 홍역바이러스 자체에도 큰 이득이지만, 다른 모든 종류의 박테리아와 바이러스에게도 횡재다. 갑자기 이 병원체들이 우리를 감염시키는 것이 훨씬 수월해진다. 그러므로 홍역바이러스에 감염되면 다른 모든 종류의 감염병에 걸리기 쉽다. 실제로 홍역바이러스는 **여타** 감염병으로 인한 아동기 사망의 절반에 기여한 것으로 추정된다.

그런 원투펀치는 감염병의 세계에서 드문 일이 아니다. 최초 감염으로 오른손 한 방을 날린 다음, 그렇게 얻은 빈틈을 노려 두 번째 감염으로 왼손 훅을 날리는 민첩한 작전이다. 그래서 그런 연속 공격을 무력화시킨 백신을 의학계에서는 무관의 제왕이라 불렀고, 지금도 그렇게 인정하는 것이다. 그러나 여전히 갈 길이 멀다. 아직 백신을 준비해 놓지 못한 위험한 미생물이 여전히 많기 때문이다.

그중에 대표적인 것으로 후천성면역결핍증(AIDS, 에이즈)을 유발하는 사람면역결핍바이러스human immunodeficiency virus(HIV)가 있다. HIV는 T세포(백혈구의 일종으로 후천면역을 담당한다-옮긴이)라 불리는 면역 체계의 특정 세포를 공격한다. T세포는 우리 몸의 면역반응을 조율하는 역할을 하기 때문에 면역 체계의 지휘관이라 볼 수 있다. HIV가 T세포를 공격하면 T세포는 결국 바이러스에 굴복한다. 이는 면역 기능이 점점 더 약화되어 마침내 온갖 다른 미생물을 제대로 방어하지 못하게 된다는 것을 의미한다. 그 결과 HIV 감염자는 이전에는 해롭지 않았을 감염에도 취약해진다. 평상시라면 우리 피부 위나 몸 안에서 평화롭게 공존하고 있었을 미생물들이 이 틈을 타서 통제 불가능한 상태로 창궐한다. 우리 몸의 절반 이상에 서식하는 상대적으로 무해한 진균(곰팡이)인 칸디다 알비칸스*Candida albicans*조차도 심각한 감염병으로 돌변할 수도 있다. 별로 해롭지 않은 상태로 있었을 제8형 사람헤르페스바이러스human herpes virus-8(HHV-8)도 카포시육종(혈관의 내피세포에서 발생하는 육종암으로, 면역 체계가 약화된 사람에게 주로 발생한다-옮긴이)이라 불리는 암의 한 종류를 유발할 수 있다. 심지어 독감조차도 치명적일 수 있다.

지금은 항HIV 제제의 보급으로 에이즈 환자가 이전보다 훨씬 더 오래 살게 되었다. 하지만 HIV라는 바이러스 때문에 감당해야 하는 여러 감염병의 위협은 여전히 보통 사람들보다 그들의 수명을 더욱 단축시킨다. 또한 그들은 암에서부터 심혈관 질환에 이르기까지 모든 병에 더 취약하다. 게다가 HIV 감염 자체만으로도 생물학적 노화가 촉진된다는 사실도 드러났다. 후성유전학 시계로 측정했을 때 HIV 환자는 실제보다 생물학적 나이가 5~7세 더 많은 것으로 나타났다.

◆ • ◆

다행히도 HIV와의 싸움에서 우리는 계속 전진해 왔다. 이제 그것은 과거만큼 위협적이지는 않다. 정상적인 예방 조치를 취한다면 감염될 가능성도 희박하다. 그러나 HIV와 비슷한 수준으로 노화를 촉진할 수 있는 훨씬 더 흔한 감염병이 많이 존재한다. 사실 감염되는 것 자체만으로도 더 빨리 노화가 진행되는 것처럼 보인다. 감염에 더 자주, 더 심하게 노출될수록 노화는 더 극심하게 진행된다. 이것이 아마도 오늘날 사람들이 비슷한 나이대의 과거 사람들보다 훨씬 더 젊어 보이는 이유 중 하나일 것이다. 100년 전, 중년의 사람들은 어린 시절부터 감염병으로 혹독한 고초를 겪어 왔다. 즉 그들은 백신 덕분에 더 안전한 삶을 살아온 오늘날의 중년들보다 늙어 보였고, 그리고 솔직히 말하면 더욱 피폐해 보였다는 말이다.

우리는 백신을 통해 한때 우리를 죽이거나 불구로 만들었던 많은 바이러스를 퇴치해 왔지만, 오늘날에도 여전히 고약한 바이러스들이 횡행하고 있다. 그중 하나가 거대세포바이러스cytomegalovirus(CMV)라 불리는 것이다. 어쩌면 처음 들어 봤을 수도 있지만, 매우 흔한 바이러스성 감염병이다. 개발도상국에서는 성인이 될 때쯤이면 거의 모든 사람이 감염된다. 선진국에서는 감염률이 더 낮지만, 여전히 많은 사람이 일생 동안 결국 어느 시점엔가는 감염된다.

CMV는 입안에 포진을 야기하는 바이러스들과 함께 헤르페스바이러스 계통에 속한다. CMV로 입술 포진이 생기지는 않는다. 하지만 다른 헤르페스바이러스처럼 만성적이기에 한번 감염되면 다시는 제거할 수 없다.

CMV는 체액을 통해 사람 대 사람으로 전파되고 우리 몸의 별의별 세포를 다 감염시킬 수 있다. 어떤 세포에 억지로 침입해서는 그 세포의 DNA와 통합한 뒤 세포를 자신의 용도로 탈취한다. 그러고는 자신의 생활사에 따라 활동과 잠복을 반복한다. 활동 중일 때 CMV는 감염된 세포로 하여금 더 많은 CMV 입자를 생산하도록 만들고, 그 입자는 새로운 세포나 다른 사람에게 바이러스를 전파한다. 우리 몸의 면역 체계는 CMV가 말썽 피우는 것을 적발하고 퇴치하려 한다. 그러나 CMV는 언제든지 물러나서 다시 잠복에 들어가 그 시도를 무산시킬 수 있다. 숨어서 다음에 다시 깨어날 기회를 노리는 것이다. CMV 감염의 이 같은 만성적인 특성은 면역 체계를 완전히 혼란에 빠뜨린다. 감염자의 경우 최대 10퍼센트의 핵심 면역세포들이 CMV 바이러스만을 상대하는 데 붙잡혀 있을 수 있다. 당연히 면역 체계의 자원은 일상적 부족 상태에 처하게 되며, 다른 바이러스에 대응할 여력도 고갈된다. 그런 식으로 CMV에 감염되면 다른 많은 감염에도 취약해지는 것이다.

CMV 감염은 대개 자각증상이 없기 때문에(아기들은 예외다. 감염이 되면 대부분 청력을 상실한다.) 당신은 이들 중 어떤 것도 알아차리지 못할 가능성이 크다. 그러나 후성유전학 시계를 이용해서 과학자들은 CMV 감염이 노화의 진행을 재촉한다는 것을 발견했다. CMV는 장기적으로 혈압을 상승시키는 것처럼 보이며, 심지어 동맥 속 플라크의 생성을 유발할 수도 있다. 그뿐 아니라 감염된 세포가 세포자살을 감행하는 것도 막아 버려서 유해한 좀비세포가 될 위험도 높인다.

이 모든 점 때문에 CMV는 백신이 제거하고자 하는 제1의 공적이 된다. 그러나 CMV는 실제 면역 체계를 농락하는 것과 마찬가지로 의학 및 제약 산업을 동원해 우리가 구축한 '확장된' 면역 체계마저 교묘하게 피해 간다. CMV는 짜증 날 정도로 겨냥하기가 어렵고, 얼른 봐서는 건강에 미치는 악영향이 잘 드러나지 않기 때문에 과거에는 그다지 심각한 감염병으로 받아들여지지 않았다. 늦은 감은 있지만 이제 CMV 백신을 만들기 위한 노력을 기울이기 시작했다.

노화와 질병을 유발하는 또 다른 병원체의 예로는 헤르페스바이러스과科이자 CMV의 사촌 격인 엡스타인-바 바이러스Epstein-Barr virus(EBV)가 있다. EBV도 역시 만성적이며, 단핵구증mononucleosis을 일으키는 바이러스다. 그것은 성인이 되기 전에 거의 모든 사람을 감염시킨다. 단핵구증을 앓지 않는 사람들은 어린 시절 EBV에 감염된 적이 있기 때문이다. 어린 시절에는 이 바이러스에 감염되어도 대개 증상이 감기와 비슷하고 별로 심각하지 않다.

EBV는 우리를 감염시킬 때 특히 B세포라고 불리는 면역계의 세포들을 겨냥한다. 드문 경우지만, EBV가 이 세포들을 장악해서 암세포로 만들기도 한다. EBV가 끼치는 해악은 이것만이 아니다. 이 바이러스는 다발성경화증, 루푸스, 제1형 당뇨병, 류머티스성관절염 따위의 온갖 종류의 자가면역질환을 야기시킨다고 오랫동안 의심의 눈초리를 받아 왔다. 미군을 대상으로 한 대규모 연구를 통해 적어도 EBV와 다발성경화증의 연관성이 타당하다는 강력한 증거를 확보했다. 이 연구에서 과학자들은 EBV 감염으로 인해 다발성경화증에 걸릴 위험이 32배나 증가한다는 것을 발견했다. 이미 밝혔듯 EBV의 위험성은 오랜 의혹 거리였지만 인과관계를 입증하는 것은 어려웠다. 첫째, 많은 사람이 EBV에 감염되고도 다발성경화증에 **걸리지 않기** 때문이다. 둘째, 최초의 감염으로부터 그에 뒤따르는 발병까지 몇 년이 걸릴 수 있기 때문이다. 가령 EBV에 감염된 사람은 바이러스에 노출된 지 15년이 지난 후에도 다발성경화증에 걸릴 위험이 보통 사람보다 여전히 훨씬 높은 것으로 알려져 있다.

다발성경화증 같은 자가면역질환은 면역 체계가 실수로 몸을 공격하는 질병이다. 어떤 감염이 면역 체계로 하여금 우리 몸 자체에 이런 일을 하도록 만들 수 있다는 것이 이상하게 보일지 모르겠지만, 그 이유를 살펴보면 무시무시한데도 대단히 흥미진진하다.

앞에서도 말했듯이 미생물은 우리 면역 체계를 정말로 좋아하지 않으며, 피하려고 애쓴다. 정글에서도 그렇듯 최고의 도피법은 위장술을 펼치는 것이다. 박테리아와 바이러스는 그들의 단백질을 우리의 단백질과 매우 유사하게 보이도록 변형시킴으로써 이를 수행할 수 있다. 면역 체계는 우리 자신의 세포와 단백질의 모습을 인식하도록 훈련되어 있어서 오로지 불청객만 공격한다. 이는 곧 위장에 능한 병원균이라면 이따금 우리 몸의 정상 세포처럼 보이는 데 성공하면서 면역 체계의 공격을 피할 수 있다는 것을 의미한다. 그러나 만약 그런 병원체가 면역 체계에 의해서 **발각된다면** 큰 말썽이 생길 수 있다. 이제 위장술을 쓴 적군의 모습을 파악한 면역 체계는 실수로 비슷하게 생긴 자신의 세포를 향해 총질을 시작할 수 있다. 이런 경우를 비롯해 많은 다른 경우에서 그 병원체는 우리를 직접 표적으로 삼지는 않지만—그렇다고 우리를 생각해 주지도 않기 때문에—결국 자신의 목표를 달성하기 위해 우리 몸에 엄청난 재난을 몰고 올 수 있다.

지금은 CMV나 EBV와 같은 바이러스에 의한 흔한 감염병의 위험성에 대해 많이 알고 있다고 하더라도, 안타깝게 이를 피하는 것도 쉽지는 않다. 더욱이 당신이 이미 그것에 감염되었을 가능성도 적지 않다. 하지만 조금 더 조심해서 나쁠 것은 없다. 예를 들면 CMV는 사람들을 여러 번 감염시킬 수 있고, 바이러스의 만성적 특성으로 인해 감염이 거듭될수록 증상은 더 악화된다. 게다가 CMV나 EBV는 아마도 빙산의 일각에 불과할 것이다. 가령 초기의 코로나바이러스 봉쇄 조치 동안 전 세계적으로 조산아 비율이 곤두박질쳤다는 사실을 떠올려 보라. 봉쇄는 감염이 퍼지기 훨씬 더 어려운 상황을 만들기 때문에, 당시는 다양한 병원체에게 극히 어려운 시기였다. 그렇다면 조산아 급락의 배경은 우리가 아직 정체를 파악하지 못한 바이러스가 조산의 원인이거나, 혹은 그 원인 제공자로 작용했기 때문임을 암시하는 것일 수 있다. 또는 당뇨로부터 다양한 심장 질환에 이르기까지 온갖 질병의 발병 위험을 증가시키는 코로나바이러스 그 자체에 대해서도 생각해 보라.

결론적으로 아직 우리가 그 정체를 모르는 것을 포함해 인간을 해치고자 하는 수많은 바이러스가 존재한다. 이 가운데 일부가 노화나 질병에 관여할 거라고 생각하는 것은 그리 이상하지 않으며, 아직 원인을 파악하지 못한 질병들이 박테리아나 바이러스에서 출발했을 거라고 추정하는 것도 이상하지 않다. 물론 지나치게 건강염려증 환자처럼 구는 것도 현명하지 않을 수 있다. 그러나 일반적인 상식을 갖추고 당연히 백신을 맞아 두는 것은 분명 그럴 만한 가치가 있다.

Chapter 16

장수를 위한 치실질

: 알츠하이머병의 유력한 용의자 :

알츠하이머병은 노인에게 닥칠 수 있는 최악의 운명으로 꼽힌다. 이 신경퇴행성 질환은 서서히 환자의 기억을 좀먹다가 마침내 그가 사랑했던 사람도 알아보지 못하게 만든다. 파란만장했던 삶을 그런 식으로 마무리한다는 건 무참한 일이다.

이 질환은 뇌에 나타나는 단백질 응집체(플라크)가 두드러진 병변이다. 이 응집체는 아밀로이드 베타라고 불리는 펩타이드(아미노산이 두 개 이상 결합된 단백질의 기능적 최소 단위-옮긴이)로 구성되어 있는데, 일종의 작은 덩어리 같은 것이라고 봐도 좋다. 왜 아밀로이드 베타 뭉치가 형성되는지는 아직 밝혀지지 않았다. 그러나 그것은 뇌에 염증을 불러오고, 기어코 뇌세포를 죽인다.

그렇다면 해결책은 간단하다. 덩어리를 없애거나, 훨씬 더 바람직하기로는 애초에 덩어리가 생기지 않도록 막는 것이다. 물론 그게 말처럼 쉽지는 않다. 뇌는 뇌혈관 장벽으로 보호되기 때문이다. 앞에서도 언급했지만, 그렇기 때문에 뇌에 작용하는 약을 개발하는 것은 지독히 어렵다. 설사 아밀로이드 베타 덩어리를 없앨 수 있는 약을 개발했다 하더라도 그 장벽을 넘어 뇌로 보낼 방법이 없다면 소용없는 일이다. 베를린장벽을 허물어 버린 것이 독일 통일의 계기였듯이 뇌혈관 장벽을 허물어뜨려야 약효가 발휘되는 것이다.

이 모든 어려움에도 불구하고 제약 회사들은 뇌에서 아밀로이드 베타 덩어리가 형성되는 것을 저지하는 약을 개발하는 데 **성공했다**. 또 그 덩어리를 **제거**할 수 있는 약도 개발했다. 그러나 안타깝게도 어느 것도 도움이 되지 않았다. 아무것도 소용이 없었다. 알츠하이머병과의 싸움에는 천문학적인 비용이 들었고, 수많은 천재 과학자들이 전 생애를 바쳤다. 어마어마한 노력을 들였고 수백 가지의 잠재적 약이 임상시험에 들어갔으나 손에 잡히는 성과는 없었다. 가능성으로 주목을 받았던 모든 약이 하나부터 열까지 실패로 끝났다. 치료법은 없다. 어쩌다 자발적 완화spontaneous remission(뚜렷한 이유 없이 증상이 완화되거나 사라지는 현상-옮긴이)라도 있기를 바라는 작은 희망도 수포로 돌아갔다. 고작 불가피한 사태를 조금 지연시키는 것이 지금까지 할 수 있는 최선이었다.

뭐가 부족했을까? 알츠하이머병에는 아직 우리가 알지 못하는 근본적인 무언가가 분명 있을 것이다. 그렇지 않으면 어떻게 **모든 노력**이 허사가 될 수 있을까? 그 밖의 거의 모든 질병과는 달리 알츠하이머병이 인간에게만 고유한 질병이란 사실도 별 도움이 되지 않았다. 예컨대 생쥐는 종종 암에 걸리지만 알츠하이머병에는 결코 걸리지 않는다. 과학자들은 알츠하이머병을 연구하기 위해서 인위적으로 인간 알츠하이머병을 연상시키는 병에 걸린 쥐를 만들어야 했다. 그리고 그 쥐를 치료하려고 애쓰고 있다. 그 과정에서 인간에게 적용할 만한 교훈을 얻을지도 모른다는 기대 때문이다.

아밀로이드 베타 덩어리를 알츠하이머병과 연관시킨 우리의 판단이 틀렸을 가능성은 없을까? 그럴 가능성은 매우 적다. 알려진 대로 다운증후군 환자들은 알츠하이머병에 걸릴 위험이 훨씬 높은 데다, 매우 젊은 나이에 알츠하이머병이 발병하는 경향까지 있다. 다운증후군 환자에게는 일반적으로 두 개 존재해야 하는 21번 염색체가 세 개 존재하는데, 이 여분의 염색체에 아밀로이드 베타 유전자가 들어앉아 있다. 이는 과도한 아밀로이드 베타가 알츠하이머병과 맞물려 있음을 시사한다. 과학자들은 알츠하이머병을 앓는 다른 사람들도 비슷할 일을 겪을 것이라고 생각한다. 그들이 일반적인 경우보다 더 많은 아밀로이드 베타를 만들어 내거나, 어쩌면 그것을 잘 제거하지 못할지도 모른다는 것이다. 어느 경우든 아밀로이드 베타는 일종의 폐기물로 여겨진다. 그런데 우리는 아밀로이드 베타의 원래 용도를 정확히 알지는 못한다. 알츠하이머병 때문에 그 작용을 확인했을 뿐이다. 요약하자면 지금까지 우리가 알고 있는 것은 이렇다. 별다른 쓸모가 없는 아밀로이드 베타라는 단백질이 있는데, 노화가 진행되면서 뇌 속에 덩어리로 쌓이고 그런 상태로 방치한다면 그 단백질 덩어리는 이

내 우리를 죽인다.

쉽게 납득이 가지 않는다. 특히 아밀로이드 베타 단백질을 가진 존재가 인간만이 아니기 때문에 더욱 그러하다. 사실 그 단백질은 진화의 과정 내내 잘 보존되었다. 원숭이도 생쥐도 갖고 있으며, 심지어 물고기에도 있다. 이 모든 동물은 인간과 거의 유사한 유형의 아밀로이드 베타 단백질을 갖고 있다. 일반적으로 이는 단백질에 중요한 기능이 있다는 단서가 된다. 만약 어떤 동물이 중요한 유전자에 변이를 갖고 태어난다면 그 동물은 잘 생존하지 못할 것이고 그런 만큼 다음 세대에도 기여하는 바가 적을 것이다. 이 말은 어떤 단백질이 중요한 역할을 담당한다면 그만큼 매우 천천히 변하는 경향을 보일 것이며, 그 형태는 종 전체를 통틀어 비슷하다는 것을 뜻한다.

그런데 아밀로이드 베타가 그렇게 중요하다면 그것의 용도는 무엇일까? 아마도 미생물에 맞서는 무기일 가능성이 높다. 실제로 과학자들은 실험실에서 미생물 배양액 속에 아밀로이드 베타를 첨가하면 미생물이 죽는다는 사실을 확인했다. 아밀로이드 베타는 덩어리로 뭉쳐서 미생물을 에워싸고 무력화시킨 뒤에 죽이는 한편, 그 뒤에도 만약의 경우를 대비해서 미생물을 계속 가두어 놓았다. 그것은 유용한 메커니즘이며 단지 실험실 배양액에서만 벌어지는 일이 아니다. 과학자들이 생쥐의 뇌 속에 박테리아를 주입하면, 아밀로이드 베타가 작동을 개시해서 박테리아 주변을 덩어리로 에워싼다. 결과적으로 아밀로이드 베타가 부족한 생쥐는 박테리아 주입을 감당하지 못해 죽는 반면에, 그렇지 않은 생쥐는 살아남는 것으로 나타났다. 이와 더불어 알츠하이머병의 유전적 특질을 기반으로 살펴본 결과, 우리는 면역 체계가 이 질병의 진행에 얼마간의 역할을 한다는 것을 알게 되었다.

그런 식으로 우리는 알츠하이머병에 미생물이 연루되었을지도 모른다는 스모킹 건('연기가 나고 있는 총', 즉 결정적 증거-옮긴이)을 잡았다. 이제 우리가 찾아내야 할 것은 과연 누가 그 총의 방아쇠를 당겼느냐뿐이다.

대만에서 진행된 연구 덕분에 유력한 용의자를 찾아냈다. 연구자들은 헤르페스바이러스에 감염되었던(그러나 항헤르페스 약제를 복용하지 않은) 사람들이 비감염자들보다 알츠하이머병에 걸릴 가능성이 2.5배나 높다는 사실을 확인했다. 이 약제는 헤르페스바이러스를 저지하면서도, 흥미롭게도 알츠하이머병에 걸릴 위험까지 비감염자들의 수준으로 되돌려놓았다. 이 사례의 타당성은 몇몇 연구 집단이 알츠하이머병으로 인한 사망자들의 뇌 조직 샘플에서 헤르페스바이러스의 흔적을 발견하면서 더 강화되었다(하지만 알츠하이머병이 아닌 요인으로 사망한 통제집단에서는 헤르페스바이러스가 발견되지 않았다). 한 연구는 심지어 알츠하이머병 환자 뇌의 아밀로이드 베타 덩어리 속에서 헤르페스바이러스를 발견하기도 했다. 실험실에서도 이 같은 현상을 그대로 재현할 수 있다. 만약 배양액 속의 뇌세포가 헤르페스바이러스에 감염되었지만 항헤르페스 약제를 투여받지 못하면 아밀로이드 베타 덩어리가 형성된다. 이런 연관성은 또한 알츠하이머병 위험 유전자의 선조 격 유전자에 관한 어떤 의문스러운 연구 결과를 설명해 줄지도 모른다. 우리는 앞에서 아포지단백 E(APOE) 유전자의 특정 변이가 알츠하이머병에 걸릴 위험을 높인다는 사실을 접했다. 그런데 동일한 유전자 변이가 헤르페스바이러스에 감염된 사람들에게 입술 포진(입술 헤르페스)을 유발할 위험도 높이는 것으로 드러났다. 그야말로 이 특정한 유전자 변이가 사람들이 헤르페스 감염에 맞서 싸우는 것을 더 힘들게 만드는지도 모른다.

알츠하이머병의 원인을 미생물로 보는 이론에 비판적인 이들은 헤르페스바이러스에 감염되었지만 알츠하이머병에 **걸리지 않는** 경우를 예로 든다. 하지만 우리가 이미 살펴봤듯이 이것은 지극히 정상이다. 어떤 사람은 헬리코박터 파일로리에 감염되었는데도 소화성 궤양에 걸리지 않는다. 어떤 사람은 엡스타인-바 바이러스에 감염되었는데도 다발성경화증을 앓지 않는다. 두 경우 모두 질병은 감염의 부산물로서 발생했다. 바이러스가 직접적으로 질병을 유발하지는 않았다는 뜻이다. 그래서 똑같이 병원체에 감염되었는데, 어떤 사람은 병에 걸리고 어떤 사람은 아무 일이 없는 것이다. 병원체만 그런 것이 아니다. 유전적 특질, 다양한 변종의 출현 여부, 감염의 강도, 그리고 감염의 임의성과 행운의 여부 따위도 어떤 이에게는 가혹하고 어떤 이에게는 관대하다.

그다음 비판은 조금 더 타당하다. 밝혀진 바에 따르면 헤르페스바이러스가 알츠하이머병을 유발하는 유일한 병원체는 아니다. 두 번째 악당은 일반적으로 구강에 서식하는 포르피로모나스 진지발리스*Porphyromonas gingivalis*라는 박테리아다. 진지발리스균도 알츠하이머병 사망자의 뇌 조직에서 발견되었다. 어떤 경우에 이 박테리아는 입안에 치주염이라 불리는 심각한 염증 질환을 야기할 수도 있다. 치주염은 알츠하이머병(그리고 심혈관 질환)의 위험을 높인다고 알려져 있다. 실제로 60대 8,000명을 대상으로 치과 검진을 실시한 한 연구에서 잇몸 질환이 있는 사람들이 20년 후에 치매에 걸릴 위험이 더 높다는 사실을 확인했다. 명확한 인과관계까지 밝혀진 것은 아니지만, 치실질을 명심해 두는 것이 좋을 것이다.

악당 리스트의 저 아래쪽으로 내려가 보면 칸디다 알비칸스와 같은 진균과 클라미도필라 뉴모니아*Chlamydophila pneumoniae*(성 매개 감염인 클라미디아 감염증의 경우와 혼동하지 말 것)이 있다. 이 두 가지 모두 알츠하이머병 사망자의 뇌에서 또한 발견되었지만 통제집단 내에서는 발견되지 않았다. 현재까지 증거가 가장 명확한 것은 헤르페스바이러스지만, 앞에서도 언급했듯이 미생물 세계에서 두 개 정도의 바이러스가 연속으로 원투펀치를 날리는 일은 드물지 않다. 단 하나의 미생물이 주범이고 나머지는 추종 세력일 뿐일 수도 있고, 아니면 이들 가운데 몇몇이 공범일 수도 있고, 그것도 아니면 결국 미생물이 범인이 아닐 수도 있다. 우리는 아직 확답을 얻지는 못했다. 하지만 현재 알츠하이머병이 치료가 불가능하다는 것을 감안하면, 미생물 원인설을 좀 더 깊이 다룬다고 손해 볼 일은 없을 것이다.

1911년, 병리학자 페이턴 라우스Peyton Rous는 암에 걸린 닭을 연구하던 중 이상한 발견을 했다. 그는 어떤 닭의 종양성 결절로부터 추출한 물질을 이용해서 다른 닭에게 암을 전이시킬 수 있다는 사실을 알아냈다. 원인 물질은 암세포도 아니었고 박테리아도 아니었다. 모든

뇌를 황폐화하는 감염

우리는 이미 알츠하이머병과 유사한 증상을 야기하는 감염의 사례를 알고 있다. 그중 하나가 매독syphilis이다. 당신이 매독이 뭐냐고 이탈리아인에게 묻는다면 프랑스병, 프랑스인에게 묻는다면 이탈리아병, 포르투갈인에게 묻는다면 에스파냐병이라고 대답할 것이다. 매독은 성적 접촉을 매개로 감염되는 박테리아성 전염병이다. 아메리카 대륙에서 시작되었지만, 유럽인이 감염된 후 전 세계로 퍼져 나갔다. 그 박테리아는 유럽을 제 집처럼 활보했고, 항생제가 발명되기 전까지 유럽의 정신병원에 가장 많은 고객을 공급했다. 감염 후 꽤 세월이 흐르고 나면 매독 박테리아는 신경계까지 침투해 치매나 '인성 변화' 같은 증상을 야기할 수 있다. 환자는 완전히 미쳐 버린다. 매독이 뇌를 초토화한 예는 넘칠 정도로 많지만, 가장 유명한 경우는 금주법 시대의 갱단 두목 알 카포네다. 잦은 사창가 출입은 마침내 그를 거꾸러뜨렸다. 교도소에 복역 중 그가 완전히 미쳐 버리자 당국은 정상을 참작해서 그를 사면했다. 그로부터 얼마 지나지 않아 마흔여덟의 나이로 그는 생을 마감했다.

세포와 박테리아를 가장 먼저 걸러 낸 뒤에도 전이는 가능했기 때문이었다. 진짜 원인은 바이러스였다. 그것이 암을 유발하는 바이러스를 직접 관찰한 최초의 순간이었다.

라우스의 연구 결과에 대한 최초의 반응은 미온적이었고, 후속 연구가 거듭 이어지는 데도 오랜 세월이 걸렸다. 1933년에 다른 학자들이 토끼에게서 암 유발 바이러스를 발견했다. 9년 뒤에는 쥐에게서, 그리고 다시 9년 뒤에야 고양이에게서도 발견했다. 이쯤이면 당신도 그동안 일이 어떻게 진행되었는지 짐작할 수 있을 것이다. 이 모든 암 유발 바이러스가 발견되는 그 긴 세월 내내 바이러스가 암을 유발할지도 모른다는 생각은 맹렬한 비판을 받았다. 특히 일부의 학자들이 조심스럽게 인간에게도 암을 유발하는 바이러스가 존재할 가능성을 제기했을 때 더욱 거센 비난이 몰아쳤다. 그런 사정으로 페이턴 라우스는 자신의 연구를 발표한 지 55년이 지난 1966년에야 노벨 생리의학상을 수상했다. 역대 노벨 생리의학상 수상자 중 최고령자 기록도 세웠다. 이런 반대에도 불구하고 독일인 과학자 하랄트 추어하우젠Harald zur Hausen이 1970년대에 마침내 인간에게서 암 유발 바이러스를 발견했다. 문제의 그 바이러스는 자궁경부암을 유발하는 인간유두종바이러스(HPV)였고, 앞서 언급한 헨리에타 랙스의 암도 이로 인한 것이었다. 그 이후로 암을 유발하는 다른 많은 바이러스가 인간에게서 발견되었다. 그중에는 이미 앞에서 만났던 엡스타인-바 바이러스, 제8형 사람헤르페스바이러스가 있고, 간암을 유발하는 B형 간염과 C형 간염 바이러스도 있었다.

그런 과정을 거쳐 현재 인간에게 발생하는 모든 암의 20퍼센트 정도가 미생물에 의한 것임을 알게 되었다. 각종 바이러스 말고도 발암성 박테리아도 있는데, 우리가 앞에서 만나기도 했던, 위암을 유발할 수도 있는 헬리코박터 파일로리, 그리고 HPV와 함께 자궁경부암의 원인으로 지목되는 클라미디아 트라코마티스*Chlamydia trachomatis*(바로 이것이 성병을 유발한다) 따위다. 이 모든 것 중에서 HPV가 최악이다. 그렇지만 모든 HPV가 위험한 것은 아니다. 170종 이상의 HPV가 있는

데, 암을 유발하는 HPV-16과 HPV-18이라는 바이러스에서 대부분의 문제가 발생한다. 이 두 경우만 해도 전 세계의 **모든** 암의 약 5퍼센트를 차지한다. 대다수는 여성에게 발생하는 자궁경부암이지만 점점 더 많은 남성들이 구강암을 비롯해서 HPV가 야기한 암에 걸리고 있다. 이제는 HPV 감염을 예방하는 백신이 있기 때문에 언젠가는 HPV로 인한 암 발병 정도는 해결할지도 모른다(하지만 지금도 백신 음모론은 열심히 바이러스의 명령을 수행하고 있다[음모론이 퍼뜨리는 백신에 대한 불신이 바이러스의 확산을 부른다는 뜻-옮긴이]).

이제 모든 암의 20퍼센트는 미생물이 일으킨다는 것을 알게 되었다. 그 말은 우리가 여전히 그 원인을 알 수 없는 암이 80퍼센트나 된다는 말이기도 하다. 짐작일 뿐이지만 말이다. 우리가 모르는 것은 여전히 많다. 최근 몇 년간 점점 더 많은 미생물이 종양에서 발견되고 있다. 사실상 인간의 몸에서 발견되는 모든 종양은 박테리아에 감염된 것으로 드러났다. 암이 면역 체계를 무력화시켜서 박테리아가 그곳에 서식하도록 만들기 때문일 것이다. 그러나 애초에 박테리아가 종양이 형성되도록 도왔을 가능성도 배제할 수 없다. 흥미로운 예는 푸소박테리움 뉴클레아툼*Fusobacterium nucleatum*인데, 주로 구강에 서식하는 이 박테리아는 충치를 유발한다(다시 한번 치실질). 그런데 연구자들은 이 박테리아를 결장암에서도 발견했으며, 종양이 퍼져 나가면 박테리아도 함께 퍼져 나간다는 사실도 확인했다. 한편, 박테리아를 제거하기 위한 항생제 처방은 종양의 성장도 저지한다. 이와 비슷한 맥락으로, 연구자들은 건강한 췌장과 비교했을 때 암에 걸린 췌장의 조직 샘플에서 3,000배나 더 많은 균류를 발견했다.

이 모든 것이 정확히 어떤 식으로 연관되어 있는지는 여전히 명확하게 밝혀지지 않았다. 미생물은 암을 유발하는가? 아니면 단지 암세포의 성장을 도울 뿐인가? 미생물이 면역 체계와 맞서 싸우며 암을 돕는 것일까? 어느 것이 주범이고 어느 것이 단순 조력자인가? 지금 확실하게 말할 수 있는 것은 암을 유발하는 미생물 목록은 아직 완성되지 않았다는 사실이다.

이제 당신도 감을 잡았을 것이다. 우리는 온갖 다양한 종류의 노화 관련 질병에 관한 설명으로만 책 한 권을 쓸 수도 있다. 구강에 있는 박테리아가 동맥 플라크에서 발견되었다(치실질!). 인플루엔자는 심장마비의 위험을 높인다. 바이러스는 파킨슨병의 발달에도 관여한다. 그리고 등등 그리고 등등. 중요한 것은 미생물이 단 하나의 예외도 없이 인간을 괴롭히는 모든 노화 관련 질병의 발병에 끼어든다는 것이다. 만약 이런 질병을 끝장내고 싶다면, 우선 호시탐탐 우리의 빈틈을 노리는 이 작은 생물들을 퇴치하는 싸움도 빼놓을 수 없을 것이다.

◆ • ◆

잠시 당신이 바이러스의 입장이 되어 보라. 당신은 작은 껍질 안에 든 유전자 정보 조각으로, 망망한 바다 같은 곳을 정처 없이 헤엄치며 돌아다니고 있다. 사실, 그곳은 어떤 불쌍한 인간의 침샘 속이다. 당신의 동료들이 그를 감염시키는 데 성공한 것이다. 이제 당신은 이 세포에서 저 세포로 퍼져 나간다. 생명 있는 모든 것들이 그러하듯, 당신의 최종 목표도 당신 자신의 복제품을 가능한 많이 만드는 것이다. 그러기 위해 당신은 세포에 존재하는 분자 장치를 이용해야 한다.

행운의 여신이 당신에게 미소 짓기라도 하는 듯 희생양이 하나 걸려들었다. 당신은 그 운수 없는 세포의 표면에 달라붙은 뒤 그것을 속여서 세포 속으로 진입한다. 그러면 당신의 DNA가 그 세포의 DNA와 합쳐진다. 그 순간 세포의 생명은 끝난 것이다. 늦었지만 자신에게 벌어진 불행을 파악했다면 그 세포는 즉시 몸 전체의 안녕을 위해 세포자살을 감행한다. 하지만 그렇게 되면 당신의 목적도 수포로 돌아간다. 그 세포로 하여금 바이러스 입자를 만들도록 강요할 기회를 놓치게 되기 때문이다. 그렇다면 당신이 해야 할 일은? 혹시 세포자살의 방아쇠 가운데 하나가 미토콘드리아에 있다는 사실을 기억하는가? 미토콘드리아에는 바이러스를 퇴치하기 위해 사용될 수 있는 다른 단백질도 있기 때문에 미토콘드리아는 당신이 반드시 공격해야 할 주요 표적이다. 먼저 세포의 자살 방아쇠에 빗장을 지른 다음 당신은 한숨을 돌린다.

하지만 그 정도로는 아직 당신의 안전을 확보하지 못했다. 이제는 세포가 위기 상황을 파악한 상태인 데다, 무기고에는 반격용으로 배치할 만한 또 다른 병기도 있다. 성공하려면 재빨라야 한다. 당신이 진입에 성공했던 세포는 벌써 바이러스 입자를 만들고 있다. 하지만 그 정도로는 당신의 끝없는 탐욕을 채울 수 없다. 더 빨리, 더 많이 만들게 해야 한다. 그러자면 당신이 해야 할 일은? 가속페달을 밟아야 한다—예컨대 성장 신호를 모방하는 것이다. 보통 성장이라 함은 세포가 새로운 세포 구성 요소를 만든다는 뜻이다. 하지만 지금 당신이 성장의 가속페달을 밟으면 여분의 자원은 단지 더 많은 바이러스 입자를 만드는 데 사용될 것이다. 잘되고 있다. 그런데 그 모든 작동을 위해서는 에너지가 필요하기 때문에 세포 내 발전소가 충분한 에너지를 공급하는 데 차질이 없도록 단단히 단속해야 한다. 좀 더 많은 미토콘드리아를 닦달해야 한다.

이제 세포는 뭔가 큰일이 났다는 걸 잘 알고 있고, 모든 스트레스 경보를 발동한다. 알다시피 스트레스는 자가포식을 일으킬 수 있으며, 바이러스 감염도 예외가 아니다. 세포의 쓰레기 수거자들이 바이러스 입자들을 수집하고 파괴하면서 방어전에 나선다. 하지만 그 정도는 문제가 없다. 당신도 방금 자가포식을 저지했기 때문에 그들이 당신을 해칠 수 없다. 세포는 점점 더 필사적으로 움직인다. 면역 체계를 향해 미친 듯이 소리쳐 도움을 요청하고, 근처의 세포들에게도 경고 방송을 날려서 그들이 미리 바이러스 감염에 대비하도록 만든다. 면역 체계의 전문 바이러스 킬러들은 감염된 세포를 포착하는 즉시 파괴해 버린다. 그래서 보통 당신은 킬러들을 좋아하지 않는다. 가령 B세포라는 일부 면역세포는 항체를 만드는데, 이 항체는 일단 감염이 발생하면 특정한 바이러스들과 결합해서 그들을 무력화할 수 있다. 그래서 당신은 주변의 다른 세포들을 차지해 감염시킨 동료 바이러스들과 연합 전선을 형성하고 당신이 가진 모든 힘을 끌어모아 면역 체계를 속이기도 하고 공격하기도 하면서 분투한다. 이 전략이 먹히는 동안에는 더 많은 바이러스 입자를 끝없이 만들 수 있다. 마침내 당신이 잔뜩 만들어 낸 바이러스로 인해 세포는 미어터질 정도가 될 것이다. 그러면 이제 다음 단계로 넘어갈 시간이다. 당신은 그 세포를 폭파해서 끝장을 낸다. 그러고 나면 모든 바이러스 입자는 망망대해로 풀려나 다음 희생양을 찾아 다시 항해에 나선다.

꽤나 섬뜩하지 않은가? 다행히 어떤 바이러스도 이 **모든** 무기를 장착하고 있지는 않다. 하지만 이렇게 간단히 바이러스의 작동 체계를 검토해 봤는데도 우리는 미토콘드리아, 성장 신호, 세포자살, 자가포식, 그리고 면역 체계와 만나게 되었다. 지금까지 살펴본 노화 관련 영역과 많이 겹친다. 그러나 바이러스가 노화에 영향을 미치는 방식의 목록을 뽑자면 그보다 훨씬 더 길다. 예를 들면 다음과 같다.

- 많은 바이러스는 나이 든 세포들에서 볼 수 있는 것과 같은 과도한 수준의 산화 스트레스를 그들이 감염시킨 세포에 초래한다.

- 좀비세포로 변하는 것은 바이러스에 대항하는 최후의 수단이 될 수도 있다. 좀비세포가 스스로를 '폐쇄하고' 분열을 멈추면 바이러스는 그 세포를 더 이상 착취할 수 없게 된다.

- 일부 바이러스는 항노화 화합물인 스퍼미딘을 이용해서 자신의 사본을 추가로 만든다. 노년에 이르러 스퍼미딘 생산이 줄어드는

것은 어쩌면 바이러스를 압박하기 위한 노력으로 의도된 것일 수도 있다.

- 우리는 앞에서 병원균이 면역 체계의 검열을 피하기 위해 이따금 세포를 모방하는 위장술을 펼친다는 것을 살펴보았다. 일부 바이러스들은 한술 더 떠서 심지어 신호 분자signal molecule를 모방한다. 그런 식으로 바이러스는 자신의 이익을 위해 철저히 우리를 우롱하려 한다. 예를 들어 우리가 아는 몇몇 바이러스만 해도 성장 촉진 호르몬인 인슐린유사성장인자-1(IGF-1)과 인슐린을 연상시키는 단백질을 만드는데, 이들은 노화와 관련이 있다.

간단히 말해서 미생물들은 단지 노화 관련 질병의 위험을 높일 뿐만 아니라 노화 과정에 관여한다고 알려진 모든 것에 영향을 미친다. 우리가 반드시 해결해야 할 골칫거리다.

Chapter 17

면역 기능 되살리기

: 노화의 마지막 퍼즐, 면역계 :

모잠비크와 짐바브웨의 얕은 물웅덩이에는 킬리피시killifish라 불리는 작은 청록색 물고기가 산다. 미숙한 눈으로 보면 그냥 수족관 물고기와 다를 바 없어 보인다. 그러나 노화 연구라는 관점에서 보면 킬리피시는 그 이상이다. 그것은 세상에서 수명이 가장 짧은 척추동물에 속하는데, 겨우 몇 주를 살 수 있을 뿐이다. 짧은 수명으로 인해 연구 결과를 빨리 얻을 수 있으니 노화 연구에 매우 적합하다.

다른 모든 동물처럼 이 자그마한 킬리피시도 그들이 원하든 원하지 않든 내장 속에 마이크로바이옴, 즉 미생물 군집을 갖고 있다. 사실 킬리피시의 장내 박테리아 중에서 많은 종은 당신과 나의 내장 속에서 살고 있는 박테리아와 동일한 종이기 때문에 킬리피시는 장내 미생물 군집을 연구할 때 표본으로 삼기에 적합한 생물체다. 그런 식으로 우리는 장내 미생물과 노화 문제의 교차점에 도달했다.

짐작하겠지만 킬리피시의 장내 생태계는 시간이 지남에 따라 변한다. 킬리피시가 나이를 먹을수록 장내 박테리아 종의 다양성은 줄어들면서 몇 종류의 박테리아가 지배종이 되어 다른 종의 번식을 억누른다. 이는 인간에게 일어나는 일과 완전히 똑같다. 그래서 독일의 과학자들은 장내 박테리아의 나이와 연관된 변화가 노화와 평균수명에 어떤 영향을 미치는지 알아보는 일에 착수했다. 연구진은 킬리피시를 중년에 이를 때까지 키운 다음, 일련의 항생제 처방으로 장내 박테리아를 모조리 제거했다. 그 조치만으로도 킬리피시를 더 오래 살도록 하는 데 충분한 효과를 보았지만, 연구자들은 혹시라도 장내 박테리아가 건강에 이로울 가능성은 없는지 확인하고 싶었다. 그래서 몇몇 중년 킬리피시의 장내 박테리아를 박멸한 뒤, 젊은 킬리시피로부터 구한 박테리아로 장내의 미생물 군집을 다시 형성시켰다. 그런 처방을 받은 킬리피시는 단순히 항생제 처방을 받은 것들보다 훨씬 더 오래 살았다. 어떤 박테리아는 우리가 젊음을 유지하는 데 이로운 역할을 할 수 있는 것으로 보인다. 그러나 사실 이 박테리아들은 나이가 들면서 우리 몸에서 사라지는 종류들이다.

미리 말해 두는데 나는 당신더러 당장 항생제를 사탕처럼 입안에 쏙쏙 넣으라는 말을 하는 것은 아니다. 잘못했다가는 이로운 박테리아만 끝장을 내고 해로운 것들이 활개칠 기회를 줄지도 모른다. 언젠가 문제를 일으키는 해로운 것들만 표적 박멸하는 수단이 마련될지는 모르겠지만, 지금으로서는 독일의 과학자들이 킬리피시에게서 건강에 **이로운** 박테리아도 찾았다는 사실 정도만 기억해 두면 되겠다. 만약 우리가 같은 효과를 보고 싶다면 이 이로운 박테리아들을 응원할 방법을 찾으면 좋을 것이다. 킬리피시 연구자들이 찾아낸 생명 연장 효과를 발휘하는 박테리아들은 주로 식이 섬유를 먹고 사는 종이었다. 이들을 응원하는 방법은 간단하다. 식이 섬유를 더 많이 먹이기만 하면 된다. 그 보답으로 그들은 부티르산이라는 화합물을 만들어 낸다. 부티르산은 각종 건강 증진 효과가 있는데, 무엇보다 면역 체계와 상호작용을 하며 장의 내벽 세포들이 서로 좀 더 단단히 밀착해 있도록 한다. 나이가 들면 내장 벽이 느슨해지고 누수가 생기는 경향이 있기 때문에 이는 중대한 문제다. 누수가 생기면 장내 박테리아가 혈류로 침투할 수 있게 되는데, 그 순간 말썽이 시작된다. 그 박테리아가 꼭 무슨 **사고를 쳐서가** 아니라 그것 때문에 면역 체계가 오작동을 일으키기 때문이다. 우리 면역 체계는 박테리아의 세포벽을 이루는 지질다당류lipopolysaccharide(LPS)와 펩티도글리칸peptidoglycan이라는 두 분자를 보면 광분한다. 이런 발광이 급성 감염증에 대한 반응이라면 바람직하지만, 활동성도 미미하고 양도 많지 않은 미생물의 체내 유입에 대한 결과일 뿐이라면 끊임없이 면역 활성화가 일어나서 결국 건강을 해치게 된다.

일반적으로 노인에게서 이런 낮은 수준의 면역 체계 활성화가 많이 일어난다. 병원균의 증가가 하나의 이유일 수 있지만, 우리 몸의 모든 조직이 그런 것처럼 면역 체계도 나이가 들면서 단순히 퇴화한다.

염증이란 면역 체계가 활성화될 때 나타나는 현상인데, 이런 낮은 수준의 면역 체계 활성화를 일컬어 '만성 염증chronic inflammation'이라고 한다. 염증은 열감, 발적, 통증, 부종 등으로 확인할 수 있다. 이 모든 염증이 병원균에 대응하느라 생기는 것으로 보이지는 않는다. 노인들에게는 특별한 탈이 없는데도 면역 체계가 난리를 치는 '무균성 염증sterile inflammation'이라는 것이 발생한다. 이런 현상을 '염증성 노화inflamm-ageing'라고도 부른다. 이것이 해로운 이유는 면역 체계가 별다른 조심성이 있는 건 아니기 때문이다. 면역 체계는 생사를 다투는 감염병과 싸우기 위해 진화한 것이다. 그래서 전시의 병사들처럼 자신의 집에 대해 크게 걱정할 수는 없다. 면역 체계가 적을 물리치는 데 성공했다면, 그 과정에서 신체 조직이 얼마간 손상을 입었다 하더라도 괜찮다. 물리치지 못했다면 죽었을 테니까.

◆ • ◆

그래서 미생물과 노화의 마지막 퍼즐 조각은 면역 체계 자체가 된다. 우리는 노년이 되면 면역 체계가 오작동하기 시작한다는 걸 알게 되었다. 노년이 되면 병원균과 싸우는 것도 점점 더 힘겨워진다. 그리고 이제 노화와 관련된 유전자 변이 중에 많은 것들이 어떤 식으로든 면역 체계와 연관이 있다는 것도 안다. 그러나 이 모든 것 이외에도, 노화 단계에 접어든 면역 체계는 그 자체로 노화를 촉진하는 것으로 보인다. 이것은 미네소타대학의 몇몇 연구를 통해서 밝혀졌다. 연구자들은 면역 체계가 너무 일찍 노화되는 생쥐를 만들었다. 이는 위의 목록에서 밝힌 모든 노화 관련 증상을 초래하지만, 다른 다양한 장기의 노화도 촉진시킨다. 그 한 가지 이유는 늙은 면역세포가 좀비세포로 변하면서 그것이 수반하는 온갖 피해를 불러오기 때문이다. 또 다른 이유는 노화와 그로 인한 허약한 면역 체계가 다양한 장기에 생겨나는 좀비세포들을 제거할 수 없기 때문이다. 따라서 가장 확실한 항노화 요법 중 한 가지는, 사실 면역 체계의 노화를 되돌려놓는 것이다.

면역계를 젊어지게 만들기 위해 연구자들은 흉선thymus(가슴샘)이라는 기관을 표적으로 삼는다. 이 작은 기관은 흉강 속에 자리하며, 면역계의 지휘관인 T세포의 요람 역할을 한다. T세포는 골수에서 만들어지지만 성숙을 위해 흉선으로 이동한다. 여기서 T세포는 자신과 자신이 아닌 것을 구별하는 법을 배우고 완전히 성숙한 세포로 자란다. 그러나 애석하게도 노화가 오면서 흉선은 그 역할을 제대로 수행하지 못한다. 작은 기관이 점차 쪼그라들면서 지방질로 변하는 이른바 '흉선 퇴화thymic involution'를 거친다. 이는 면역 체계의 사령관인 T세포를 양성하는 능력을 점차 잃어 간다는 것을 의미한다. 흉선 퇴화의 진행 속도는 사람마다 다르지만, 모든 성인의 흉선은 매년 1퍼센트에서 3퍼센트 정도씩 줄어든다. 노년에 이르면 결국 별로 남아 있는 것이 없게 된다.

흉선의 쇠퇴는 나이가 들면서 면역 체계가 약해지는 첫 번째 이유다. 어떤 식으로든 그것을 되돌릴 수 있다면, 되살아난 면역 체계가 우리가 앞에서 다루었던 노화로 인한 많은 문제를 간단히 해결할 수 있다. 활력을 찾은 면역 체계는 좀비세포를 말끔하게 쓸어 버릴 것이다.

암을 퇴치하는 데에도 큰 힘을 발휘할 것이다. 그리고 노인들을 끊임없이 괴롭히는 병원균을 적어도 몇 가지는 거뜬히 처리해 버릴 것이다. 예컨대 독감이 노인에게는 치명적인 위험이 될 수도 있지만 젊은이에게는 거의 문제가 없다는 사실을 생각해 보라. 이런 생각을 입증해 보려고 러시아의 과학자들이 젊은 쥐의 흉선 조직을 늙은 쥐에게 이식했다. 불쌍한 쥐의 눈에 조직을 이식해야 했기 때문에 실험 과정이 그리 유쾌하지는 않았다. 눈은 면역 체계의 활동이 약해서 이식 조직이 손실될 위험도 낮기 때문에 종종 그렇게 한다. 그러나 이 다소 혐오스러운 실험은 그 논리가 타당함을 입증했다. 젊은 쥐의 흉선 조직은 늙은 쥐의 수명을 연장했다.

아마도 당신은 위에서 설명한 엽기적인 실험 과정을 정확히 따라 해 보고 싶지는 않을 것이다. 그러나 과학자들은 현재 줄기세포로부터 '예비' 흉선을 만드는 데 상당한 진전을 보고 있다. 그 과정은 우리가 줄기세포를 다룰 때 이미 다루었다. 줄기세포를 흉선 세포가 되도록 유도한 다음, 필요한 사람에게 이식하면 된다. 지금까지는 연구자들이 생쥐를 대상으로 새로운 흉선 조직을 만드는 개념 입증 실험들이 있었다. 그렇다면 언젠가는 노인이 젊은 사람의 면역 체계를 갖게 되는 것이 현실화될지도 모른다.

그때까지 우리는 흉선의 쇠퇴를 조금이라도 저지할 수 있는 조치를 최소한 하나는 취할 수는 있겠다. 연구자들은 아연 영양제를 늙은 쥐에게 투여해서 쥐의 흉선이 일부 활력을 되찾았다는 사실을 확인했다. 다른 연구자들이 실시한 임상시험에서 아연 영양제가 늙은이의 감염 횟수를 줄일 수 있다는 사실이 확인되었다는 점으로 보건대, 어쩌면 인간에게도 마찬가지 효과가 있을지도 모른다.

Part 3
유용한 충고

Chapter 18

취미 삼아 굶어 보기

: 덜 먹으면 더 오래 산다 :

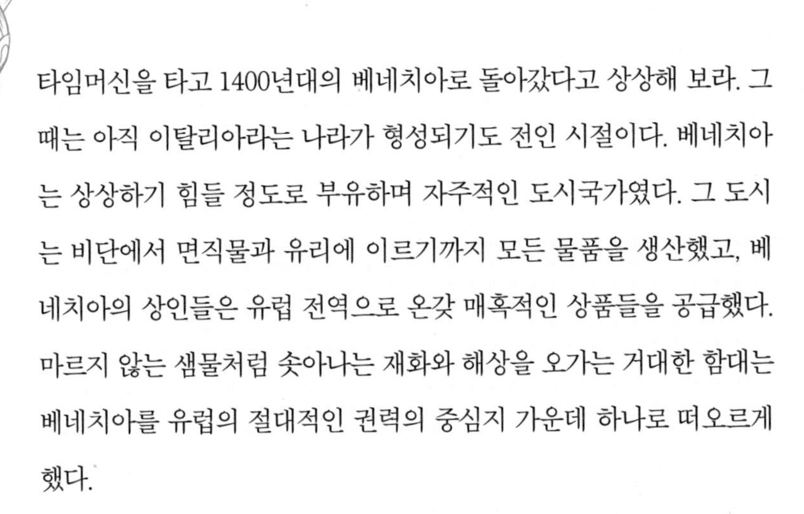

타임머신을 타고 1400년대의 베네치아로 돌아갔다고 상상해 보라. 그때는 아직 이탈리아라는 나라가 형성되기도 전인 시절이다. 베네치아는 상상하기 힘들 정도로 부유하며 자주적인 도시국가였다. 그 도시는 비단에서 면직물과 유리에 이르기까지 모든 물품을 생산했고, 베네치아의 상인들은 유럽 전역으로 온갖 매혹적인 상품들을 공급했다. 마르지 않는 샘물처럼 솟아나는 재화와 해상을 오가는 거대한 함대는 베네치아를 유럽의 절대적인 권력의 중심지 가운데 하나로 떠오르게 했다.

만약 운이 좋다면 아름다운 운하 사이를 오가다 루이지 코르나로 Luigi Cornaro라는 귀족을 만날지도 모른다. 본토에서 그럭저럭 삶을 꾸렸던 코르나로는 베네치아 습지대의 물을 배수하는 방법을 창안해서 큰 재산을 모았다. 당시 베네치아에서는 돈이 되는 일이었던 것이다.

그렇게 번 돈으로 코르나로는 방탕한 삶을 살며 기름진 음식과 온갖 술을 즐겼다. 그런데 고작 나이 마흔에 무절제했던 삶이 발목을 잡기 시작했다. 그는 과체중이었으며, 걸음걸이는 어기적거렸고, 몸은 활력이 없었다. 하지만 언제나 혁신가였던 코르나로는 그 문제를 독자적인 방식으로 돌파하기로 했다. 그러고는 더 건강한 삶의 방식을 찾아 미친 듯이 탐색했다.

몇몇 의사와 상담을 한 후에 그는 일련의 엄격한 규칙을 따르는 새로운 식이요법을 만들었다. 그는 계란, 고기, 수프와 약간의 빵으로 식단을 구성하되 하루에 350그램 이상을 넘지 않도록 했다. 그리고 이탈리아인이 아니랄까 봐 약간의 와인도 곁들였다. 그러나 하루에 반병 정도만 마셨다.

이 새로운 엄격한 식단으로 코르나로는 기적적으로 건강을 회복했다. 그는 자신이 이룬 것이 너무나 기쁘고 놀라워서 이 새로운 식이요법을 세상에 알리고자 책을 썼다. '절제하는 삶에 관한 고찰Discorsi della vita sobria'이라는 적절한 제목의 책이었다.

그 책은 큰 인기를 얻었고 신속히 유럽의 여러 다른 언어로 번역되었다. 코르나로 자신 역시 식이요법에서 절대 이탈하지 않았다. 그럼에도 실험은 계속 이어 갔고, 그런 주제로 책을 몇 권 더 썼다. 그중 한 권이 『장수의 기술The Art of Living Long』인데, 그가 여든셋에 저술한 책이다.

말년에 이르러 코르나로는 그의 식단을 매 끼니 달걀 노른자 한 개로 제한했다. 그리 매력적인 식단은 아니지만 효과는 그 어느 때보다 좋은 것처럼 보였다. 코르나로의 기력은 쇠할 줄을 몰라서 아흔을 훌쩍 넘기고도 저술을 계속했다.

마침내 저승사자가 코르나로의 문을 두드렸을 때 그의 나이는 98세와 102세 사이 어디쯤에 도달해 있었다. 중세인 두 명과 맞먹는 생애를 산 셈이었다.

◆ • ◆

루이지 코르나로가 세상을 뜬 지 거의 400년이 흐른 뒤, 한 미국인 교수가 그 베네치아 귀족과 같은 길로 들어섰다.

앞에서 젊은 쥐와 늙은 쥐의 병체결합에 관해 얘기할 때 만났던 클라이브 매케이는 뉴욕주 소재 코넬대학 교수이자 영양학 전문이었다. 그가 살았던 1930년대에는 그때 갓 발견되었던 비타민 같은 것을 먹여서 가능하면 빨리 어린이가 성장하도록 하는 데 관심이 집중되어 있었다. 매케이 교수는 그런 열광이 우려되었다. 그는 사람이 건강하게 오래 살고 싶다면 천천히 성장하는 것이 좋다고 믿었다.

그는 어디에서 영감을 얻었을까? 16세기 영국의 과학자 프랜시스 베이컨Francis Bacon 경이었다. 정확히 매케이가 주장했던 내용이 베이컨의 책 속에 다음과 같이 나와 있다. "만약 오래 살기를 원한다면 중요한 것은 빨리 성장하는 것이 아니라 가능한 한 더 천천히 성장하는 것이다. 되도록 작은 성인으로 자라난다면 더 바람직할 것이다." 어디서

들어 본 얘기 같지 않은가?

성장과 장수에 대한 자신의 이론을 검증하기 위해 매케이는 생쥐를 이용한 실험을 설계했다. 그는 우선 생쥐를 세 그룹으로 나누었다. 첫 번째 그룹은 평상시처럼 먹였고, 나머지 두 그룹은 그보다 칼로리가 훨씬 낮은 음식을 제공했다. 매케이는 생쥐들이 영양실조에 걸리지 않도록 필요한 비타민과 미네랄은 빼놓지 않고, 단지 칼로리만 제한했다. 이런 식의 식이요법은 나중에 '칼로리 제한calorie restriction'(열량 제한)이라고 일컬어진다.

시간이 지나면서 실험에 참여한 생쥐는 죽기 시작했다. 매케이는 세심하게 그들의 수명을 기록했다. 1,200일이 흐른 뒤, 최초의 106마리 중에서 13마리만이 살아남았다. 13마리 모두가 열량을 제한했던 그룹이었다. 당시 이들은 최장수 실험실 쥐라는 명예 아닌 명예를 얻게 되었다(실험실에서 갇혀서 조금밖에 못 먹고 살았는데, 그렇게 얻은 장수가 무슨 명예라고 할 수 있겠는가-옮긴이).

이 생쥐들은 매케이의 이론을 입증하는 듯 보였다. 열량 제한은 그들의 성장을 더디게 하여 궁극적으로 몸집을 더 작게 만들었으며, 동시에 수명도 연장시켰다.

그러나 그로부터 몇십 년이 지난 1980년대에 두 명의 과학자인 로이 월포드Roy Walford와 리처드 와인드럭Richard Weindruch 박사가 성장을 저해할 필요까지는 없다는 사실을 발견했다. 우선 충분한 크기로 자라도록 내버려둔 뒤에 비로소 열량 제한 조치를 취하더라도, 설치류의 수명을 연장하는 효과는 여전하다는 것이다.

와인드럭과 월포드는 또한 어느 정도로 열량을 제한하는가와 어느 정도로 수명이 늘어나는가의 사이에는 일정한 비례관계가 성립한다는 것도 입증했다. 배불리 먹인 쥐는 가장 수명이 짧았다. 어느 정도 열량 제한을 한 쥐는 더 오래 살았다. 열량을 조금씩 더 제한할수록 점점 더 오래 살았고, 가장 오래 산 쥐는 거의 아사지경에 가깝게 열량 제한을 받은 쥐였다.

그런데 뜻밖에도 로이 월포드가 스스로에게 열량 제한을 해야 하는 일이 벌어졌다.

1991년, 월포드는 바이오스피어 2에서 거주하기로 한 첫 번째 팀의 일원이 되었다. 그 거대한 초현대식 온실을 기억하는가? 바이오스피어 2의 궁극적 목표는 인간과 동물의 생명 유지에 필요한 모든 것을 제공할 수 있는 폐쇄형 생태계를 창조해 보자는 것이었다. 월포드와 동료 팀원들은 꼬박 2년을 그 속에 갇혀 살았다. 하나부터 열까지 모든 것이 완벽하게 통제되는 완전한 생태계를 구축한다는 것은 정말 어려운 일이라는 사실이 결국 드러났다. 바이오스피어 2의 연구원들은 음식 섭취량을 대폭 줄여야 했다. 시간이 지나면서 매 끼니 접시까지 깨끗이 핥아 먹는 것도 아무렇지 않게 되었다. 이들은 끝내 외부의 도움을 요구해야 했다.

나는 당신이 바이오스피어 2의 팀원이 되어 달라는 제의를 받지 못한 것에 대해 조금도 서운하지 않을 거라고 생각한다. 그러나 월포드에게는 그 제의가 천금을 주고라도 얻고 싶은 경험이었다. 그가 바이오스피어 2에서 보낸 시간은 열량 제한 실험을 인간에게 적용해 볼 수 있도록 해 주었고, 그 결과는 자신의 논리를 확증해 주었다. 바이오스피어 2에서 굶주린 채 살아야 했던 기간 동안 모든 과학 팀 구성원의 혈중 콜레스테롤 수치가 떨어지고, 혈압이 낮아지고, 면역 체계가 더 효율적으로 작동했다.

이런 열량 제한에 관한 초기의 연구 결과 이후, 그것의 효과는 수없이 입증되었다. 설치류에게 열량 제한 조치를 취하면 이들은 일반적으로 평소보다 20~40퍼센트 더 오래 산다. 그뿐 아니라 이 동물들은 더 오랜 기간 번식할 수 있으며, 면역 체계가 더 왕성하게 작동하며, 암에 걸릴 위험이 떨어지며, 심지어 나이가 비슷한 통제집단보다 젊어 **보이는** 경향도 있다. 그러나 우리는 설치류를 통해 얻은 연구 결과가 늘 인간에게도(그리고 심지어 다른 설치류 종에게도) 통용되는 건 아니라는 점을 이미 알고 있다.

인간에게 좀 더 적합한 데이터를 얻기 위해 미국에서 두 연구 집단이 생쥐나 쥐 대신 붉은털원숭이를 써 보기로 했다. 붉은털원숭이의 수명은 보통 40년이 넘기 때문에 이 실험이 성과를 보려면 오랜 기간을 견뎌야 했다. 실험은 1987년에 시작되었고, 10여 년 전인 최근에 와서야 그 결과가 나오기 시작했다. 과연 그렇게 오래 기다린 보람이 있었을까?

어떤 연구 프로젝트에 30년 이상을 할애하기로 하면서 정확히 다른 두 가지 연구를 수행하면, 머피의 법칙이 작용해 서로 상충하는 결과가 나올 수밖에 없다. 그리고 정확히 그런 일이 일어났다. 첫 번째 연구에서는 가설이 옳았다. 열량 제한이 붉은털원숭이의 수명을 늘렸다는 결과가 나왔다. 게다가 한 원숭이는 최장수 기록을 깼다. 하지만 두 번째 연구에서는 비록 열량 제한을 받은 원숭이들이 살아 있는 동안 더 건강한 삶을 누리는 것으로는 보였지만, 특별한 수명 연장의 효과를 얻지는 못했다.

그런 상반되는 결과를 갖고서는 열량 제한을 한 원숭이들이 더 오래 산다고 최종 결론을 내리기는 쉽지 않다. 그렇다고 한 번 더 실험하기 위해 이번 세기 중반으로 실험 완료 기간을 설정하고, 수백만 달러의 돈을 또 확보할 수 있으리란 기대를 하는 것은 더욱 힘든 일이다. 그렇다면 열량 제한이 인간에게 효과가 있는지를 확인하려면 무엇을 하는 것이 좋을까? 인간에게 이런 실험에 참여해 달라고 권하는 것은 상당히 비윤리적일뿐더러 매우 어려울 수 있다. 굶주려야 하는 일에 누가 선뜻 나서겠는가?

물론 바이오스피어 2와 같은 자연실험의 경우가 있다. 그것 말고 열량 제한을 열렬히 실천하는 사람들도 있다. '칼로리제한협회Calorie Restriction Society'는 자발적으로 열량 제한을 실천하는 사람들의 모임이다. 물론 인간은 붉은털원숭이보다는 훨씬 오래 살기 때문에 칼로리제한협회의 모든 회원들이 엄청난 수명에 도달하게 될 것인지 판단하기에는 너무 이르다. 하지만 이들에 대한 연구에 따르면 당뇨병에서 심혈관 질환에 이르기까지 모든 질병에 대한 위험 매개변수가 절대적으로 우수하다는 것이 밝혀졌다. 그들 모두가 유난히 건강한 사람이라는 사실은 의심의 여지가 없다.

이런 자연실험 외에도 열량 제한에 관한 실제 실험도 몇 번 있었다. 한 실험에서는 참가자들을 두 그룹으로 나눈 다음 첫 번째 그룹에는 늘 먹던 대로 먹으라고 하고, 다른 그룹에는 앞으로 2년 동안 식사량을 25퍼센트까지 줄여 달라고 요청했다. 물론 늘 먹던 음식을 자발적으로 그 정도까지 줄이는 것은 사실상 불가능한 것으로 드러났다. 그러나 2년의 실험 기간이 끝날 때쯤 두 번째 그룹은 여전히 절식하려 애쓰고 있었고, 칼로리 섭취량을 12퍼센트 정도까지는 줄일 수 있었다.

목표만큼 음식 섭취량을 줄이지는 못했지만, 그 정도로도 참여자들의 건강에 상당히 긍정적인 영향을 미친 것으로 드러났다. 절식 그룹의 건강이 전반적으로 호전되었다는 결과가 나왔다. 사실 그런 변화는 칼로리제한협회의 사람들과 열량 제한 연구에 동원되었던 실험동물에게서도 볼 수 있었던 것이다.

당신이라면 이 정도의 이익을 보기 위해 자발적으로 절식을 실천하겠는가? 아마도 아닐 것이다. 나를 포함해서 대다수의 사람들에게는 그렇게 해서 얻을 수 있는 이점이 충분하지 않다.

첫째, 열량 제한이 인간에게 얼마나 효과가 있을까 하는 불확실성이 있다. 일반적으로 어떤 동물의 수명이 길수록 열량 제한의 효과는 감소하는 것으로 보인다. 즉 벌레에게는 효과가 아주 막대하고, 생쥐의 경우 괜찮은 효과를 내고, 붉은털원숭이에게도 그럭저럭 양호한 효과를 보이지만, 인간의 경우는 **아마도**일 수 있다는 것이다. 사실 이런 경향은 대부분의 수명 연장 조치가 보여 주는 일반적인 양상이다. 나는 인간이 열량 제한으로 거둘 수 있는 수명 연장의 효과는 기껏해야 몇 년 정도라고 생각한다. 그 정도도 매뉴얼대로 정확히 실천에 옮겼을 때에야 얻을 수 있다.

둘째, 절식하는 동안 실험 대상자들이 그다지 행복하지 않았다. 많은 피험자들은 기운이 빠지고, 피로하며, 체온이 떨어지는 걸 느꼈다고 했다. 아마도 실험동물들도 그렇게 느꼈을 것이다. 열량 제한을 받는 생쥐들은 여분의 음식이 주어지면 탐욕스러운 포식자처럼 게걸스럽게 먹는다. 그런 걸 보면 열량 제한이 사람들에게 주는 효과에 대해서는 확신하기가 어렵지만, 그것으로 인해 삶이 매우 **길고 지긋지긋하게** 느껴질 것이라는 확신은 든다.

그러나 열량 제한으로 얻는 이점이 단점을 능가할 정도는 아니라고 하더라도 이 연구 결과는 우리에게 여전히 유용할 수 있다. 우선, 과식하지 않는 것이 얼마나 중요한지 경고하는 효과가 있다. 우리가 비록 스스로 배를 곯게 만들고 싶지는 않더라도 과도하게 배를 채울 이유도 없는 것이다. 더 중요한 것은 노화에 맞서는 새로운 전략을 세우게 됐다는 점이다. 열량 제한을 곧이곧대로 실천하지는 못하더라도, 그것의 불편한 점을 피할 방법을 모색할 수는 있을 것이다. 현재 연구자들은 실제로는 절식하지 않으면서도 열량 제한이 주는 동일한 효과를 볼 수 있는 방법을 찾기 위해 애쓰고 있다. 만약 열량 제한이 생리적으로 동물에게 어떤 **영향**을 미칠지 정확히 파악해 낼 수만 있다면, 그 효과를 똑같이 모방한 치료법이나 약을 개발할 수 있을 것이다.

이런 종류의 약은 칼로리 제한 유사체calorie restriction mimetics라 불린다. 우리는 앞에서 이미 라파마이신과 스퍼미딘이라는 두 가지 후보와 만났다. 하지만 약 없이도 자연스럽게 열량 제한의 효과를 볼 수 있는 방법이 있다. 그것이 두 번째 가능성이고 오래 전부터 전해지는 지혜 속에 감춰진 접근법이다.

열량 제한의 작동 방식

열량 제한이 정확히 어떤 방식으로 작동하고 왜 그것이 수명을 늘리는지에 대한 많은 연구가 있다. 한 흥미로운 결과는 실험실 벌레인 예쁜꼬마선충과 관련된 것이다. 연구를 통해 열량 제한이 수명 연장의 효과를 보려면 먼저 선충의 체내에서 세포의 쓰레기 수집 체계인 자가포식이 제 기능을 발휘해야 한다는 사실이 밝혀졌다. 과학자들이 자가포식을 차단해 버리면 열량 제한의 수명 연장 효과도 사라졌다. 또한 이런 가능성을 시사하는 다른 사례를 들면, 라파마이신을 투여한 실험용 동물들에게 열량 제한을 했더니 추가적인 수명 연장의 효과를 보이지 않았다. 앞에서도 다루었듯이 라파마이신이 성장을 촉진하는 mTOR을 차단하고 자가포식을 활성화시키기 때문이다(열량 제한도 라파마이신처럼 자가포식을 활성화한다. 이미 라파마이신을 투여해 수명 연장의 효과를 누렸으므로 똑같은 기전으로 작용하는 열량 제한 조치가 추가적인 수명 연장의 효과로 이어지지 않았을 것이다-옮긴이)

Chapter 19

단식이라는 오래된 관습의 효능

: 일정한 시간대에만 식사하라 :

연구자들은 열량 제한 실험을 할 때 대개 하루에 한 번 먹이를 주었다. 배가 고팠던 동물들은 즉시 모든 것을 먹어 치웠다. 그러고는 다음 날 같은 시간까지 또 굶었다. 이런 관행을 염두에 두었던 연구자들은 수명 연장의 효과가 열량 섭취를 줄여서가 아니라 단식 때문은 아닌지 의심하게 되었다. 이 같은 생각을 확인해 보기 위해서 기발한 실험을 진행했다. 방식을 바꿔서 열량 제한을 해 보기로 한 것이다. 보통 때라면 그냥 음식을 조금 주고 말았지만, 이 실험에서는 열량이 매우 낮은 특별한 음식을 제공했다. 그 음식을 먹는 생쥐는 하루 종일 먹는 것이 허용되었지만—정말 종일 먹었다—그들이 먹은 음식의 총열량은 여전히 제한적이었다.

이런 식으로 연구자들은 단식 없이 열량 제한을 시도했다. 만약 열량 제한이 장수의 원인이었다면 이들 생쥐도 여전히 수명이 늘어나야 할 것이다. 그런데 만약 **단식**이 수명 연장의 진짜 이유였다면 종일 먹기만 했던 그 생쥐는 장수를 누리지 **못할** 것이다. 결과는 후자인 것으로 판명 났다. 단식 없이 열량 제한을 당했던 생쥐들은 일반적인 경우보다 더 오래 살지 못했다.

다른 연구자들은 그 문제에 정반대 관점으로 덤벼들었다. 그들은 생쥐에게 전체적인 열량 섭취를 줄이지 않으면서도 단식을 시켜 보았다. 이는 음식만 하루 걸러 한 번씩 제공하는 것만으로 가능하다. 이 쥐들은 먹이를 먹는 날에는 일반적으로 평소보다 두 배 더 많이 먹게 된다. 그래서 평소보다 더 적은 칼로리를 섭취하는 것은 아니지만 음식을 먹는 기간 사이에 단식을 한다. 그리고 그것만으로도 수명 연장 효과를 보기에 충분했다. 사실, 평소처럼 열량 섭취를 하면서도 단식을 한 쥐가 열량 제한을 한 쥐와 거의 비슷한 수명을 누렸다.

이쯤 되면 설치류의 경우 단식이 열량 제한의 효과를 대신할 수 있고, 수명도 연장할 수 있다는 논리는 의심의 여지가 없다. 이는 논리적으로도 타당하고 우리의 이전 연구 결과와도 부합한다. 가령 단식은 일종의 호르메시스 효과를 일으킨다. 궁극적으로 우리를 더 강하게 단련하는 스트레스 요인으로 작용하는 것이다. 그리고 열량 제한처럼 단식도 성장 촉진 인자인 mTOR의 작용을 차단하는 동시에, 세포 쓰레기 수집 활동인 자가포식을 활성화한다.

◆ • ◆

단식은 전 세계 대부분 지역에서 널리 퍼져 있는 현상이다. 우리는 거의 모든 문화와 종교에서 금식이 행해졌다는 것을 확인할 수 있다. 고대 그리스로 거슬러 올라가면, 현대 의학의 아버지라 불리는 히포크라테스도 건강과 관련된 이유로 단식을 권장했다. 그로부터 수백 년 뒤 역사가 플루타르코스는 '내일 약을 처방받기보다는 오늘 단식하라'는 말을 남겼다.

오늘날까지도 단식은 세계 주요 종교 모두에서 행하는 종교적 관행의 일부다. 정통 기독교인들은 참회의 화요일Shrove Tuesday과 부활절 사이의 40일 단식을 포함해서 여러 금식 의례를 갖는다. 유대인들도 가장 성스러운 날인 욤 키프루Yom Kippur(대속죄일)를 비롯해, 하루 해가 진 후부터 다음 날 해가 질 때까지 음식을 먹지 않는 정규 금식일들을 지킨다. 무슬림도 매년 이슬람력으로 9월, 즉 라마단Ramadan 한 달 동안 태양이 떠 있는 동안 음식은 물론 물도 마시지 않는 금식을 한다. 불교도들은 집중 명상 기간 중에 금식을 하며, 힌두교도 또한 연중 내내 다양한 금식을 한다. 사실 단식이란 것이 너무 흔해서 그런 전통이 없는 문화나 종교를 찾는 것이 어려울 정도다.

물론 이 종교들이 노화 방지를 위해 금식을 권하는 것은 아니지만, 종교 문헌들은 종종 금식을 **몸에 좋은 것**이라 설명하면서 그 근거로 몸의 정화(자가포식?), 시련을 통한 단련(호르메시스 효과?), 정신 통일 혹은 성찰 등을 내건다.

단식에는 별의별 방식이 다 있다. 어떤 사람은 아예 아무것도 먹지 않고, 또 어떤 사람은 특정한 음식(특히 육류)을 생략하는가 하면, 어떤 사람은 평소보다 훨씬 적게 먹고, 또 다른 어떤 사람은 특정한 시간대에만 식사를 자제한다.

종교적인 이유로 온갖 금식이 행해지는 것만큼이나 연구에 근거한 단식도 그만큼 다양하다. 예를 들어 보겠다. 흔한 것으로는 식사 시간대를 제한하는 시간제한 섭식time-restricted feeding이라 불리는 단식이다. 정도에 따라 다르지만 우리 모두가 행하는 단식이다. 당신이 밤이 늦은데도 간식을 즐긴다든지 한밤중에 일어나서도 먹을 걸 찾아 헤매는 사람이 아니라면, 당신은 저녁을 먹고 난 뒤부터 그다음 날 아침까지 단식을 한다. 어떤 이들은 이런 단식 시간을 연장하는 실험을 한다. 이를테면 하루 세 끼 식사를 일반적인 12시간에서 14시간 내에 하는 게 아니라, 4시간에서 8시간 내에 모든 끼니를 다 끝내는 것이다.

이런 접근법은 생쥐를 대상으로 한 실험에서 몇 가지 고무적인 결과를 보였다. 시간제한 섭식을 한 쥐는 설사 그 식단이 당도가 높고 지방 함유량까지 많았다 하더라도, 그런 건강하지 못한 식단이 가져오는 부정적인 효과로부터도 보호받는 것으로 밝혀졌다. 다시 말해, 생쥐 실험에서 시간제한 섭식은 건강에 해로운 식단의 나쁜 영향까지 어느 정도는 상쇄해 주더라는 것이다. 실제로 사람들이 집중적으로 살이 찌는 시기인 연휴 기간 동안 이와 비슷한 전략을 쓰는 걸 고려해 봄 직하다.

시간제한 섭식을 제외하면 대부분의 다른 단식 방법은 하루, 또는 그 이상의 기간 동안 온종일 굶는 것이 많다. 이런 단식은 간헐적 단식intermittent fasting이라고 하는데, 특히 종교 문헌에서 종종 언급된다.

간헐적 단식의 과학적 역사는 1940년대에 시카고대학의 안톤 칼슨Anton Carlson과 프레더릭 호엘젤Frederick Hoelzel에 의해 비롯되었다. 두 연구자는 이상한 동반자였다. 스탠퍼드대학에서 박사 학위를 받은 칼슨은 24년 동안 시카고대학의 생리학과 학과장을 역임한 저명한 스웨덴계 미국인 생리학자였다.

호엘젤도 연구자의 길을 걸었으나 그 과정은 순탄치 않았다. 청소년기에 그는 끔찍한 위통을 앓았는데, 어떤 처방도 소용이 없었다. 고생 끝에 그는 그 통증이 자신이 섭취하는 음식 때문이라는 결론을 내렸다. 그가 자신에게 내린 처방은 간단했다. 아무것도 먹지 않는 것이었다. 하지만 단식은 너무 어려웠다. 할 수 없이 자신의 굶주림을 달래기 위해서 소위 '대체' 식품을 먹기 시작했다. 특히 석탄, 모래, 머리칼, 깃털 그리고—이건 그가 제일 좋아했는데—외과용 탈지면 같은 것을 삼켰다.

칼슨과 호엘젤이 학문의 길에서 만났을 때 둘은 친해졌고 열정적인 학문적 단짝이 되었다. 호엘젤이 섭취한 갖가지 물질의 통과 시간(예를 들면 유리구슬이 금가루보다 더 빨리 통과했다)을 측정하는 것 말고도, 두 사람은 좀 더 진지한 생리학적 문제들을 함께 연구했다.

1946년에 둘은 이제는 유명해진 생쥐 단식 실험에 착수했다. 둘은 열량 제한과 수명 연장에 관한 클라이브 매케이의 연구에서 아이디어를 얻었다. 그런 방법을 인간에게 유쾌하게 적용하는 것은 불가능하다는 지극히 합리적인 결론을 내린 그들은, 그 대신 현실 세계에서 유일하게 실험실과 유사한 방식으로 이루어지는 종교적 금식으로부터 연구와 관련된 가르침을 얻을 수 있다고 생각했다.

그들은 그 발상을 실험에 적용해 보았으며, 실제로 간헐적 단식이 실험실 쥐에게도 유익하다는 사실을 확인했다. 칼슨과 호엘젤의 성과로 인해 쥐의 수명 연장 방법에 대한—그 당시만 해도—매우 짧은 목록에 간헐적 단식이 추가되었다.

당시 칼슨과 호엘젤이 실험실 쥐에게 사용했던 방식은 격일 단식alternate-day fasting이다. 오늘날 격일 단식은 건강에 신경 쓰는 사람들과 체중을 줄이려는 사람들 사이에서 인기 있는 방법이다. 방식은 꽤나 단순하다. 하루는 정상적으로 충분한 음식을 섭취하고, 다음 하루는 단식을 하는 것이다. 어떤 사람은 단식 날에 완전 단식은 하지 않고 대신 적게 먹는다. 예를 들면 굶주림을 달래기 위해 500~600칼로리만 섭취하는 것이다. 조금 더 완화된 대안은 5 : 2 단식인데 역시 사람들에게 인기가 좋다. 원리는 격일 단식과 같지만 일주일에 이틀만 단식하는 것이다.

우리는 여전히 간헐적인 단식이 인간에 미치는 효과에 대해 더 많은 증거를 수집하는 중이다. 쥐를 통한 단식 연구를 해석할 때 주의할 점이 있다. 하루 종일 단식하는 것이 사람보다 쥐에게 훨씬 더 길다는 것이다. 쥐는 기껏해야 몇 년을 살 뿐이지만, 인간은 수십 년은 기본이다. 그래서 일부 과학자들은 실험실 쥐와 동일한 단식 효과를 보려면 더 긴 시간을 단식해야 한다고 생각한다.

장기 단식을 지지하는 이들 중 하나가 유명한 연구자 발터 롱고Valter Longo 박사다. 롱고 박사와 동료들은 단식의 유익한 효과 가운데 많은 것들이 적어도 사흘은 단식을 해야 얻을 수 있다는 사실을 확인했다. 문제는 사흘 단식이 그리 유쾌하거나 간편하지 않다는 것이다. 특히나 일상을 꾸려 나가야 하는 사람들에게는 더욱 어려운 일이었다(그뿐 아니라 아마 휴가나 주말을 단식하며 보내고 싶은 사람은 별로 없을 것이다).

롱고 박사와 동료들이 도출한 해결책은 이른바 단식 모방 식이요법fasting-mimicking diet(FMD)이다. 그들은 건강한 사람들이 이따금 FMD를 해 주기를 바랐다. 이름에서 알 수 있듯, 이 다이어트는 실제 단식은 아닌데도 완전한 단식처럼 착각하게 만드는 것이다. 단식은 5일 동안 지속되는데, 참여자들이 실제로는 칼로리 함량이 낮은 음식을 소량 섭취한다. 식단은 몸이 단식 중이라고 믿게 만들기 위해 고지방으로 구성한다. 단식 중인 몸은 보통 몸속 지방을 태워서 에너지를 공급하기 때문이다.

◆ • ◆

어떤 이들은 장기 단식이라는 단어만 들어도 불편할지도 모른다. 그리고 그 심정은 이해가 된다. 어린이, 임산부, 환자, 그리고 노인과 같이 장기 단식을 하면 안 되는 사람들은 분명히 있다. 그러나 건강한 성인이라면 충분한 물을 섭취하는 것만 명심하면 며칠 단식하는 것 정도는 문제없다. 일반적으로 인간은 산소 없이 3분, 물 없이 3일, 음식 없이 3주를 버틸 수 있다고 한다. 그러나 음식이 없는 경우는 사람에 따라 다양한 차이가 있다. 당신의 몸에 연소시킬 지방이 충분하다면 훨씬 오래 살아남는 것도 가능하다.

최장 단식 세계기록은 앵거스 바비에리Angus Barbieri라는 스코틀랜드인이 보유하고 있다. 27세 청년 시절 바비에리의 체중은 207킬로그램이었다. 그는 자신의 과다 체중이 목숨을 위협할 정도라는 것을 인식했고 간절히 체중 감량을 원했다. 그가 살았던 1960년대는 단식을 통한 체중 감량에 대한 많은 연구가 있었다. 기본적으로 원하는 체중에 이를 때까지 먹지 말라는 논리가 주를 이뤘다.

바비에리는 단식을 시도해 보고 싶어서 고향 근처 던디에 소재한 메리필드병원을 찾았다. 그는 의사에게 체중 감량을 위해 음식을 포기하겠다는 결심을 밝혔고, 그의 결단을 확인한 의사는 그가 단식하는 동안 그 과정을 모니터링하겠다고 약속했다.

처음에 바비에리는 그리 긴 기간을 단식할 계획은 아니었다. 하지만 단식을 진행하면서 점점 더 자신이 목표로 했던 이상적인 체중에 도달하기를 갈망하게 되었다. 의사들은 그가 계속하는 것을 허용했지만, 영양실조에 걸리지 않도록 복합비타민제 처방을 했다. 하지만 그것을 제외하고는 초고도비만인 바비에리에게 더 많은 것이 필요하지 않았다. 그의 몸속에는 스스로를 지탱할 충분한 에너지원이 있었다.

바비에리가 그의 목표인 82킬로그램을 끈질기게 좇는 동안, 애초의 계획이었던 몇 주는 몇 달로 바뀌었다. 마침내 그의 목표 체중에 도달했을 때 그는 꼬박 **382일째** 단식하고 있었다. 1년 하고도 17일을 먹지 않고 버틴 것이다. 믿기지 않겠지만 그는 자신이 감량한 체중을 유지하는 데도 성공했다. 5년 뒤 의사들이 바비에리의 체중을 측정했을 때 그의 체중은 고작 7킬로그램이 늘었을 뿐이다.

그 정도 기간의 단식은 아무리 과체중이라 하더라도 누구에게나 권할 만한 방법은 **아니다**. 오늘날 바비에리의 방식을 권하지 못하는 것은 그처럼 해 보기를 시도한 몇몇 사람들이 결국 사망했기 때문이다. 안전 문제뿐만 아니라 단식에 이의를 제기하는 가장 일반적인 반론은 오랜 시간 음식 섭취를 중단하면 몸은 굶주림의 장기화를 인식하고 근육 분해 모드로 돌입한다는 것이다. 장기간 단식을 하면 당신의 몸은 신진대사를 늦추면서 마침내 근육을 연료로 태워 버리기 시작한다. 물론 하루 이틀 단식으로 그런 일이 생기지는 않는다. 연구를 통해 예컨대 격일 단식 정도로는 신진대사가 감소하지 않는다는 사실이 확인되었다. 오히려 그런 간헐적 단식은 신진대사와 지방 소모를 촉진한다. 이런 사실은 진화적 관점으로도 타당하다. 만약 어떤 동물이 음식 부족 상태에 처하면 음식을 찾으러 나서야 하니, 활동량을 줄이는 것이 아니라 더 늘릴 것이기 때문이다.

덧붙여 한 연구는 근력 운동을 하면서 동시에 시간제한 섭식을 하는 사람이 일반적인 식사를 하는 사람과 동일한 양의 근육을 키운다는 사실을 확인했다. 또 8주 동안 격일 단식을 실시한 어떤 연구에서는 피험자들의 지방 중량은 감소했으나 근육 중량은 감소하지 않는 것으로 드러났다.

커피 한 잔 더 마시는 것 정도야 문제없다

연구에 따르면 하루에 커피를 2~4잔 마시는 사람들이 전혀 안 마시는 사람들보다 사망률이 더 낮다고 한다. 물론 커피 덕분에 **더 오래 살게 되었다**는 말은 아니지만, 몇 가지 측면에서 커피에는 유익한 것이 있다. 먼저 카페인은 식욕을 억누른다. 소식小食이 몸에 좋다는 건 다들 잘 알고 있을 것이다. 심지어 어떤 사람들은 단식을 위해 커피를 활용한다. 커피가 배고픔을 완화해 주는 데다 커피에 우유, 설탕, 크림을 첨가하지 않으면 칼로리도 없기 때문이다. 그런데 디카페인 커피를 마시는 것도 장수와 상관관계를 보이는 것을 감안하면, 커피가 건강에 주는 긍정적 효과에는 단지 식욕 억제 작용 이상의 것이 있을 가능성도 배제할 수 없다.

Chapter 20
사이비 종교 숭배 같은 식이요법

: 무엇을 먹을 것인가 :

열량 제한은 좋은 수명 연장 방법이 될지도 모른다. 그러나 어느 순간이 되면 우리는 **먹어야** 한다. 문제는 '무엇을 먹을 것인가'다. 세상에는 너무도 많은 식이요법이 있어서 하나씩 시험해 보다가는 평생이 부족할 정도다. 저탄수화물 다이어트냐, 저지방 다이어트냐? 비건 식단을 시도해 보는 건? 아니면 팔레오 다이어트Paleo diet(구석기시대paleolith 식습관을 모방하는 식이요법-옮긴이), 키토제닉 식단(일명 '저탄고지' 식단), 지중해식 식단, 그도 저도 아니면 곰 젤리 다이어트(무설탕 곰 젤리의 감미료로 쓰이는 리카신은 과다 복용 시 설사를 일으킨다-옮긴이)는?

당신이 처음 멋모르고 영양 섭취에 대해서 알아보는 상황이라면 한 가지 식이요법을 자신 있게 고르는 것은 어렵지 않다. 믿음직한 목소리의 전문가들이 귀가 솔깃한 놀라운 정보를 말해 준다. 베이컨은 사실 건강에 좋아요! 그러면서 그런 주장을 뒷받침하는 연구 결과를 하나 내놓는다. 적법한 절차를 거친, 멋진 그래프와 온갖 미사여구를 늘어놓은 연구다. 전문가가 덧붙인다. 보세요, 다들 이걸 모르고 있다니까요. 걱정할 필요 없어요. 내 데이터는 베이컨이 몸에 좋다는 걸 입증했어요.

어느 날 당신은 베이컨을 한 접시 가득 우적우적 씹어 먹으며 식구들과 말다툼을 벌이다가 다시 한번 그 끝내 주는 연구 결과를 찾아본다. 그걸 보고 나면 식구들도 찍소리 못 할 거야. 그러나 찾아보는 도중에 당신은 또 다른 연구 결과를 만난다. 이번 것은 정반대의 결론을 전한다. 베이컨은 심장마비를 **일으켜요**. 이 연구는 그 주장을 뒷받침하는 많은 참고 사례를 늘어놓는다. 그리고 그쪽 토끼 굴의 맨 밑에도 한 믿음직한 목소리의 전문가가 도사리고 있다. 그는 베이컨은 **가장** 해로운 음식이며 그것을 먹는 사람은 일찌감치 죽음을 예약한 것이라고 냉정하게 말한다. 당신은 바보처럼 엉터리 주장에 솔깃했던 것을 뒤늦게 뉘우치며 베이컨 접시를 슬그머니 치운다.

그로부터 또 몇 달이 지난 어느 날 밤, 당신은 뉴스를 보다가 '베이컨이 수명을 늘려 줄지도 모른다'는 새로운 소식을 접한다. 그 기사는 또 다른 믿음직한 목소리의 전문가를 인터뷰한 기사였다. 그는 왜 베이컨에 관한 과거의 연구들이 근본적인 결함을 갖고 있었는지를 설명한다. 그의 새로운 연구 결과는 이런 결함들을 수정했고, 베이컨이 탁월한 건강식임을 입증했다고도 한다. "저도 처음에는 회의적이었습니다."라고 그는 전한다. 하지만 100퍼센트 베이컨 식단으로 바꾼 뒤 체중이 43킬로그램나 줄었고 지금은 소형 승용차로 벤치프레스를 할 수 있을 정도라고 뽐내며 말한다.

그렇다, 내가 조금 과장을 했는지는 모르지만 영양학의 세계는 정확한 정보를 찾기 힘들기로는 악명이 높다. 같은 음식이 연구의 출처가 어디냐에 따라서 하루는 건강식이었는데 다음 날은 해로운 음식으로 돌변했다가, 때로는 심지어 동시에 이롭기도 해롭기도 한 음식이 되기도 한다. 그리고 별로 샅샅이 뒤지지도 않았는데도 모든 음식이 당신에게 암을 발병시킬 것처럼 보인다.

왜 영양학이 그렇게 많은 상충하는 정보로 뒤덮여 있는지에 대해서라면 수많은 이유가 있다. 명백한 이유 하나는 일부 연구에 대해 식품 회사가 기금을 출연하기 때문이다. 놀랍게도 식품 회사의 후원을 받아 이루어지는 연구는 흔히 후원자들이 원하는 결과를 내놓았다.

그러나 그렇다고 사악한 식품 회사만 비난할 수는 없다. 때때로 **우리 자신**이 그 이유가 되기도 한다. 초콜릿이 몸에 좋다는 연구가 나오면 우리는 그 사실을 만천하에 퍼뜨린다. 그 바람에 그 주장을 반박하는 20개나 되는 연구 결과는 묻혀 버린다. 자신들에게 편리하거나 자기 마음에 흡족한 주장들에 대해 사람들은 쉽게 귀 기울인다. 자기합리화에 능한 우리 뇌는 초콜릿을 더 많이 먹어도 된다는 주장을 정당화하기 위해 어떤 기회도 놓치지 않는다. 그러나 탁월한 물리학자 리처드 파인만은 이렇게 말했다. "첫 번째 원칙은 스스로를 속이지 않는 것이다. 가장 속이기 쉬운 사람은 바로 자신이다."

이런 명백한 문제점들 이외에도 식사를 통해 장수를 누리기 위해서 우리가 명심해야 할 몇 가지 세세한 문제가 더 있다.

◆ • ◆

제2차 세계대전 중 미군과 일본군은 남태평양의 몇몇 섬에 공군기지를 구축했다. 이들 기지는 섬의 원주민들에게 현대 세계와 최초로 대면하는 기회를 제공했다. 원주민들은 경악했다. 그때까지 그들은 모든 것을 고된 노동을 통해 직접 해결해야 했다. 스스로 작물과 가축을 키우고, 집을 짓고, 무기를 만들었다. 그러나 이 외래인들은 음식, 옷, 약에서부터 공상 세계에서나 봤을 법한 장비들까지 모두 공중에서 끝없이 공급받았다. 외래인들은 앞뒤로 행진을 하고, 서로를 향해 소리를 지르고, 하늘을 향해 팔을 흔들어 대는 등 몇 가지 의식을 치르곤 했다. 그러고 나면 원주민들이 여러 평생을 산다고 해도 다 만들지 못할 물건을 싣고서 하늘로부터 거대한 기계가 나타났다. 오직 신만이 이렇게 풍부한 물자를 하늘에서 떨어뜨려 줄 수 있지 않겠는가.

마침내 전쟁은 끝났고, 외래인들도 사라졌다. 그리고 그들의 귀중한 화물도 사라졌다. 원주민들은 비행기들이 돌아오기를 필사적으로 소망했다. 그러나 어떻게 오게 만들 것인가? 그들은 비행기 신과 접속하기 위해서 외래인들의 이상한 의식을 따라 했다. 숲속 활주로를 청소하고, 대나무로 만든 총을 메고서 앞뒤로 행진했다. 코코넛과 짚으로 헤드폰과 무전기를 만들었다. 심지어 나무로 사무실을 짓고, 관제탑과 비행기도 만들었다. 마침내 이 모든 것이 몇 가지의 종교로 진화했으며, 문화인류학자들은 이를 통틀어 '카고 컬트cargo cult'(화물 숭배 또는 화물 신앙)라 부른다. 이 중 일부는 언젠가 신이 자신들의 의식을 알아채고 다시 한번 화물 수송기를 보내 줄 것이라는 믿음과 함께 여전히 건재하다.

카고 컬트 신자들은 성공한 사람을 모방하라는 가장 강력한 학습법을 적용하고 있는 것이다. 우리 세계에서도 우리가 흠모하는 스포츠 스타나 뮤지션이나 CEO의 모든 것을 모방하려 한다. 정확히 무엇이 이 사람들을 성공으로 이끌었는지가 반드시 명확하지는 않다. 그래서 만약 비슷한 성공을 원한다면 차라리 그 사람의 일거수일투족을 따라 하는 게 나을 것 같아 보인다. 얼음물 목욕으로 새벽 4시부터 일과를 시작한다든지, 미친 듯이 책을 읽는다든지, 혹은 오직 검은 터틀넥만을 입는다든지 하는 것이다. 하지만 당신이 성공의 진짜 '원동력'을 알지 못한다면 카고 컬트 숭배자들처럼 그냥 온갖 표피적이며 하찮은 습관만 모방하는 결과를 낳을 뿐이다.

영양학에서도 이와 비슷한 일들이 늘 발생한다. 우리는 장수의 비결을 알아내고자 장수인들을 연구한다. 그러나 대부분은 그저 부유한 고학력자의 피상적 특징들을 베끼는 데 그칠 뿐이다. 평균적으로 돈이 많고 많이 배운 사람은 가난하고 못 배운 사람보다 더 오래 산다. 대학 졸업장을 받은 사람은 고등학교를 마쳤을 뿐인 사람보다 몇 년 정도 더 오래 살 가능성이 있다. 이런 경향은 전 세계 거의 모든 나라에서 나타나며, 시간이 흐를수록 그 격차는 더 벌어지고 있다.

이런 장수의 격차는 부와 학력 수준이 높은 사람일수록 건강 지침을 좀 더 면밀하게 지키기 때문인 것으로 보인다. 왜 그런지를 밝히는 것은 사회학자의 몫일 테다. 그러나 분명한 사실은 더 잘살고 더 많이 배웠을수록 규칙적으로 운동하고, 예방접종을 받고, 담배를 피우지 않으며, 적절한 체중을 유지할 가능성이 더 높다는 것이다. 건강을 촉진하는 이런 습관들은 기꺼이 모방해도 좋지만, 문제는 고학력 부자들의 온갖 잡다한 다른 특징들과 어떻게 구별해 낼 수 있는가이다.

가령 우리는 고학력자 중에서 안경을 끼는 사람들이 더 흔하다는 것을 알고 있다. 만약 우리가 장수하는 삶과 상관관계를 맺는 특징들을 찾아내는 연구를 한다면, 안경 착용도 그런 특징 중에 하나가 될 것이다. 그러나 어떤 사람이 단지 안경을 착용한다고 해서 그 사람의 수명이 늘어나거나 하지는 않을 것이다. 지나가는 사람을 아무나 골라서 그 사람에게 안경을 씌운다고 해서 그의 수명을 늘릴 수는 없다. 또한 내가 당신에게 장수를 위해 일부러 시력을 떨어뜨리라고 충고하는 것도 말이 안 되는 일이다.

'상관관계가 인과관계를 의미하는 것은 아니다'라는 말을 들어 봤을 것이다. 두 가지 사건이 인과관계를 맺지 않으면서도 상관관계를 (심지어 밀접하게) 가질 수 있다. 남태평양의 원주민들은 하늘을 향해 손짓을 하는 것과 비행기의 도착 사이에 밀접한 상관관계가 있음을 목격했다. 그러나 이런 손짓과 비행기가 나타나는 것은 별다른 **인과관계**가 없다. 마찬가지로 어떤 더운 날에 열사병으로 몇 명이 죽었는가와 아이스크림이 몇 개 팔렸는가 사이에 상당한 상관성이 나타나더라도, 그것이 곧 아이스크림을 먹으면 열사병에 걸려 사망한다는 의미는 아니다. 아이스크림 판매량과 열사병 사망자 수는 모두 무더운 날씨에 의해서 증가할 뿐 그 둘이 서로에게 직접적으로 어떤 영향을 미치지는 않는다.

캘리포니아주 남쪽에 로마린다라는 햇볕이 작렬하는 도시에서 장수와 관련된 카고 컬트 숭배의 실제 사례가 있었다. 로마린다는 블루존으로 알려져 있으며, 주민들의 장수 비결을 알아내기 위해 광범위한 연구가 진행되었던 곳이다. 많은 로마린다 주민들은 제칠일안식일 예수재림교회 신자이며, 종교적 이유로 고기를 삼간다(원래 존 하비 켈로그John Harvey Kellogg 박사의 영향으로 채식이 시작되었다. 그는 당신이 아침 식사로 맛봤을 수도 있는 켈로그 시리얼을 만든 장본인이기도 하다). 수십 년의 연구를 거쳐 연구자들은 고기를 없앤 식사가 대략 3년 정도의 장수 효과를 낸다는 결론에 도달했다. 로마린다에서는 비건이 가장 오래 살았고 다음으로는 베지테리언, 세미베지테리언semi-vegetarian, 비채식인 순이었다(비건은 동물을 착취해 얻어지는 모든 생산물을 거부하는 완전 채식인, 베지테리언은 채식인, 세미베지테리언은 유제품·달걀·생선·닭고기는 먹되 돼지고기·쇠고기 등 붉은색 고기는 안 먹는 채식인-옮긴이).

하지만 당신도 짐작했을지 모르겠지만 숫자에는 숫자 이상의 정보가 있다. 비거니즘과 채식주의는 부유한 고학력자들에게 대체로 인기가 있다. 트레일러촌보다는 대학가에 채식 전문 식당이 훨씬 더 많다. 이는 비건과 베지테리언들에게 다른 많은 건강한 습관이 있다는 것을 뜻한다. 그들은 일반인보다 더 많이 운동하고, 음주와 흡연은 훨씬 절제하고, 더 적절한 체중을 유지한다. 로마린다의 비건들은 그들의 장수를 반영하는 듯이 평균 체질량지수(BMI)가 23이었다. 베지테리언들은 25.5, 세미베지테리언들은 27, 비채식인들은 28이었다. 그렇다면 정말로 고기를 줄일수록 수명이 연장된다는 말인가?

역학자들은 그런 추론의 문제점을 잘 파악하고 있었고, 몇 가지 적용 가능한 해결책을 마련했다. 가장 흔한 방안은 집단끼리 비교하기 전에 미리 건강 정도의 격차를 상쇄하는 방안이다. 이를테면 비건과 비채식인 사이의 평균수명을 비교하기 전에 비건들이 보이는 더 많은 운동량, 더 적은 흡연, 더 건강한 체질량지수에서 비롯되는 효과를 먼저 삭감하는 것이다. 이런 식으로 조건을 비슷하게 만들어야 공평한 비교를 할 수 있는 것이다. 실제로 이런 조정을 거치면 수명 연장에 있어서 비거니즘의 우위는 사라져 버린다.

또 다른 좋은 사례는 레드 와인의 경우다. 장수가 레드 와인과 상관관계를 보인다는 이유로 그것이 장수 식품이라는 연구 결과는 너무나 많다. 많은 연구실은 그것이 건강에 이로운 까닭이 어디에 있는지를 찾는 데 급급해서 레드 와인에서 발견된 온갖 성분을 건강에 이로운 것이라고 주장한다. 그러나 놀랄 것도 없이 레드 와인은 특히 부유한 고학력자들의 사랑을 받는다. 레드 와인을 실컷 마시는 사람들이 위에서 다룬 비건이나 베지테리언들과 마찬가지 처지에 있는 사람들이라는 뜻이다. 그들은 대체로 건강한 습관을 갖고 있는 데다 평균치 이하의 체질량지수를 보인다. 그래서 레드 와인이 이 사람들을 건강하게 만들었다고 단정할 수 없다. 차라리 그들이 지닌 다른 모든 습관 덕분이라면 모를까.

◆ • ◆

우리가 진정으로 어떤 음식이나 습관이 건강과 단지 **상관관계**만 있는 것만이 아니라 **인과관계**도 있다는 사실을 알고 싶다면 무작위 대조군 실험randomized controlled trial이라 불리는 것이 가장 좋은 방법이다. 우리는 이 개념을 이미 앞에서 몇 번 접해 보았다. 무작위 대조군 실험에서 연구자들은 우선 한 무리의 사람을 모집하고서 그들을 치료군과 대조군이라는, 기본 조건이 동일한 두 집단으로 나눈다. 치료군에는 신약, 새로운 운동법, 새로운 식이요법과 같은 개입 조치를 하고, 대조군에는 위약을 준다. 그리고 정해진 시간이 흐른 뒤 평균수명이나 질병의 발병과 같은 특정한 결과에 있어서 두 집단이 어떤 차이를 보이는지 살펴보는 것이다.

예를 들어 시금치를 많이 섭취하는 사람이 근육이 우람한 경향을 보인다고 가정해 보자. 정말로 시금치와 근육 발달 사이에 **인과관계**가 성립하는지를 알고 싶다면 무작위 대조군 실험을 할 수 있다. 실험 대상자들을 모집해 두 그룹으로 나누고, 치료군에는 앞으로 몇 달 동안 매일 시금치를 섭취해 달라고 요청하는 것이다. 그런 다음 치료군이 평상시와 다름없는 식사를 한 대조군에 비해 과연 근육이 더 발달했는지 확인해 보면 된다.

비록 무작위 대조군 실험이 단순히 상관관계를 확인하는 것보다는 훨씬 까다롭지만 놀라울 정도로 많은 연구가 이 실험을 통해서 이루어졌다. 살아 있는 기생충을 이용한 알레르기 치료 연구, 조류alga

추출 단백질을 이용한 실명 치료 연구 등이 그런 경우다. 그러나 현대 의학에서 역시 즐겨 찾는 연구 거리가 있다. 특히 유명한 두 가지 식이 보충제를 놓고서 사실상 그것들이 거의 **모든 것**에 미치는 효과를 알아보기 위해 전방위적으로 무작위 대조군 실험이 이루어졌다. 그중에는 그 두 보충제가 수명 연장에 미치는 효과도 포함된다.

첫 번째 식이 보충제는 물고기 기름, 좀 더 구체적으로는 오메가-3 지방산이다. 오메가-3는 우리 몸의 생리학에서 중요한 역할을 수행하는 다중불포화지방산이다. 무엇보다도 우리는 세포막에서 이 물질을 사용하고, 다른 중요한 화합물을 만드는 출발 물질starting material로서 이용하기도 한다. 우리는 대개 음식에서 오메가-3를 섭취하는데, 그중에 최선의 식재료는 연어, 고등어, 청어와 같은 기름진 물고기들이다. 생선을 많이 섭취하는 것이 장수와 관련이 있다는 연구 결과가 거듭 발표되고 있으며, 오메가-3가 그 유력한 원인으로 지목된다. 이를테면 혈액이나 세포막에 오메가-3 지방산이 많을수록 더 오래 사는 경향이 있다.

이쯤이면 우리의 헛소리 감지기가 작동할지도 모른다. 부유한 고학력자들이 해산물도 더 많이 먹지 않는가? 상관관계 때문에 그런 경향이 보이는 건 아닐까? 해산물 요리라면 맥도날드보다는 호화로운 식당에서 압도적으로 더 많이 제공하지 않겠는가? 오랜 세월 동안 건강 전문가들은 생선을 권해 왔으며, 실제로 부유한 고학력자가 생선을 더 많이 먹는다는 것은 여러 조사를 통해 확인된 사실이다. 그래서 무작위 대조군 실험을 통해 상관관계 이상의 가능성이 있는지 실제로 확인해 보아야 한다.

생선 기름, 즉 어유fish oil에 대한 무작위 대조군 실험에서 그 건강상 이점은 막연히 생각했던 것보다 훨씬 더 미미했다. 생선 소비와 건강 사이의 상관관계에서 많은 부분은 물고기 덕분이라기보다는, 그것을 먹은 사람들이 단지 부유한 고학력자들이었기 때문인 것으로 드러났다. 하지만 엄성하게 판단하자면 건강에 이로운 효과가 완전히 없다고 폄하할 수는 없다. 장밋빛 렌즈를 대고 조금만 눈을 가늘게 뜨고 바라보면, 그 실험의 결과에서 약소하지만 건강에 이로운 요소가 생선 기름에 몇 가지 있다는 것을 발견할 수 있다. 특히 심장 및 심혈관계의 다양한 질병의 위험을 낮추고, 고용량 복용하면 그 효과도 커지는 것으로 보인다.

생선이 맛도 좋고 생선 기름 보충제가 섭취하기에도 좋다는 점을 고려하면 이것들을 장수 식단에 포함하는 건 나쁘지 않다. 수백만 명의 사람들을 대상으로 한 연구에서 해롭다는 것을 확인할 수는 없었으니, 최악의 경우는 기대했던 혜택을 얻지 못하는 정도다. 늘 그렇듯이 식이 보충제를 통해 섭취하는 것보다는 음식을 통해 직접 섭취하는 것이 더 좋다. 생선에는 생선 기름으로부터 얻을 수 있는 것 말고도 건강에 이로운 다른 효과들도 있을 것이다. 그러나 생선은 값도 비싸고 솔직히—나처럼 요리에 젬병인 사람이라면—요리하기도 까다롭다.

생선 기름 보충제를 섭취할 거라면 오메가-3 함량과 품질이 믿을 만한 것인지 먼저 확인하는 것이 중요하다. 어떤 보충제는 함량이 부족할 수 있고, 또 어떤 것은 오염 물질이 함유되어 있거나 품질이 좋지 않을 수도 있다. 시중에 가짜도 많다.

생선 기름만이 아니라 **실제** 물고기에도 농간이 끼어든다. 여러 조사를 통해 과학자들은 식당과 슈퍼마켓에서 판매되는 많은 생선이 실은 그들이 판다고 써 놓은 물고기와는 다르다는 희비극 같은 사실을 밝혀냈다. 유통 과정 어디쯤에서 누군가가 사람들의 생선에 대한 무지를 악용해 보겠다고 잔머리를 굴렸을 것이다. 그러고는 곧장 비싼 생선을 다른 싸구려 생선으로 바꿔치기 한 것이다. 구체적으로 몇몇 국가에서 행한 조사에 따르면, 판매 중인 '도미' 가운데 40퍼센트는 실제 도미가 아닌 것으로 드러났다. 또 다른 조사에서는 로스앤젤레스의 스시점 중에서 최대 절반 정도가 메뉴판의 이름과는 다른 물고기를 쓴 것으로 드러났다. 싱가포르의 많은 '새우 완자'에 새우가 아예 들어 있지 않다고 밝힌 조사도 있다. 누군가가 **돼지고기**를 대신 쓰고도 별일 없이 넘어가는 것이다.

◆ • ◆

만약 생선 기름이 식이 보충제의 왕자라면 비타민 D는 왕이다. 비타민 D에 관한 연구는 너무나 많아서 솔직히 내가 그런 연구를 다시 언급하는 것에 대해서 당신은 쓸데없는 수고라고 생각할 것이다.

맞다. 대략적인 정보는 명확하다. 비타민 D가 부족하면 장수에 지장이 있다는 강력한 상관관계가 나와 있다. 그러나 다시 한번 강조하지만 그것이 인과관계를 확증해 주는 것은 아니다. 오히려 그 둘 사이에 인과관계가 **없다**고 믿을 적지 않은 이유가 있다.

첫째, 원인과 결과를 혼동한 것일지도 모른다. 여러 가지 질병의 결과로 비타민 D 부족이 초래된 것이지 그 반대가 아니라는 것이 드러났다. 다시 말해, 비타민 D 부족이 질병을 유발하는 것이 아니라 **질병**으로 인해 비타민 D 수치가 낮아진다는 것이다.

둘째, 빈자는 부자보다 비타민 D를 적게 섭취하는 처지에 있다는, 이제는 너무 들어서 지겹지만 그래도 간과할 수 없는 상황을 고려해야 한다.

셋째, (사실 호르몬이기도 한) 비타민 D는 지용성이다(비타민 D는 음식 섭취를 통해 만드는 영양소이기도 하지만, 피부를 통해 자체적으로 합성하는 호르몬이기도 하다-옮긴이). 지방이 과다한 사람들은 비타민 D 수치가 낮다. 지방조직이 비타민 D를 흡수하여 가두기 때문이다. 이런 식으로 과체중은 비타민 D 수치를 낮추는 한편, 여러 가지 질병을 초래하기 때문에 일단 상관관계가 성립하는 것이다.

둘 사이의 인과관계가 있는지를 확인하려면 다시 한번 무작위 대조군 실험을 해 보는 수밖에 없다. 즉, 사람들에게 비타민 D 보충제를 투여하고 건강 개선 효과가 있는지 여부를 추적해 보는 것이다.

비타민 D의 경우 연구자들은 **정말** 낙관적인 관점에서 이로운 효과를 하나라도 찾아보려고 했다. 그러나 많은 관련 연구를 종합해 보면 과학자들은 비타민 D 보충제가 중대한 노화 관련 질병들에 걸릴 위험을 낮춰 주지도 않고, 수명을 늘리는 효과도 없다는 사실을 확인했다.

장수를 위해서라면 비타민 D 보충제 살 돈을 다른 곳에 쓰는 것이 좋겠다.

술이 과연 몸에 해로운가?

과음이 건강에 안 좋다는 것은 의심의 여지가 없다. 하지만 한두 잔 정도 마시는 것이 몸에 이로운가—아니면 적어도 괜찮은가—하는 것은 건강과 관련된 오래고도 심각한 논란이었다. 알코올 섭취와 장수 사이의 상관관계를 연구한 보고서들에 따르면 그 둘 사이의 관계는 호르메시스 효과에서 본 것처럼 J 자형 곡선을 그린다(정확히는 나이키 로고에 가까운 모양으로, 비음주 상태에서 음주량을 약간 늘리면 건강에 이로운 효과도 늘어나지만, 어느 수준을 넘는 순간부터 그 해로운 효과가 가중되기 시작한다-옮긴이). 즉 술을 조금 마시는 사람이 아예 안 마시는 사람보다 더 오래 산다는 말이다(물론 과음하는 사람은 앞의 두 경우보다 확실히 일찍 사망한다). 가벼운 음주가 수명을 늘린다는 것은 초콜릿이 몸에 좋다는 것만큼이나 사실이라고 믿고 싶은 정

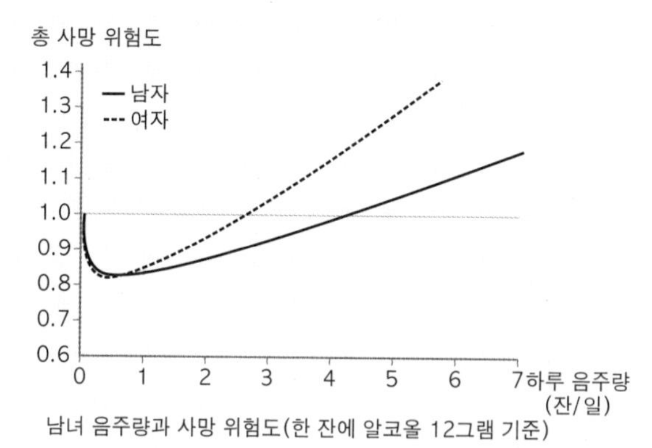

남녀 음주량과 사망 위험도(한 잔에 알코올 12그램 기준)

출처: Augusto Di Castelnuovo et al. (2006), Alcohol Dosing and Total Mortality in Men and Women, *Arch Intern Med*, Vol. 166.

보다. 어쨌거나 그게 몸에 좋지 않을까 싶은 셈이다. 그래서 가벼운 음주의 효과는 열렬히 인용된다. 그러나 그것 또한 의심의 눈길을 거두면 안 되는 정보다.

음주 관련 연구의 문제점은 비음주 집단 속에 알코올의존증 경험자들이 다수 포함되어 있다는 것이다. 설사 지금은 금주에 성공했다 하더라도 오랜 세월 동안의 과음은 건강에 지속적인 악영향을 미치기 때문에, 그들의 기대수명은 여전히 줄어든다(과음을 계속했더라면 훨씬 더 줄었겠지만). 음주 연구에서 말하는 '비음주자' 집단 속에는 절대 금주자들과 알코올의존증 경험자들이 무분별하게 섞여 있다. 그래서 만약 알코올의존증 경험자를 제거해 버리면 비음주 집단의 평균수명이 적정 음주 집단보다 늘어나며, 결과적으로 적정 음주자들이 절대 금주자들보다 오래 살지 못한다는 결론이 도출된다. 그렇지만 엄밀히 말하자면 일주일에 다섯 잔 미만을 마시는 사람이라면 절대 금주자와 수명에서 그리 큰 차이를 보이지는 않는다.

Chapter 21

음식에 대해 더 생각할 거리들

: 몸에 좋다는 말의 진실 :

아밀라아제 효소는 우리의 탄수화물 대사에 중요한 역할을 한다. 우리 몸은 소화기관과 침을 통해 아밀라아제를 분비하고 그것은 쌀, 빵, 감자 따위를 통해 섭취한 전분을 분해하는 데 일조한다. 이는 농산물을 주식으로 하는 사람들에게 아밀라아제가 특히 중요하다는 것을 뜻한다. 수렵 채집인들이 정착을 하고 농사를 짓기 시작하면서 전분을 소화하는 능력은 건강과 생존에 필수가 되었다. 오늘날 우리는 유전자에서 그 흔적을 찾아볼 수 있다.

인간은 다양한 아밀라아제 유전자 사본을 진화시켜 왔다(흥미롭게도 개 역시 그래 왔다). 그 유전자들은 공통적으로 아밀라아제를 만드는데, 그런 유전자 사본이 여러 개라는 것은 우리가 더 많은 아밀라아제를 분비해서 전분 소화 능력을 더욱 개선했다는 말이다.

농경으로의 전환은 진화의 시간표에서 비교적 최근 일이고, 전 세계적으로 봤을 때 지역에 따라 다양한 시간대를 통해 이루어졌다. 이 말은 농산물 중심의 식단에 대한 적응이 단일한 시기에 이루어지지 않았다는 것이다. 그래서 과학자들은 어떤 사람에게서 아밀라아제 유전자 사본을 두 개 발견한다면, 다른 사람에게서는 열 개 이상의 유전자 사본을 발견하기도 한다. 평균적으로 비교적 일찍 농경을 시작했던 유럽인과 동아시인들이 농경 후발 주자들보다 더 많은 아밀라아제 유전자를 갖고 있다. 그러나 유럽인과 동아시아인들 사이에서도 아밀라아제 유전자가 거의 없어 전분이 많은 식단에 적합하지 않은 사람도 있다.

아밀라아제는 인간의 신진대사에서 작은 구성 요소일 뿐이다. 하지만 우리는 아밀라아제와 마찬가지로 신체 내부에서 불균등한 분포를 보이는 몇 가지 다른 유전적 변이를 알고 있다. 전형적인 예는 우유 속 당분인 유당lactose을 분해하는 유전적 변이다. 원래 모유로 생존을 유지하는 유아들만이 유당을 분해할 수 있었다. 그러나 수천 년 전에 돌연변이가 생겨나서 이 능력이 성인까지 확장되었다(기원전 7000년경 목축을 시작하면서 벌어진 일이다-옮긴이). 수렵 채집인이었다면 쓸모없는 변이지만(그들이 어디서 우유를 구할 방도가 있었겠나), 낙농으로 생계를 꾸리던 농부들에게는 귀한 먹을거리를 섭취할 수 있게끔 했다. 내가 태어난 나라 덴마크는 이 유전자 변이가 유래된 곳과 가까운 지역이라서 오늘날 거의 모든 성인들이 유당을 소화할 수 있다. 하지만 북유럽에서 거리가 멀어질수록 그 변이는 점점 드물어진다. 아직 그곳까지는 충분히 확산될 시간이 없었기 때문이다. 농부에게 유당 내성lactose tolerance(유당 분해 유전자 변이를 갖고 있는 경우-옮긴이)은 생존에 큰 힘이 되었을 것이다. 만약 우리 역사가 지금의 산업사회가 아니라 농업 의존도를 높이는 쪽으로 진행되었다면 우유 소화 능력이 있는 사람은 더 많은 열량을 섭취하고 생존과 번식에서 우위를 점하면서 유당에 내성이 있는 유전자를 더욱 널리 퍼뜨렸을 것이다. 하지만 현재 상황은 유당 내성이 고르지 않게 퍼져 있어서 어떤 사람에게는 유제품이 칼슘의 보고라면, 다른 사람에게는 폭풍 설사나 선사하는 것이 되었다.

어떤 경우에는 사람들 사이에서 서로 **상충**하는 유전자 변이가 존재하기도 한다. FADS1 유전자와 FADS2 유전자의 경우가 그렇다. 둘은 몸속에서 긴 사슬로 이루어진 다중불포화지방산polyunsaturated fatty acid이라 불리는 분자의 생산에 관여하는 효소를 암호화하는 유전자다. 이 혀를 꼬이게 하는 긴 이름의 분자에는 얼마간의 오메가-3 지방산이 있다. 그린란드의 이누이트족은 수천 년 동안 오메가-3가 풍부한 생선 중심의 식사를 해 왔다. 그 결과 그들은 다중불포화지방산의 분비를 **제한**하는 FADS1 유전자와 FADS2 유전자 변이를 보유하는 경우가 많다. 오메가-3가 넉넉한 식단을 유지할 수 있기 때문에 우리 몸의 자체 생산을 억누를 필요가 있었던 것이다.

반면에 인도 남부의 푸네Pune 지역에는 역사적으로 채식 공동체들이 존재하는데, 이곳의 사람들은 몸속에 다중불포화지방산의 분비를 **촉진**하는 FADS2 유전자 변이를 대부분 갖고 있다. 채식 식단으로는 식사를 통한 영양 섭취가 넉넉하지 않기 때문에 이 유전자를 가지는 것이 생존에 유리했을 것이다.

그렇다면 우리는 건강을 위해 저탄수화물 식단을 선택해야 할까? 우유를 마셔야 하나? 아니면 채식을 선택해야 하나? 지금까지 이 많은 선택지 중에서 고민할 때 우리가 놓친 핵심 사실은 각자의 유전자 특성에 대한 고려다. 당신의 친구 중에 한 사람이 베지테리언 식단을 선택해서 건강한 삶을 살고 있다 하더라도, 당신은 저탄수화물 식단으로 컨디션이 나아질 수 있다. 비록 두 사람의 식단이 완전히 대조적이라 하더라도, 어느 한쪽이 거짓말을 하고 있다거나 혹은 선천적으로 훨씬 건강해서 그런 것은 아니다.

◆ • ◆

우리가 건강에 기울이는 노력은 여전히 꽤 맹목적이다. 어떤 것이 '몸에 좋다'는 말을 들으면 그것이 사실이기를 빈다. 이제 당신이 눈치를 챘겠지만, 오히려 그것이 사실이 아닌 경우가 많다. 나에게는 좋지 않은 것이 어떤 사람에게는 좋을 수도 있다. 이를테면 어떤 연구에서 '시금치를 먹었더니 근육의 크기가 25퍼센트 증가했다'는 결과가 나왔다면 **평균적으로는** 사실일 것이다. 그러나 한 사람도 빠짐없이 그런 효과를 얻을 수 있다는 말은 아니다. 어떤 사람은 더 많이 증가할 수도 있고, 다른 사람은 조금만 증가할 수도 있다. 어떤 사람은 아예 증가하지 않는가 하면, 심지어 근육량이 줄어든 경우도 생길지 모른다.

지금껏 보아 왔듯이 우리 몸은 모든 경우에 동일한 결과를 내놓지 않기 때문에 맹목적 적용은 종종 실망스러운 결과를 낳는다. 건강 정보를 막연히 수용할 것이 아니라, 실제 내 몸에서 어떤 효과가 일어나는지를 측정하고 그에 따라 접근 방식을 조정해야 할 것이다. 시금치를 먹으면서 그것이 내 몸의 근육량, 근력 혹은 혈액의 생체지표에 어떤 효과를 발휘하는지 실제로 측정해 보라. 우리는 이런 측정치를 종합해서 최적의 식이요법, 운동 방식, 혹은 삶의 양식을 선택할 수 있을 것이다.

우리가 일찌감치 우리의 몸에 대해서 이 정도로 충분한 측정치를 수집하지 못한 이유는 기술적이며 경제적인 한계 때문이다. 어떤 경우에는 예컨대 여러 유전자를 해석할 때와 같이 지식이 부족한 상황도 있다. 이제 우리는 '유전체 분석genome sequencing'을 이용해서 유전자를 '읽을' 수는 있지만, 그 해석은 훨씬 어렵고 아직 초기 단계에 머물러 있다.

어떤 경우에는 우리가 무엇을 해야 하는지는 알지만, 실제로 해 보려면 제약이 따르기도 한다. 가령 호르몬 수치, 대사 물질(대사산물), 비타민, 염증 표지자 따위를 측정하기 위해서는 여전히 인체에 고통을 가하는 침습적인 채혈이 필요하다. 그리고 대부분의 경우 생체지표를 자주 측정하기에는 너무 많은 비용이 든다. 당신이 이런 분야에 전문 기술이나 흥미를 갖고 있다면 안전하고 값싼 생체지표 측정 방법을 만들어서 우리 모두를 도와주기를 간절히 원한다. 우리 몸에 대한 더 많은 데이터에 접근할 수 있다면 건강과 안녕에 있어서 획기적인 돌파구를 마련할 수 있을지도 모른다.

우리가 이미 논의했던 대로 장수를 위한 생체지표의 최후의 난관, 즉 최후의 성배는 정확한 생체시계를 마련하는 것이다. 우리 신체에서 어느 정도로 노화가 진행 중인지 시간 경과에 따라 추적할 수 있는 생체지표 말이다. 현시점에서 최선의 생체시계는 텔로미어의 길이 단축과 후성유전학 시계로 보인다. 둘 다 대규모 집단을 연구할 때 유용하지만, 안타깝게도 개개인에게까지 정확하게 적용할 수 있을 정도로 정교하지는 않다. 아직은 말이다.

현재 시점에서 현명한 선택은 우리가 쉽게 이용할 수 있는 생체지표를 사용해 보는 것이다. 가장 확실한 것은 체중이다. 과체중인가 비만한가 하는 정도로도 중대한 건강상의 손상을 예측할 수 있다. 그러나 의사와의 예약이 필요한 성가신 일이긴 하지만, 혈액검사로 얻는 생체지표 또한 면밀히 검토할 가치가 있다. 이제 그것들을 살펴보자.

Chapter 22

중세 수도원에서 현대 과학까지

: 인슐린 감수성을 개선하라 :

앞에서 논의했듯이 예쁜꼬마선충의 수명을 늘리는 최선의 방법 중 하나는 이 벌레에게 인간의 성장 촉진 유전자인 IGF-1에 해당하는 것을 무력화시키는 것이었다. 그 유전자의 실제 이름은 daf-2이다. daf-2는 단지 IGF-1이 인간에게 하는 역할만 하지 않는다. 인간에게 인슐린 호르몬이 하는 역할도 담당한다.

IGF-1처럼 인슐린도 성장을 촉진한다. 그러나 그것의 주된 역할은 혈당 조절이다. 우리가 탄수화물을 섭취하면 장 속의 효소가 그것을 분해해서 단순당인 포도당glucose으로 만든다. 이 포도당이 흡수되어 혈액 속으로 들어오면 '혈당'이라 불린다. 우리 세포는 이 혈당을 연료로 사용한다. 드디어 인슐린이 등장한다. 식사 후에 혈당이 상승하면 췌장에서 인슐린이 분비되어 세포가 당을 흡수할 수 있도록 한다. 인슐린은 세포 속으로 향하는 문을 여는 작은 열쇠와 같다. 이런 메커니즘은 우리 세포에 연료를 공급해 주는 일이다. 또한 혈당 수치가 높은 것을 방치하면 혈관에 손상이 갈 수도 있기 때문에라도 그것은 필요한 메커니즘이다. 요컨대 식사 후 혈당이 솟구치면, 세포가 당장 연료를 필요로 하지 않더라도 우리 몸은 혈당을 낮추기를 원한다는 것이다. 그때 우리 몸은 당을 지방세포로 나르고, 거기서 당이 지방으로 변환되어 저장될 수 있도록 한다. 그래도 혈당 수치가 여전히 높으면 최후의 수단인 오줌으로 배설한다.

고대 이집트 시대 이래 의사들은 끊임없는 갈증과 무력증, 그리고 배뇨로 고통받는 환자들에 대한 기록을 남겼다. 어쩌다가 사람들은 이런 환자들의 오줌이 단맛이 난다는 것을 알게 되었다. 우리는 이제 이것이 환자의 몸이 혈당을 낮추려 하기 때문이란 것을 안다. 그들은 당뇨병 환자다. 덴마크에서는 '설탕병sugar sickness'이라고 한다. 당뇨병이 오면 인슐린이 혈당을 충분히 낮추지 못하므로 몸이 필사적으로 혈당을 제거하려고 애쓴다. 먼저 제1형 당뇨병은 자가면역질환인데 면역 체계가 엉뚱하게 인슐린을 분비하는 세포를 죽인다. 제2형 당뇨병은 생활 습관과 관련된 질환으로, 환자가 인슐린을 분비할 수는 있지만 세포가 인슐린에 대한 반응성이 떨어져서 당을 잘 흡수하지 못한다. 열쇠가 문을 잘 열지 못하는 것이다. 과체중이거나 가공식품을 지나치게 많이 먹는 사람들이 빈번하게 걸리는 것으로 보인다.

제2형 당뇨병이 질환이기는 하지만 건강한 사람들 사이에서도 '인슐린 감수성insulin sensitivity'이라는 수준이 존재한다. 즉 사람마다 혈액에서 당을 제거하기 위해서 필요로 하는 인슐린의 양이 서로 다르다. 인슐린 감수성을 스펙트럼에 비유해도 좋다. 한쪽 끝에는 인슐린 감수성이 예민해서 혈당 흡수를 위해 많은 인슐린을 필요로 하지 않는 운동선수의 세포가 있다. 다른 쪽 끝에는 인슐린 분비가 많아도 그것에 반응을 하지 않는 당뇨병 환자의 세포가 있다.

예쁜꼬마선충의 경우를 바탕으로 추정해 본다면 인슐린 감수성이 예민한 이들은 더 오래 살 것이다. 실제로 선충에게 인슐린 신호에 해당하는 것을 억제했더니 그것의 수명이 늘어났다(인슐린 신호가 세지면 우리 몸은 인슐린에 점차 둔감해져서 인슐린의 말을 듣지 않게 된다. 인슐린 신호를 억제한다는 것은 인슐린 민감성을 증가시킨다는 뜻이다-옮긴이). 과학자들은 백세인이 확실히 인슐린 감수성이 높고 혈당 통제 능력도 철저하다는 것을 확인했다. 마찬가지로 생쥐의 경우에도 지방세포에서 인슐린 신호 전달을 비활성화했더니 수명이 증가했다.

애석하게도 인슐린과 혈당 수치는 나이가 들면 증가하는 경향이 있으며, 그에 따라 당뇨병의 위험도 커진다. 1990년대에 스웨덴의 스타판 린데베리Staffan Lindeberg 교수는 그런 통념에 의문을 가졌다. 린데베리 박사는 파푸아뉴기니의 울창한 열대의 섬에 사는 키타바 주민들의 삶을 들여다보았다. 그들의 전통적 식단은 얌, 타로감자, 과일, 코코넛 같은 현지 농작물에 생선이 조금 곁들여졌다. 탄수화물이 전체의 69퍼센트를 차지했다. 요즘 말로 고탄수화물 식단이다. 식단만 보면 키타바 주민들의 혈당과 인슐린 수치가 높을 거라는 짐작이 막연히 들 것이다.

과연 그런지 린데베리 박사는 일반적인 스웨덴인들의 혈액 샘플을 채취해서 키타바 주민들의 혈액 샘플과 비교했다. 박사는 키타바인들의 탄수화물 섭취량이 많았음에도 불구하고 그들의 인슐린 수치는 스웨덴인들보다 낮다는 사실을 확인했다. 그리고 스웨덴인들의 인슐린 수치는 나이가 들수록 증가했지만 키타바인들의 경우는 그런 증기를 보이지 않았다. 대체로 키타바인들은 상당히 건강했다. 박사는 섬 전체에서 비만한 사람을 겨우 두 명을 찾아냈을 뿐인데, 그 두 사람조차도 사업을 하겠다고 본토의 큰 도시로 떠났다가 방문차 고향을 찾은 경우였다.

키타바인의 사례는 탄수화물이 그 자체로는 인슐린 감수성에 문제를 일으키지 않는다는 것을 입증한다. 만약 당신이 키타바인처럼 적정 체중을 유지하고 가공식품이 아니라 자연 식품을 통해 탄수화물을 섭취하고 있다면, 인슐린 감수성이 높고 건강할 것이다. 하지만 현실적으로 우리 대부분이 사시사철 키타바인처럼 식사를 할 수는 없을 것이다. 그래도 건강하고 싶다면 개별적인 인슐린 감수성과 혈당 수치를 측정하고 그에 맞춰서 다양한 식단을 직접 시도해 보는 것이 최적의 방안이다. 우리는 오트밀에서 캔디에 이르기까지 같은 식품을 먹더라도 사람에 따라서 매우 다양한 혈당 스파이크blood sugar spike(식후 혈당이 급속도로 치솟는 현상-옮긴이)를 보인다는 사실을 알고 있다. 그 이유 중 하나는 유전적 요인일 수 있지만, 또 다른 이유는 장내 미생물 군집이다. 장내에 특정한 박테리아의 존재 여부와 다양한 음식 섭취로 생기는 혈당 스파이크 사이에는 묘한 상관관계가 있다.

키타바인처럼 되기 위한, 시간도 덜 잡아먹고 요란한 장비도 필요 없는 접근법은 몇 가지 검증된 생활 습관을 들이는 것이다. 최고는 식후의 운동이다. 그 정도는 아니더라도 최소한 움직이기라도 해야 한다. 근육은 혈당의 첫째가는 목적지다. 단지 근육을 쓰는 것만으로도 혈당 스파이크를 상당히 낮출 수 있다. 식사 후에 잠깐 걷는다든지 맨몸 운동을 조금 해 보는 것도 효과가 있다.

그러나 혈당을 조절하기 위한 좀 더 대담한 방법도 있는데, 그중 가장 흥미진진한 방식을 보고 싶다면 우리는 중세 수도원의 정원으로 시간 여행을 해야 한다.

◆ • ◆

당신이 중세에 살면서 끝없는 갈증, 무력증, 잦은 배뇨와 같은 당뇨병 증세에 시달리기 시작했다면 당신은 수도원의 수도승에게 가 보라는 안내를 받을 것이다. 수도승은 당신이 겪은 고초를 경청한 다음 정원으로 가서 아름다운 자줏빛 관목을 꺾어 와 그것을 갈아서 당신에게 처방할 것이다. 프랑스라일락French lilac 혹은 고트스루goat's rue(염소에게 젖이 더 잘 분비되게 한다고 먹였다-옮긴이)라 불리는 이 관목은 돌팔이가 처방하는 엉터리 약이 아니었다. 이 다년생 식물의 즙은 실제로 혈당 수치를 낮추고 당뇨병 증상을 완화했다. 비록 원래의 성분이 개발되어 의약품으로 새롭게 단장하긴 했지만, 오늘날에도 여전히 쓰이고 있다. 그 약의 이름은 메트포르민metformin이고 1957년에 당뇨병 치료제로 승인받았다. 그 이후로 메트포르민은 전 세계적으로 가장 널리 처방되는 당뇨병 치료제 가운데 하나로 자리 잡았다.

수십 년간 그저 당뇨병 약으로만 소비되었던 메트포르민이 갑자기 항노화 특효약으로 각광을 받게 되었다. 지금은 전설이 된 연구에서 학자들은 세 집단의 수명을 비교했다. 건강한 사람, 메트포르민을 처방받은 당뇨병 환자, 다른 약을 처방받은 당뇨병 환자 등 세 그룹이 비교 대상이었다. 예상했던 대로 대부분의 당뇨병 환자는 건강한 이들보다 수명이 짧았다. 그러나 눈이 번쩍 뜨이게 하는 예외가 있었다. 메트포르민을 처방받은 당뇨병 환자들은 건강한 집단보다 평균적으로 **더 오래** 살았다. 수명을 단축하는 질병으로 고통을 겪으면서도 메트포르민을 복용한 사람들은 건강한 통제집단보다 더 오래 살았다는 말이다. 과연 메트포르민은 최초의 항노화 약으로 기록될 수 있다는 말인가?

메트포르민에 혈당 수치를 떨어뜨리고 인슐린 감수성을 높이는 **효과**가 있어서 수십 년 전에 약으로 승인되어 수많은 사람에게 매일 처방되었는데도, 지금까지 그 약이 우리 몸에서 **어떻게** 작용하는지 모르고 있었다는 사실은 놀라운 일이다. 가장 널리 받아들여지는 가설은 메트포르민이 우리 몸속에서 에너지 센서처럼 작동하는 AMPK(AMP-활성화 단백질 인산화효소AMP-activated protein kinase)라 불리는 효소를 활성화한다는 것이다. 일반적인 상황에서 세포에 에너지가 부족할 때 AMPK가 활성화된다. AMPK는 단식을 하거나 열량 제한 식사를 할 때와 같이 세포를 일종의 에너지 절약 모드로 전환한다. 그래서 메트포르민에 환호를 보내는 사람들은 그것이 알약일 뿐이지만 단식의 효과를 발휘한다고 주장한다.

두 번째 가설은 메트포르민이 사실 **우리 몸**에 직접적으로 작용하는 것이 아니라 장내 박테리아에 작용한다는 것이다. 생쥐에게 메트포르민을 투여하면 생쥐의 인슐린 감수성이 개선되는데, 그 효과는 장내 박테리아를 옮겨 주기만 해도 발휘된다. 메트포르민 처방을 한 생쥐로부터 장내 박테리아를 추출한 뒤 메트포르민을 처방한 적이 없었던 다른 생쥐에게 주입했더니, 그 생쥐 또한 인슐린 감수성이 높아졌다.

두 가설의 효과는 모두 옳을 수 있으며, 각자 독립적으로 작용할 수 있다. 약이 여러 곳에서 동시에 작용하는 것은 드문 일이 아니다. 사실 우리 몸은 너무나 복잡해서, 한 약품이 다양한 방식으로 효과를 발휘하지 **않기**란 거의 불가능할 정도다. 최초에 어떤 약을 개발할 때 연구진들은 이런 추가적인 상호작용이 원치 않는 부작용으로 이어지지 않기만을 기도할 뿐이다.

메트포르민과 관련된 세 번째 가설은 그것이 염증을 막아 준다는 것인데, 내 생각에는 바로 이 부분에서 문제가 발생한다. 몸에 염증을 막아 준다는 것은 좋은 것처럼 보인다. 그러나 염증과 일반적인 손상이 늘 나쁜 것은 아니다. 물론 만약 당신이 감자 칩과 탄산음료를 입에 달고 산다면 당신의 몸은 분명 높은 수준의 염증에 노출될 테고, 그래서 이를 완화하는 것이 분명 좋을 수 있다. 그러나 염증은 또한 호르메시스 작용에서 중요한 역할을 한다. 가령 운동을 한 뒤라면 많은 염증이 발생할 것이고 몸이 그것을 '손상 신호'로 받아들이면서 일련의 건강한 대응을 쏟아 낼 것이다. 이런 상황에서 메트포르민이 염증을 차단해 버리면 운동의 유익한 효과도 사전에 막는 것이 된다. 만약 운동을 안 하던 사람이 메트포르민을 복용하고 운동을 시작한다면, 그것을 복용하지 않고 운동을 하는 사람들만큼의 지구력이나 근력 증진을 얻지는 못할 것이며 운동에 대한 주요 세포 적응도 놓치게 될 것이다.

그럼에도 불구하고 몇몇 저명한 학자와 연구원들은 메트포르민의 장수 효과를 확신하면서 당뇨병의 경우가 아닌데도 이 약물을 처방하고 있다. 이들 중에는 합리적인 학자들도 포함되어 있다. 하지만 나는 여전히 회의적이다. 약간의 수명 연장의 효과를 보여 주는 단일한 연구의 결과보다는 운동을 통한 건강 증진의 효과에 더 큰 비중을 두어야 한다고 생각하기 때문이다. 단일한 연구는 우연으로, 실수로, 오해로, 실험실에 커피가 다 떨어져서, 혹은 별자리의 배열이 어긋나서 따위의 별별 이유로 잘못될 수도 있는 것이다. 잠재적인 부작용이 우려되는 당뇨병 약을 항노화제로 쓰려면 아직 더 많은 데이터가 필요하다고 생각한다.

그러나 다행히도 메트포르민 옹호론자들은 그들의 확신을 공유하면서도 동시에 진지한 태도로 그들의 믿음에 대해 검증도 하고 있다. 그들은 현재 건강한 사람에게 미치는 메트포르민의 효과를 확인하기 위해 좀 더 엄격한 연구를 준비하고 있다. 앞으로 있을 '메트포르민을 이용한 노화 치료Targeting Aging with Metformin(TAME)' 실험에서는 수천 명의 미국인들이 그 약의 장수 효과(얼마만큼의 수명 연장 효과를 보이며 어느 정도의 비용이 드는지)를 확인하기 위해서 메트포르민, 혹은 위약을 처방받게 될 것이다. 무척 기대가 된다.

Chapter 23

측정이 되어야 관리가 된다

: 콜레스테롤의 이해 :

비록 많은 장기에 손상이 가더라도 우리는 생존할 수 있다. 신장을 잃었다고? 괜찮다. 간 절반을 잘라 냈다고? 괜찮다. 팔이나 다리를 하나 잘라 내야 했다고? 괜찮다. 그러나 손상이 가면 큰일 나는 장기가 둘 있다. 심장과 뇌다. 이 둘 중 하나라도 이상이 생기면 심각해진다. 그 실상은 사망 원인 목록을 보면 명백하다. 대부분의 국가에서 사망 원인 1위는 심혈관 질환이며, 그중 가장 두드러진 것은 심장마비와 뇌졸중이다.

안타깝게도 이 분야의 연구자들은 모든 용어를 가능한 한 복잡하고 어렵게 만드느라 큰 수고를 하고 있다. 그러나 우리는 지금 건강한 노년을 원하고 있으니, 그래도 한번 그 용어들에 도전해 보자.

대부분의 심혈관 질환들은 죽상경화증atherosclerosis에서 기인한다.

그것은 동맥경화증arteriosclerosis의 한 형태인데 세동맥경화증arterioloscle-rosis과 혼동하기 쉽다. 복잡하지 않은가? 나도 그렇게 생각한다.

죽상粥狀경화증은 죽 모양의 지방 덩어리인 플라크, 즉 죽상판(죽상반)이 동맥벽에 쌓이는 것이다. 싱크대 아래의 파이프가 찌꺼기 때문에 서서히 막히는 것이라고 봐도 무방하다. 시간이 흐르면서, 그리고 노화의 진행으로 인해 이런 식으로 플라크가 쌓이다가 마침내 문제를 일으킨다. 동맥을 막아 버리거나, 아니면 지방 덩어리 조각이 떨어져 나와 이동하면서 혈관을 타고 돌다가 더 가는 혈관을 막아 버리거나 한다. 어느 경우라 하더라도 결과적으로 막힌 혈류 아래의 조직이 충분한 산소 공급을 받지 못하게 되어서 손상을 입거나 죽어 버린다. 게다가 이런 사태가 심장(심장마비)이나 뇌(뇌졸중)에서 벌어진다면 특히 최악이다.

나이가 들더라도 죽상경화증의 영향을 받지 않고 사는 것이 가능은 하겠지만, 단지 노화만으로도 엄청난 **위험 인자**가 될 수 있다. 젊은 사람은 애초에 심장마비에 걸리지 않는다. 하지만 죽상경화증의 최초 징후는 삶의 초반부에 일찌감치 나타나기도 한다. 예컨대 미국의 의사들은 6·25 전쟁 당시 80퍼센트에 육박하는 전사자들에게서 심장으로 피를 공급하는 혈관에 지방질 플라크가 있다는 사실을 발견하고는 놀라지 않을 수 없었다. 이들의 평균 나이는 22세였다. 심지어 **어린이**—특히 흡연자와 함께 사는—의 몸에서도 때 이른 플라크 형성의 징후를 볼 수 있다는 사실도 드러났다.

몇몇 유전적 질병에서 죽상경화증의 증상은 크게 가속화된다. 그중 하나가 가족성 고콜레스테롤혈증familial hypercholesterolaemia(FH)인데, 이런 용어는 나 같은 비영어 원어민을 놀라서 오밤중에 벌떡 일어나게 만든다. 앞으로는 그냥 FH라 칭하겠다. FH 증상이 있는 사람을 치료하지 않고 방치해 두면 심장마비나 뇌졸중의 위험이 5배에서 20배까지 높아진다. FH를 그대로 내버려 두면 남성의 절반은 50대 이전에, 여성은 3분의 1이 60대 이전에 심장마비를 겪는다. 도대체 FH에서 무슨 일이 벌어지는지 다 알지는 못하더라도, 그냥 보고만 있을 수는 없는 노릇이다.

FH를 야기하는 유전적 변이들은 간이 혈액으로부터 저밀도 지단백 콜레스테롤LDL cholesterol을 제거하는 능력을 약화시킨다. LDL은 정확히는 몸 전체로 지방을 운반해 주는 단백질이다. 그러나 LDL 콜레스테롤을 간단히 '나쁜 콜레스테롤'이라고 생각해도 좋다. FH 환자는 신체에서 LDL을 충분히 제거하지 못하기 때문에 보통 사람의 경우보다 혈중 LDL 콜레스테롤 수치가 훨씬 높다. 때때로 그 수치가 너무 높으면 눈 위로 노란 반점이 나타나기도 한다. 콜레스테롤은 또한 동맥 내부에 쌓이는 플라크의 성분이기도 하다. 그렇다면 이쯤에서 스모킹건, 즉 결정적 단서가 보인다.

우리는 또한 FH와는 정반대의 성향을 지닌 변이를 알고 있다. '프로단백질 전환효소 서브틸리신/켁신 9형(PCSK9)' 유전자의 특정 변이들은 간이 공격적으로 혈중 LDL 콜레스테롤을 **제거**하도록 만들어 LDL 수치를 지나치다 싶을 정도까지 끌어내린다. 이는 심장마비의 위험을 크게 떨어뜨린다.

보통 사람들도 LDL 콜레스테롤 수치가 높을수록 심장마비와 뇌졸중에 걸릴 위험이 높아지는 양상을 보이기 때문에 그런 논리는 더욱 힘을 얻는다. 심지어 정상적 수치에 있는 경우에도 마찬가지다. 약물 처방이나 생활 습관 변화를 통해 LDL 수치를 낮추면 위험이 감소하며, 그리고 그 감소는 LDL 수치의 하락에 정비례한다. 다시 말하지만, 정상 범위 내에 있는 경우에도 마찬가지다.

이런 압도적으로 긍정적인 증거에도 불구하고 일부 연구자들은 여전히 심혈관 질환의 원인이 콜레스테롤이 아닌 다른 어떤 것일 가능성에 대해서 필사적으로 연구하고 있다. 심지어 그들은 콜레스테롤은 무해한 것이며, 단지 거대 악덕 제약사가 환자들의 주머니를 털기 위해 만든 음모라면서 그럴싸한 논리를 이리저리 꿰맞추고 있다. 일부의 사람들에게 그 논리가 그럴싸해 보이는 한 가지 이유는 계란은 맛있지만 콜레스테롤 함량은 높다는 것이다(맛있는 계란을 죄책감 없이 먹기 위해 작은 기회라도 놓치지 않는 것이다. 앞에서 언급한 초콜릿의 경우를 생각해 보라-옮긴이). 건강 전문가들은 콜레스테롤을 많이 섭취하는 것은 혈중 LDL 콜레스테롤 수치를 증가시키고 심장마비를 불러온다면서 계란을 그 원흉으로 꼽고는 했다. 하지만 최근에야 전문가들은 계란에 대한 그들의 태도를 조금 누그러뜨렸다. 계란을 좋아하는 사람들은 한숨을 돌려도 좋다. 콜레스테롤은 음식으로만 섭취하는 것이 아니라, 우리 몸에서 자체적으로 합성할 수 있기 때문이다. 사실 우리 몸속 콜레스테롤 대부분은 음식으로부터 온 것이 아니라 자체적으로 생성된 것이다. 그 말은 당신이 얼마나 많은 콜레스테롤을 섭취하는

가와 당신 몸에 얼마나 많은 콜레스테롤이 있는가에는 대단한 인과관계가 있지는 않다는 것이다. 음식을 통해 많은 콜레스테롤을 섭취하면 몸은 자체적으로 콜레스테롤 합성을 줄이게 된다.

이런 논리를 뒷받침하는 꽤나 인상적인 예가 있다. 한 사례 연구에서 과학자들은 여든여덟 먹은 치매 환자가 하루에 25알의 반숙 달걀을 먹어 왔다는 사실을 알게 되었다. 그는 오랜 세월 이런 식습관을 고수해 왔다. 그러나 엄청난 양의 콜레스테롤을 섭취해 왔음에도 불구하고(게다가 고령임에도 불구하고) 그의 혈중 LDL 콜레스테롤 수치는 지극히 정상이었다. 만약 노인의 보호자가 계란에 치중된 그의 식습관을 증언해 주지 않았더라면 의사들은 이 노인이 부활절 토끼의 화신임을 믿어 의심치 않았을 것이다.

그 노인의 비결은 그의 몸이 그 이상한 식습관에 적응했다는 것뿐이었다. 의사들은 그의 몸이 계란으로 섭취한 콜레스테롤을 조금만 흡수하고 나머지는 배출했으며, 동시에 자체 콜레스테롤 생산은 최소화했다는 사실을 확인했다. 이 모든 과정은 계란만을 섭취하면서 살아왔던 몸이 콜레스테롤 수치를 통제하기 위해 적응하며 만든 작동 방식이었던 것이다.

1970년대와 1980년대에도 이와 비슷한 연구 결과들이 있었다. 의사들이 심한 화상을 입은 환자들을 치료하겠다며 하루에 35알의 달걀을 식단으로 제시하면서 나온 연구였다. 어마어마한 콜레스테롤 섭취에도 불구하고 환자들은 연구 기간 내내 정상적인 혈중 콜레스테롤 수치를 보였다.

나는 당신에게 이런 식이요법을 시도해 보라고 권하는 것이 아니다. 하지만 달걀은 맛있을 뿐만 아니라 또한 건강식품이다. 합리적 식이요법에 대한 연구 결과에 따르면 적당한 계란 섭취(하루에 평균 한 알)는 죽상경화증의 위험을 전혀 증가시키지 않는다.

그렇다고 우리가 식이요법을 통해서 LDL 콜레스테롤 수치에 영향을 미칠 수 없다는 말은 아니다. 내가 책 속에서 '이런 특정한 약초/버섯/식물을 섭취하고 영생하시오' 따위의 온갖 조언은 늘어놓지 않았다는 사실을 이미 알아차렸을 것이다. 그런 주장들은 거의 변함없이 거짓이기 때문이다. 하지만 예외적인 것이 있다. 진짜로든 식이 보충제로든 마늘을 먹으면 몇 가지 건강 효과를 볼 수 있다는 것을 뒷받침할 꽤 많은 증거가 있다. 그중에는 LDL 콜레스테롤 수치를 떨어뜨렸다는 결과도 있다. 연구자들이 다음과 같은 부작용을 보고하기도 했다. '적극적으로 마늘 요법에 참여한 사람 중에 많은 이들이 마늘 냄새, 입냄새 혹은 매운 맛으로 고역을 치르는 것이 확인되었다.' 하지만 그럼에도 불구하고 더 많은 마늘을 먹는 것은 당신이 시도해 볼 만한 식습관이다.

LDL 콜레스테롤 수치를 떨어뜨리는 데 마늘보다 한결 나은 방법은 식이 섬유를 더 많이 섭취하는 것이다. 과거에는 지금보다 훨씬 더 많은 식이 섬유를 섭취했다. 수렵 채집인과 중세의 농부들 모두 음식을 꼭꼭 씹어 먹어야 했는데 그 첫 번째 이유가 섬유소가 풍부한 음식을 많이 섭취했기 때문이다. 현대까지 그런 삶의 양식을 지켜 온 수렵 채집인들도 우리보다 월등히 낮은 LDL 콜레스테롤 수치를 보이며, 따라서 심혈관 질환의 위험도 현저히 낮다.

그래서인지 현대 사회에서도 식이 섬유를 많이 섭취하는 것은 장수와 상관성을 보인다. 그것도 단지 부유한 고학력자들이 더 많은 섬유소를 섭취하기 때문에 나타나는 효과로, 단지 장수와 관련된 카고 컬트에 불과한 것일까?

아니다. 무작위 대조군 실험에서도 식이 섬유 섭취로 LDL 콜레스테롤 수치를 낮춘다는 결과를 확인할 수 있었다. 사람들이 자신들의 식단에 더 많은 식이 섬유를 추가했을 때 LDL 수치는 확실히 떨어졌다. 그 메커니즘도 잘 알려져 있다. 우리 몸이 식이 섬유를 소화해 내지 못하기 때문에 그것은 온전한 상태로 소화계를 통과한다. 그 과정에서 섬유소는 우리가 지방을 소화하고 흡수하는 데 사용했던 담즙산bile acid이라는 물질을 흡착한다. 우리 몸은 사용이 끝난 담즙산을 흡수해서 재활용하려고 시도하지만, 식이 섬유에 흡착되고 나면 어쩔 도리가 없다. 그러면 간은 다시 담즙산을 만들어야 하는데, 그때 쓰는 출발 물질이 핏속 콜레스테롤이다. 이런 메커니즘은 왜 현대인의 몸속 LDL 콜레스테롤 수치가 근본적으로 높은지를 설명해 주는 것으로 보인다. 섬유소의 비중이 높은 식단을 채택한다면 우리 몸은 지금보다 훨씬 더 많이 담즙산을 흡착해 낼 수 있을 것으로 예상하고, 부족한 담즙산을 채우기 위해 핏속의 LDL 콜레스테롤로 이를 만회할 준비가 되어 있다. 반대로 식단에서 섬유소를 없애 버린다면 LDL 수치는 사정없이 솟구칠 것이다.

더 많은 식이 섬유를 섭취하려면 두 가지 선택지가 있다. 가장 간단한 해결책은 식단에 섬유소가 풍부한 음식을 더 많이 올리는 것이다. 아침에 먹는 오트밀의 원료인 귀리의 효능은 특히 잘 입증되었지만, 귀리가 아니더라도 섬유소만 풍부하다면 어떤 음식이든 상관없다. 통곡물이나 콩, 사과와 배 같은 과일은 모두 섬유소가 넉넉하다. 다른 방법은 식이 보충제로 섭취하는 것이다. 천연 음식으로 섭취하는 것이 당연히 더 좋지만, 사정에 따라 융통성을 발휘해야 할 것이다. 가장 인기 있고 효과가 입증된 방식은 실리엄psyllium, 즉 질경이 씨앗의 껍질인 차전자피가 함유된 섬유질 보충제를 복용하는 것이다. 임상 과정에서는 대개 하루 5~15그램을 한 번에 5그램씩, 하루 한두 번에서 많게는 세 번까지 복용시켰다. (만약 식사나 삶의 방식에 변화를 주어서 LDL 콜레스테롤 수치를 적절히 제어할 수 없다면 콜레스테롤 강하제를 쓰는 것도 좋은 방법이다.)

◆ • ◆

심혈관 질환에 대한 또 다른 주요 위험 인자는 고혈압이다. 심장마비나 뇌졸중을 앓는 대다수의 사람들은 이전에 고혈압 증상을 보였던 사람들이다.

혈압 조절에 관여하는 중요한 호르몬 가운데 하나는 안지오텐신 II angiotensin II라 불리는 것이다. 이 호르몬이 자신과 호응하는 수용체와 결합하면 혈관이 수축하고 혈압은 상승한다. 고무호스의 끝을 눌렀을 때를 상상하면 된다. 동일한 양의 물이 그 호스를 통과한다 하더라도 더 높은 압력하에서 지나가게 될 것이다. 안지오텐신 II와 관련해서 흥미로운 사실이 있다. 안지오텐신 II 수용체 속에는 백세인들 사이에서 과다하게 나타나는 유전적 변이가 있다. 그 변이가 장수의 가능성을 높이는 것인지도 모른다. 작동 원리는 간단하다. 안지오텐신 II가 수용체를 활성화하지 못하도록 방해하면서 결과적으로 고혈압을 예방하는 것이다.

몇몇 이탈리아의 학자들은 이런 작동 원리를 극단적으로 적용해서 안지오텐신 II 수용체를 완전히 비활성화한 생쥐를 만들었다. 이들 쥐는 유전적으로 고혈압에 대항 저항성이 있어서 다른 일반적인 쥐보다 26퍼센트나 더 오래 사는 혜택을 누렸다. 흥미로운 것은 유전적 변이를 가지지 않아도 된다는 것이다—이미 동일한 효과를 내는 약들이 나와 있다. 쥐에게 이 약 중에 하나를 복용시켰더니 그들도 또한 장수했다. 이 약은 심지어 실험실 벌레 예쁜꼬마선충에게도 마찬가지 효과가 있다고 보이는데, 선충에게 심지어 혈관이 **존재하지도** 않는 것을 고려하면 매우 놀라운 일이다.

분명 건강하게 장수를 누리려면 고혈압은 피하는 것이 맞다. 그러나 안타깝게도 나이가 들수록 혈압은 높아지는 경향이 있다. 그래서 어떤 이들은 그것이 불가피한 운명이라고 한다. 과연 그럴까?

의도하지는 않았지만 베네수엘라 정부는 그 문제에 대해 해답을 구할 기발한 실험의 장을 제공했다. 브라질과 국경을 맞댄 베네수엘라 쪽 아마존 밀림에는 전통적인 수렵 채집인 방식의 삶을 고수하는 여러 부족이 살고 있다. 그들은 지금도 고기를 얻기 위해 사냥을 하고, 식용식물을 채집하고, 기술 문명과는 동떨어진 삶을 살고 있다. 그들은 기본적으로 활동량이 높은 삶을 사는데도 불구하고 여가 시간도 많고 구성원들끼리 서로 어울리며 보내는 시간도 넉넉하다.

베네수엘라 정부는 그런 부족들 가운데 예쿠아나Ye'kuana족의 영역에 활주로를 닦았다. 활주로를 통해 외부 세계의 방문객들이 들어오기 시작하면서 예쿠아나족은 그들의 식단에 가공식품을 올리기 시작했다. 하지만 야노마미Yanomami족과 같은 다른 종족들은 여전히 조상 대대로 내려오는 식단을 고수하면서 바깥세상과 완전히 벽을 쌓고 살았다.

미국의 과학자들이 그런 차이가 원주민들의 건강에 어떤 영향을 미쳤는지 확인해 보기 위해 베네수엘라로 향했다. 과학자들은 산업사회에 사는 우리처럼 활주로를 갖게 된 예쿠아나족 사람들도 나이가 들수록 혈압이 상승하는 패턴을 보인다는 사실을 확인했다. 그러나 여전히 문명사회와 담을 쌓고 사는 야노마미족은 혈압과 나이 사이에서 상관성을 찾을 수 없었다. 조상 대대로 내려온 식이요법을 지켰던 이들은 나이가 들더라도 고혈압 증상을 보이지 않았다. 과학자들은 볼리비아의 토착민들인 치마네Tsimane족 사이에서도 비슷한 사실을 발견했다. 이곳에서도 나이가 들어서 혈압이 오르는 현상을 보이는 사람들은 오로지 가공식품을 접한 집단뿐이었다.

이것이 시사하는 바는 나이가 든다고 혈압이 반드시 올라가는 건 아니라는 사실이다. 혈압 상승이 노화의 '자연스러운' 결과가 아니라는 것이다. 오히려 그 현상을 완전히 피하는 일도 가능하다는 말이다.

지금 당장 정글로 이주를 하고 창을 들고 음식을 구하면 된다.

하지만 그게 말처럼 쉽지 않다는 걸 알기 때문에 좀 더 실천 가능한 대안을 제시하고자 한다. 이를테면 우리는 앞에서 이미 혈압 상승을 유발하는 거대세포바이러스(CMV) 감염에 대해서 배웠다. 다른 바이러스 감염 또한 동일한 증상을 안 일으킨다는 보장이 없으니 예방접종과 위생을 다시 한번 강조하지 않을 수 없다.

놀랍지만 기쁜 사실은 우리가 LDL 콜레스테롤 수치를 떨어뜨리기 위해 할 수 있는 대부분의 방법이 또한 고혈압의 증상도 완화한다는 것이다. 더 많은 식이 섬유를 섭취하고, 체중을 줄이고, 담배를 끊고, 마늘을 먹는 것이다.

하지만 혈압을 낮추는 데 마찬가지 효과를 볼 수 있는 약물도 있다. 게다가 이 약물로는 혈당 강하, 자가포식 활성화, 미토콘드리아 기능 개선 등의 추가 효과도 얻을 수 있다.

1991년에 클리블랜드주의 과학자들이 이 약에 대한 장기 추적 연구에 들어갔다. 피험자들을 모집했고, 그들을 다시 여러 집단으로 나눈 다음 복용량을 조금씩 추가하며 집단별로 다르게 할당했다. 15년 이상을 꾸준히 연구한 다음 과학자들은 피험자들에 대한 마지막 추적 검사를 마치고 조사 결과를 발표했다. 고용량으로 약물을 복용한 사람들은 그 약을 복용하지 않은 사람들보다 사망 확률이 **80퍼센트**나 낮았다. 또한 고용량 복용이 피험자들의 건강을 현저히 개선한다는 사실도 드러났다. 가장 건강해진 집단은 가장 높은 용량을 복용한 집단이었다. 그다음으로 건강한 집단은 두 번째로 높은 용량을 복용한 집단이었고, 그런 식으로 계속 이어지다가 꼴찌는 약을 복용하지 않은 집단이 차지했다.

…그렇지만 그것은 사실 약물이 아니었다. 운동이었다. 클리블랜드의 과학자들은 사람들로 하여금 러닝머신 위를 달리게 했고, 그들의 심폐 지구력, 즉 '육체적 건강'을 측정했다. 15년간의 추적 조사를 통해 그들은 최상의 건강을 유지한 집단이 최악의 집단에 비해 사망 위험이 80퍼센트나 낮다는 사실을 발견했다. 이와 더불어 운동의 효과가 별 의미가 없어지는 나이대가 없다는 것도 알아냈다. 심지어 최상의 집단 사이에서도 '으뜸'과 버금을 비교했을 때 운동으로 더 건강한 육체를 유지하는 쪽에 더 많은 혜택이 있었다.

◆ • ◆

운동의 장기적인 효과를 검증하는 일은 대개 쉽지 않다. 장기적으로 사람들의 **식이요법**을 바꾸는 일이 어렵다는 건 쉽게 인정할 것이다. 그러나 수많은 사람이 새로운 운동 방식을 채택하고 오랜 기간 그것을 실천하도록 만드는 일이 그것보다 만만하겠는지 생각해 보라. 이런 어려움 때문에 운동에 관한 연구 결과는 대부분 상관관계를 나타낼 뿐이다. 위의 클리블랜드 연구와 같은 일부의 경우에서는 과학자들이 실제로 심폐지구력을 측정한다. 그러나 운동에 관한 다른 많은 연구에서는 참가자들이 자발적으로 운동 수준을 측정해서 보고하게 한다. 그런데 놀랍게도 대부분이 자신의 운동량을 크게 과장하는 것으로 드러났다. 연구의 신뢰도에 의문을 품게 만드는 일이지만, 한 가지 측면만 보면 긍정적인 측면이 있다. 비록 사람들이 그들이 주장한 만큼 운동하지는 않았는데도 과학자들이 여전히 그 효과를 발견한다면, 역설적이게도 운동이 생각보다 더 이롭다는 의미일 수 있다. 그리고 운동의 효과를 얻기 위해서는 예상보다 적은 운동이 필요하다는 뜻일 수도 있다.

운동에 관한 신뢰할 만한 장기에 걸친 연구를 수행하는 것이 어렵다는 점에서 단기 조사는 좀 더 현실적이다. 단기 연구에서 운동은 장수를 부른다고 알려진 모든 종류의 이로운 변화를 유도하는 것을 확인할 수 있었다. 미토콘드리아의 생성과 활성화를 돕고, 인슐린 감수성을 높이고, 자가포식을 활성화하며, 면역 체계의 기능을 개선하는 등 온갖 종류의 긍정적 변화를 불렀다.

운동은 호르메시스 효과를 유발하는 한 예이며, 이미 살펴봤던 대로 그 효과는 운동이 끝나고 회복하는 동안에 발생한다. 운동 중에는 혈압, 혈당, 산화 스트레스 그리고 염증이 모두 증가한다. 그러나 장기적으로 운동은 혈압을 **떨어뜨리고**, 혈당 수치를 **개선하고** 염증과 산화 스트레스를 **감소시킨다**. 우리 몸은 점점 유연하게 운동으로 인한 스트레스에 적응한다. 하지만 운동이 호르메시스 효과를 불러온다고 하더라도, 언젠가는 스트레스 요인이 너무 커서 더 이상 그 효과를 볼 수 없는 상한선에 도달하게 될 것이다. 문제는 그 운동의 상한선이라는 것이 우리 같은 보통 사람들이 걱정할 만한 수준인가 하는 점일 테다. 즉 일주일에 몇 번 취미 삼아 달리기를 해도 그 상한치에 맞닥뜨릴 수 있는 것인지, 아니면 미대륙 횡단 자전거 경주나 사하라사막 마라톤 대회에 출전한 선수들에게나 해당되는 일인지가 문제라는 것이다.

클리블랜드 연구에 따르면 우리 같은 사람은 걱정할 필요가 전혀 없다. 연구 참가자 중에서 가장 열심히 운동했던 이들도 그런 한계치를 경험하지 못했으니, 그냥 더 많이 운동할수록 좋다는 원칙을 따라도 안전하다. 그래도 운동을 하면서 자신의 몸이 보내는 신호에 귀를 기울여야 한다. 운동 후 회복하는 동안에 당신 몸에서 일어나는 그 모든 것이 당신을 건강하게 만든다는 사실은 명심해 두자.

전통적인 운동 방식은 소위 '항정 상태steady-state(생체의 활동이 동적 평형을 이루는 상태. 운동 시작 후 체온이 36.5도에서 서서히 증가해서 어느 수준 이상을 넘어가지 않고 유지하는 상황이 대표적인 예다-옮긴이)'를 유지하는 운동이다. 이런 운동을 하면 맥박은 오르고 몸은 적절한 수준의 힘을 발휘하면서 긴 시간 동안 활동적인 상태를 유지하게 된다. 달리기, 자전거 타기, 수영, 등산 같은 운동이 그 예다. 이런 운동을 습관화하는 것은 좋다. 그러나 늘 '시간이 없어'라는 좋은 핑계가 결국 그것을 포기하게 만든다. 만약 그런 핑계를 대 본 적이 없다는 사람이 있다면 어쩌면 거짓말을 하고 있는지도 모른다.

해결책이 있다. 고강도 인터벌 트레이닝high-intensity interval training (HIIT)이다. HIIT는 강도 높은 운동 사이에 가벼운 운동이나 휴식을 넣고 그 과정을 반복하는 것이다. 가령 20초간 전력 질주를 하고 다음 20초간은 쉬고, 다시 20초 전력 질주를 하고 또 쉬는 것을 반복하는데, 이를 5분에서 15분 정도 계속하는 것이다. 몸을 항정 상태의 운동으로 도달할 수 있는 것보다 더 강한 수준의 강도에 도전하게 만드는 방법이다. 호르메시스 작용은 고강도의 격심한 스트레스 요인과 맞설 때 더 큰 효과를 낳기 때문에 이것은 효과적이다. 고강도 인터벌 트레이닝을 옹호하는 사람들은 이것이 항정 상태의 운동만큼이나 효과적이라고 주장하는데, 연구 결과도 이런 주장을 뒷받침하는 편이다. 대규모 메타 분석에 따르면, 고강도 인터벌 트레이닝이 항정 상태의 운동보다 염증과 산화 스트레스를 더 많이 줄이는 동시에 인슐린 감수성을 더 많이 증진시키는 것으로 나타났다. 또 다른 연구에 따르면, 고강도 인터벌 트레이닝이 보통 수준의 항정 상태 운동보다 체중 감소 효과가 대략 25퍼센트 이상 큰 것으로 확인되었다.

최적의 운동 방식은 항정 상태 운동과 인터벌 트레이닝 둘 다 하는 것일지도 모른다. 이를테면 조깅을 하는 사람이라면, 평소처럼 달리기를 하는 도중에 이따금 전력 질주를 끼워 넣는 것이다. 그러나 지나치게 힘들여 운동하는 것은 중도 포기라는 부작용을 낳을 수도 있다. 많은 연구는 어떤 사소한 활동일지라도 가만있는 것보다는 좋다는 걸 말해 준다. 그리고 최선은 운동을 규칙적인 습관으로 정착시키는 것이다. 무리하기보다는 당신이 좋아하는 것을 꾸준히 하는 것이 더욱 수월하게 운동의 목적을 이루도록 해 줄 것이다.

'근육 쥐'라 부르면 딱 좋을 생쥐가 있다. 이 생쥐는 보통 생쥐보다 근육이 두 배나 많고 체지방은 더 적다. 체육관에서 힘써 운동할 필요도 없고 삶은 닭을 꾸역꾸역 먹어야 할 이유도 없이, 인간 보디빌더들이 꿈꿔 온 모든 것을 갖추고 있다. 이들 근육 쥐는 몸속 마이오스타틴myostatin이라 불리는 유전자에 결함이 있다. 마이오스타틴은 대개 근육의 성장을 저해하는데, 그것이 작동을 멈추면 근육이 불어난다. 흥미로운 것은 소, 개, 양 그리고 인간도 마이오스타틴 결함을 갖고 태어나는 경우가 있다는 사실이다. 2004년 독일에서 양친 모두로부터 마이오스타틴 유전자 결함을 물려받은 아이가 태어났다. 의사들은 그가 신생아였음에도 불구하고 '극도의 근육질'을 타고났다고 말했다. 아기의 엄마가 운동선수였다는 사실은 놀랄 것도 없는 일이다.

마이오스타틴이 특히 흥미로운 것은 근육 쥐가 단지 근육만 많은 것이 아니었기 때문이다. 그들은 보통 생쥐보다 장수했다. 마이오스타틴은 대부분의 포유류에서 유사하게 작용하기 때문에, 장수를 위해서라면 우리의 유전자에서 마이오스타틴 수치를 낮춰야 할지도 모른다. 언젠가는 부작용 없이도 그 수치를 낮추는 방법을 누군가가 찾아내어서 《포브스》의 부자 리스트 맨 앞에 이름을 올리고 실리콘밸리의 억만장자 그룹에 합류하는 행운아가 되리라고 확신한다. 하지만 당장 최고의 선택지는 전통적인 방식을 따르는 것이다. 근력 운동이다. 장기적인 근력 운동으로 근육이 불어나는 것은 바로 그 운동이 우리 몸의 마이오스타틴 수치를 낮추어 주기 때문이다.

나이가 들면서 근육량은 줄어든다. 80대가 되면 대개 젊은 시절 근육의 절반가량을 잃는다. 그래서 아프지 않아도 쇠약해지고, 아프게 되면 회복하는 데에도 더 시간이 걸린다. 근육이 빈약하고 악력이 약한 사람들은 일찍 죽는 경향이 있다. 하지만 꾸준히 근력 운동을 한다면 두 가지 이점을 얻을 것이다. 첫째, 미리 근육을 충분히 키워 두면 근육이 줄어서 문제가 되는 시점이 늦춰질 것이다. 둘째, 근력 운동은 호르메시스 효과를 통해 근력 손실에 맞서는 효과를 발휘할 것이다. 체중을 감당할 때 발생하는 스트레스는 몸이 근육을 유지하고 강화하는 데 집중하도록 만든다. 근력 운동은 또한 노화로 인한 골밀도 감소도 막아 준다. 많은 노인, 특히 여성 노인은 골다공증을 겪는다. 골다공, 즉 '뼈에 구멍이 많이 생긴다'는 말인데 뼈의 밀도가 떨어지면서 허약해진다. 다시 한번 강조하는데, 근력 운동을 통해 뼈에 압력을 가함으로써 뼈 밀도 감소에 맞설 수 있다. 결론적으로 유산소운동은 장수에 가장 이로운 운동이지만, 근력 운동을 추가한다면 더욱 유익하다. 여건만 된다고 하면 가장 이상적인 운동 루틴은 항정 상태 운동에 인터벌 트레이닝, 근력 운동까지 모두 하는 것이다.

Chapter 24
노화를 대하는 마음가짐

: 비만보다 중요한 외로움 :

당신이 의사인데 친구 존이 찾아왔다고 가정해 보라. 존은 두통을 호소하고, 당신은 좋은 약이 있으니 걱정하지 말라고 말해 준다. 하지만 거짓말이다. 실제로는 존에게 두통약을 주지는 않고, 알약처럼 생겼으나 약효는 없는 위약sugar pill(원래 설탕으로 만들었다-옮긴이)을 준다. 존은 고마워하면서 물과 함께 약을 삼킨다.

당연히 위약은 어떤 의약적 효능도 없다. 하지만 존의 두통은 곧 가라앉았고 존은 당신에게 고마워한다. 이 경우 존은 거짓말을 하는 것일까?

아니다. 존은 플라세보 효과placebo effect, 즉 위약 효과라 불리는 전형적인 반응을 경험한 것이다. 나을 것이라는 기대가 실제의 의학적 효과로 나타나는 현상이다. 달리 말하면 어떤 약이 몸속에서 실제로 신통한 작용을 일으켜서가 아니라 단지 환자가 그것이 약효를 보일 것이라고 **생각**하기 때문에 그런 결과가 나온 것이다. 특히 정신적 요소가 관련되는 의학적 치료에서 플라세보 효과가 중요한 역할을 담당하고 있다고 말해 주는 사례가 적지 않다. 결국 환자가 지닌 믿음의 강도가 높을수록 플라세보 효과가 강화될 수 있다. 심지어 환자가 그 약이 신제품이라고 생각한다거나, 혹은 약이 비싸거나, 매우 크거나, 아니면 어찌 된 영문인지는 모르겠지만 약이 빨간 경우에 더욱 큰 효과를 보이기도 한다.

위약으로 두통을 치료한 것도 흥미롭지만, 훨씬 더 이상한 사례가 보고되고 있다. 예를 들면 플라세보 **수술**도 있었다. 한 연구에서 일단의 의사들이 무릎 골관절염 환자들을 치료하고 있었다. 골관절염은 치료하기 어려운 고통스러운 질환이지만, 이따금 수술로 증상이 완화되기도 한다. 의사들은 환자를 마취한 다음 절개를 했다. 하지만 실제 수술은 몇 명만 하고, 나머지는 절개 부위를 수술 없이 그냥 봉합했다. 의사들은 그런 사실을 말해 주지 않았고 환자 모두는 자신들이 실제 수술을 받았다고 믿었다. 놀랍게도 수술 후 몇 달이 지난 후까지도 실제 수술 환자들뿐 아니라 가짜 수술 환자들까지 모두 통증이 감소했다고 보고하면서 모두가 수술의 효과를 본 결과를 낳았다.

심지어 의사들이 아예 플라세보 효과를 확인해 보겠다고 미리 공개한 경우도 있었다. 환자들에게 '이것은 그냥 수술 시늉만 하는 것이고 실제로는 아무것도 하지 않습니다. 하지만 이전의 사례에서 그런 시늉만으로도 효과를 봤다는 보고는 있었습니다'라고 말해 주었다.

그랬는데도 효과가 있었다. 한번은 의사들이 과민성대장증후군 환자들에게 위약을 처방하면서 그 사실을 미리 알렸다. 그런데도 환자들의 증상은 개선되었다.

이런 사정으로 나는 내 말이 옳다고 독자들을 설득해 내는 것만으로도 이 책에 실린 조언이 당신들을 더 오래 살도록 도울 것이라는 생각을 하게 되었다. 물론 장수가 '믿으라 그러면 이루리라' 하는 식의 설교 문구만으로 가능하지는 않을 것이다. 그러나 연구는 사람들이 단지 자신이 실제보다 더 젊다고 **생각**하는 것만으로도 더 오래 사는 경향이 있다는 사실을 확인해 주었다. 마찬가지로 낙관적인 사람들이 더 오래 산다는 것도 사실이다.

플라세보 효과는 우리가 어떻게 마음을 먹느냐에 따라서 몸에 영향을 미칠 수 있음을 말해 준다. 그것은 심지어 음식에 대한 우리의 반응에도 영향을 미친다. 어떤 놀라운 연구에서 연구자들은 실험 대상들에게 위약을 마시게 했다. 어떤 이에게는 그 음료가 당도가 높다고 말해 주었고, 다른 이에게는 그 반대로 말해 주었다. 그랬더니 두 집단은 동일한 음료를 마셨음에도 불구하고 **그들의 몸은 서로 다른 반응을 보였다**. 당도가 높은 음료를 마셨다고 생각하는 사람은 그 반대라고 생각하는 사람보다 더 높은 혈당 수치를 보였다.

물론 플라세보 효과에는 낙관적인 면만 있는 것은 아니다. 부정적인 면도 존재한다. 노시보 효과nocebo effect다. **부정적인** 기대가 그 기대대로 성취되는 것을 말한다. 대표적인 사례는 연구자들이 참가자에게 건강한 신체에 대한 유전적 잠재력을 측정하겠다고 연구의 취지를 밝힌 경우다. 그러고는 몇 명의 참여자에게 아무 근거도 없이 유전적으로 허약한 신체를 타고났다고 말해 주었다. 그들은 유전적으로 강건하게 태어났다는 말을 들은 사람들보다 실제 체력 측정에서 나쁜 성적을 보였다.

◆ • ◆

개를 키우는 것도 장수로 이끈다. 가족과 혹은 친구끼리 끈끈한 관계를 유지하는 것도 그렇다. 어떤 연구에서 연구자들은 여러 자서전을 검토했는데, 책에서 친밀한 관계에 있는 사람의 이름이 얼마나 자주 언급되는가를 서로 비교했다. 가령 아버지, 어머니, 친척, 이웃이라는 단어가 등장하는 빈도를 토대로 비교했다. 이런 종류의 단어를 가장 많이 언급한 작가들은 가장 적게 언급한 작가들보다 6년 이상 더 오래 살았다.

이런 유대 관계의 중요성을 언급한 것은 이 책에서 열거한 모든 조언과 비결들만으로는 충분하지 않기 때문이다. 건강한 식습관을 유지하고, 규칙적인 운동을 하고, 생활 방식을 개선해 보는 것이 장수에 도움이 되는 것은 분명하다. 하지만 그것만으로는 결승선에 도달할 수 없다.

우리가 빼먹은 마지막 요소는 사회적 유대 관계다. 플라세보 효과를 통해 우리는 심리 상태가 육체적 건강에 얼마나 중요한 것인지를 알게 되었다. 그리고 인간으로서 우리가 가장 깊은 곳에서 갈구하는 심리적 욕구 중 하나는 소속감이다. 이런 이유로 외로움은 실제로 때 이른 죽음의 가장 중대한 원인 가운데 하나다. 심지어 비만보다도 더 중대한 원인이다. 긴밀한 유대 관계의 중요성은 너무나 오랜 세월 동안 전해진 것이어서 우리와는 진화적으로 먼 친척들과도 공유하는 특징이다. 심지어 개코원숭이들 사이에서도 돈독한 유대 관계를 갖는 개체가 취약하고 불안정한 관계를 맺는 개체보다 더 오래 산다.

우리는 사람들과 함께 있을 때 행복하고 편안할 뿐 아니라 그 유대 관계에서 책임감을 느끼고 삶의 의미를 찾는다. 장수에 대한 수많은 현장 연구에 따르면 장수인들은 삶에 확고한 뜻을 두고 있고, 목적의식도 뚜렷할 뿐 아니라, 나이와 상관없이 세상 사람과 교류를 멈추지 않는다. 그들은 '일' 또는 '은퇴 후 연금 생활'이라는 삶의 이분법을 거부하고, 평생 과업을 떠맡고 책임을 다한다. 그 과업이란 것이 '매주 일요일 손자 손녀를 위해 식사를 마련해 주기'이거나 그냥 '매일 계단 쓸기'와 같은 사소한 것일지라도 말이다. 이상한 일이 있었다. 2000년이 도래한 직후에 사망률이 증가한 것이다. 마치 사람들이 새천년을 맞이하겠다는 목표에 사로잡혀 그 목표를 달성할 때까지는 삶을 포기하지 않은 것처럼 말이다.

| 에필로그 |

건강하게 오래 사는 삶에 대한 비결을 구하기 위해 우리는 그린란드해부터 이스터섬과 아프리카 벌거숭이두더지쥐의 터널 왕국에 이르기까지 온 세상을 누비고 다녔다. 그 과정에서 우리는 과거의 모험가들, 자신을 임상시험의 대상으로 삼은 사람들, 세계 최고의 과학자들을 만났다. 당신이 누구든 어디에 사는 사람이건 이 여행을 즐겼기를 바란다.

노화에 관한 연구는 여전히 초기 단계에 있다. 하지만 벌써 우리는 많은 중요한 발전을 이뤄 냈다. 앞으로 그 발전의 눈덩이는 점점 더 커질 것이고, 계속 굴러가기를 멈추지도 않을 것이다. 왜 노화가 오는가, 그리고 더 중대한 과제인 그 노화를 저지하기 위해 무얼 해야 하는가는 우리 인류의 가장 오랜 질문 중 하나다. 심지어 문명 그 자체보다 오래된 것인지도 모른다. 이 책이 입증했듯이 우리는 과거에 죽그랬던 것만큼이나, 지금도 그 질문에 깊은 관심을 갖는다.

비관주의자들이라면 오래 살고자 하는 욕망을 비난할지도 모른다. 그러나 노화에 맞서는 싸움은 고귀한 것이다. 세상에는 인간을 분열시키는 것이 너무 많다. 우리 인간은 공통의 적과 맞서게 되었을 때 가장 열렬히 단결한다는 사실을 어렵게 알게 되었다. 다시 한번 우리는 노화라는 인류 공통의 적을 희망찬 것으로 바꿀 기회를 맞았다. 인종, 국적, 성별, 재산의 유무, 교육 수준을 막론하고 모든 사람은 늙는다. 노화에 관한 한 우리는 모두 같은 배를 타고 있다. 그 말은 노화에 관한 한 어떠한 발전도 우리 모두를 이롭게 한다는 것이다.

우리가 의학에서 발전을 계속 이어 나간다면 마침내 노화를 극복할 것이라는 데는 의심의 여지가 없다. 과연 그때가 언제일지가 관건이다. 나는 50년 뒤에 어떤 사람이 우연히 이 책을 읽고서는 책에서 다룬 논의의 유치한 수준에 빙그레 웃으면서 책이 나온 이후 과학이 거둔 발전에 감사의 마음을 갖기를 바란다. 그러나 이 싸움이 50년이 걸릴지, 500년 혹은 5,000년이 걸릴지는 아무도 알 수 없다. 언젠가는 노화로 시달리는 것을 끝장내는 세대가 등장할 것이다. 그것이 우리 세대가 되기를 바라마지 않지만, 맙소사 우리가 그 정도로 운이 좋을 가능성은 많지 않다.

— 2022년, 코펜하겐에서 니클라스 브렌보르

|감사의 말|

이 책을 만드느라 애쓴 호더 스튜디오의 탁월한 편집자 이지 에버링턴과 나머지 팀원에게 감사를 전한다. 그들의 도움으로 이 책은 나의 턱없이 높은 기대를 넘어선 결과물이 되었다. 원래 덴마크어로 쓰인 책을 영어로 번역해 준 엘리자베스 드노마에게, 편집을 하면서 나의 영어를 맛깔스럽게 만들어 준 타라 오설리번에게, 아름다운 표지 디자인을 해 준 리디아 블래그덴에게, 그리고 성실함을 잃지 않고 끝까지 책 제작을 이끌어 준 퍼비 가디아에게도 감사드린다.

또한 나의 에이전트인 폴 세베스, 릭 클루버 그리고 세베스앤드비셀링 출판 에이전시의 나머지 분들에게도 감사를 드리고 싶다. 그들의 뛰어난 일 처리로 이 책이 전 세계로 알려졌다. 이 책을 쓰고 있는 동안에 벌써 22개국의 언어로 번역되고 있었고, 지금도 더 많은 언어로 번역 중이다. 폴, 그리고 릭과 함께 의견을 나누는 일은 늘 즐거웠다. 특히 세계의 언어이자 과학계의 공용어인 영어로 번역이 되는 것이 가능하도록 두 사람이 능력을 발휘해 준 것에 대해서 특별히 감사드린다.

또한 포를라게트 그뢰닝엔 1 출판사의 나의 사랑스러운 출판인 루이세 빈과 마리아네 키르츠너를 언급하지 않을 수 없다. 믿기 어렵겠지만 이 책은 최초에 나의 고국 덴마크의 모든 주요 출판사들로부터 출판 불가 판정을 받았다. 사실 이 책을 쓰는 것보다 출판을 허락받는 데 더 많은 시간이 걸렸다. 다행히도 마침내 두 출판인을 만났고 그들은 긴 고민 없이 출판을 결심해 주었다. 그리고 이제는 모두가 알다시피 이 책은 출판 당일 1쇄가 매진되었고, 출판된 해에 논픽션 분야에서 베스트셀러 1위에 올랐다.

마지막으로 내가 사랑하는 모든 사람에게 감사드리며 이 책을 그들에게 바친다. 내가 오래 살기를 원한다면 바로 당신들과 더 많은 추억을 만들고 싶기 때문일 것이다.

|참고 문헌|

서문

젊음의 샘

Conese, M., Carbone, A., Beccia, E., Angiolillo. A. 'The Fountain of Youth: A tale of parabiosis, stem cells, and rejuvenation', *Open Medicine*, vol. 12, 2017, pp. 376-383.

Grundhauser, E. 'The True Story of Dr. Voronoff's Plan to Use Monkey Testicles to Make Us Immortal', atlasobscura.com, 13 October 2015.

Chapter 1

자연계의 장수 기록보유자들

Austad, S. 'Retarded senescence in an insular population of Virginia opossums (*Didelphis virginiana*)', *Journal of Zoology*, vol. 229, no. 4, 1993, pp. 695-708.

Austad, S., Fischer, K. 'Mammalian Aging, Metabolism, and Ecology: Evidence From the Bats and Marsupials', *Journal of Gerontology*, vol. 46, no. 2, 1991, pp. B47-B53.

Bailey, D.K. *'Pinus Longaeva', The Gymnosperm Database*, www.conifers.org/pi/Pinus_longaeva.php.

Bavestrello, G., Sommer, C., Sarà, M. 'Bi-directional conversion in *Turritopsis nutricula* (Hydrozoa)', *Scientia Marina*, vol. 56, no. 2-3, 1992, pp. 137-140.

Bidle, K., Lee, S., Marchant, D., Falkowski, P. 'Fossil genes and microbes in the oldest ice on Earth', *Proceedings of the National Academy of Sciences of the United States of America*, vol. 104, no. 33, 2007, pp. 13455-13460.

Bowen, I., Ryder, T., Dark, C. 'The effects of starvation on the planarian worm *Polycelis tenuis iijima*', *Cell and Tissue Research*, vol.169, no. 2, 1976, pp. 193-209.

Bradley, A., McDonald, I., Lee, A. 'Stress and mortality in a small marsupial (*Antechinus* stuartii, Macleay)', *General and Comparative Endocrinology*, vol. 40, no. 2, 1980, pp. 188-200.

Buffenstein, R. 'Naked mole-rat (*Heterocephalus glaber*) longevity, ageing, and life history', *An Age: The Animal and Longevity Database*, https://genomics.senescence.info.

Carla', E., Pagliara, P., Piraino, S., Boero, F., Dini, L. 'Morphological and ultrastructural analysis of *Turritopsis nutricula* during life cycle reversal', *Tissue and Cell*, vol. 35, no. 3, 2003, pp. 213-222.

'Century plant', *Encyclopaedia Britannica*, www.britannica.com/plant/century-plant-Agave-genus, 2020.

Keane, M. et al. 'Insights into the evolution of longevity from the bowhead whale genome', *Cell Reports*, vol. 10, no. 1, 2015, pp. 112-122.

Kubota, S. 'Repeating rejuvenation in Turritopsis, an immortal hydrozoan (Cnidaria, Hydrozoa)', *Biogeography*, vol. 13, 2011, pp. 101-103.

Lewis, K., Buffenstein, R. 'The Naked Mole-Rat: A Resilient Rodent Model of Aging, Longevity, and Healthspan', *Handbook of the Biology of Aging: Eighth Edition*, Elsevier Inc., 2015, pp. 179-204.

Morbey, Y., Brassil, C., Hendry, A. 'Rapid Senescence in Pacific Salmon', *The American Naturalist*, vol. 166, no. 5, 2005, pp. 556-568.

Nielsen, J. et al. 'Eye lens radiocarbon reveals centuries of longevity in the Greenland shark (*Somniosus microcephalus*)', *Science*, vol. 353, no. 6300, 2016, pp. 702-704.

Robb, J., Turbott, E. '*Tu'i Malila*, "Cook's Tortoise"', *Records of the Auckland Institute and Museum*, vol. 8, 17 December 1971, pp. 229-233.

Rogers, P., McAvoy, D. 'Mule deer impede Pando's recovery: Implications for aspen resilience from a single-genotype forest', *PLOS ONE*, vol. 13, no. 10, 2017.

Sahm, A. et al. 'Long-lived rodents reveal signatures of positive selection in genes associated with lifespan', *PLoS Genetics*, vol. 14, no. 3, 2018.

Sweeney, B., Vannote, R. 'Population Synchrony in Mayflies: A Predator Satiation Hypothesis', *Evolution*, vol. 36, no. 4, 1982, pp. 810-821.

Wang, Z., Ragsdale, C. 'Multiple optic gland signaling pathways implicated in octopus maternal behaviors and death', *Journal of Experimental Biology*, vol. 221, no. 19, 2018.

White, J., Lloyd, M. '17-Year Cicadas Emerging After 18 Years: A New Brood?', *Evolution*, vol. 33, no. 4, 1979, pp. 1193-1199.

Wodinsky, J. 'Hormonal inhibition of feeding and death in Octopus: Control by optic gland secretion', *Science*, vol. 198, no. 4320, 1977, pp. 948-951.

Chapter 2

태양과 야자수, 그리고 장수

'2019 Human Development Report', United Nations Development Program, 2019.

Buettner, D. *The Blue Zones: 9 lessons for living longer from the people who've lived the longest*, National Geographic Books, 2008.

Hokama, T., Binns, C. 'Declining longevity advantage and low birthweight in Okinawa', *Asia-Pacific Journal of Public Health*, vol. 20, October 2008, suppl: 95-101.

'Life expectancy at birth, total (years)', The World Bank, 2020, https://data.worldbank.org/indicator/SP.DYN.LE00.IN.

'More than 230,000 Japanese centenarians "missing"', *BBC*, September 2010.

Newman, S. J. 'Supercentenarians and the oldest-old are concentrated into regions with no birth certificates and short lifespans', *bioRxiv*, 704080, May 2020, doi: https://doi.org/10.1101/704080.

Poulain, M., Herm, A., Pes, G. 'The Blue Zones: areas of exceptional longevity around the world', *Vienna Yearbook of Population Research*, vol. 11, 2013, pp. 87-108.

Rosero-Bixby, L., Dow, W., Rehkopf, D. 'The Nicoya region of Costa Rica: A high longevity Island for elderly males', *Vienna Yearbook of Population Research*, vol. 11, no. 1, 2013, pp. 109-136.

Chapter 3

작지만 사소하지 않은 유전자의 역할

Graham Ruby, J. et al. 'Estimates of the heritability of human longevity are substantially inflated due to assortative mating', *Genetics*, vol. 210, no. 3, 2018, pp. 1109-1124.

Herskind, A., McGue, M., Holm, N., Sørensen, T., Harvald, B., Vaupel, J. 'The heritability of human longevity: A population-based study of 2872 Danish twin pairs born 1870-1900', *Human Genetics*, vol. 97, no. 3, 1996, pp. 319-323.

Kerber, R., O'Brien, E., Smith, K., Cawthon, R. 'Familial excess longevity in Utah genealogies', *Journals of Gerontology, Series A: Biological Sciences and Medical Sciences*, vol. 56, no. 3, 2001, pp. B130-B139.

Khan, S, Shah, S. et al. 'A null mutation in SERPINE1 protects against biological aging in humans', *Science Advances*, vol. 3, no. 11, 2017.

Lio, D., Pes, G., Carru, C., Listì, F., Ferlazzo, V., Candore, G., Colonna-Romano, G., Ferrucci, L., Deiana, L., Baggio, G., Franceschi, C., Caruso, C. 'Association between the HLA-DR alleles and longevity: A study in Sardinian population', *Experimental Gerontology*, vol. 38, no. 3, 2003, pp. 313-318.

Liu, S., Liu, J., Weng, R., Gu, X., Zhong, Z. 'Apolipoprotein E gene polymorphism and the risk of cardiovascular disease and type 2 diabetes', *BMC Cardiovascular Disorders*, vol. 19, no. 1, 2019, p. 213.

Ljungquist, B., Berg, S., Lanke, J., McClearn, G., Pedersen, N. 'The effect of genetic factors for longevity: A comparison of identical and fraternal twins in the Swedish Twin Registry', *Journals of Gerontology, Series A: Biological Sciences and Medical Sciences*, vol. 53, no. 6, 1998, pp. M441-M446.

Melzer, D., Pilling, L.C., Ferrucci, L. 'The genetics of human ageing', *Nature Reviews Genetics*, vol. 21, 2020, pp. 88-101.

Mitchell, B., Hsueh, W., King, T., Pollin, T., Sorkin, J., Agarwala, R., Schaffer, A., Shuldiner, A. 'Heritability of life span in the Old Order Amish', *American Journal of Medical Genetics*, vol. 102, no. 4, 2001, pp. 346-352.

Raygani, A., Zahrai, M., Raygani, A., Doosti, M., Javadi, E., Rezaei, M., Pourmotabbed, T. 'Association between apolipoprotein E polymorphism and Alzheimer disease in Tehran, Iran', *Neuroscience Letters*, vol. 375, no. 1, 2005, pp. 1-6.

Segal, N. 'Twins: A window into human nature', TEDx, Manhattan Beach, 2017, www.ted.com/talks/nancy_segal_twins_a_window_into_human_nature.

Sun, X., Chen, W., Wang, Y. 'DAF-16/FOXO transcription factor in aging and longevity', *Frontiers in Pharmacology*, vol. 8, 2017.

Timmers, P. et al. 'Genomics of 1 million parent lifespans implicates novel pathways and common diseases and distinguishes survival chances', *eLife*, vol. 8, 2019.

Zook, N., Yoder, S. 'Twelve Largest Amish Settlements, 2017', Center for Anabaptist and Pietist Studies, Elizabethtown College, 2017, https://groups.etown.edu/amishstudies/statistics/largest-settlements.

Chapter 4

유전적 관점에서 바라본 영생불멸

Arancio, W., Pizzolanti, G., Genovese, S., Pitrone, M., Giordano, C. 'Epigenetic Involvement in Hutchinson-Gilford Progeria Syndrome: A Mini-Review', *Gerontology*, vol. 60, no. 3, 2014, pp. 197-203.

Arias, E., Heron, M., Tejada-Vera, B. *National Vital Statistics Reports*, vol. 61, no. 9, 31 May 2013.

Christensen, K., McGue, M., Peterson, I., Jeune, B., Vaupel, J.W. 'Exceptional longevity does not result in excessive levels of disability', *Proceedings of the National Academy of Sciences of the United States of America*, vol. 105, no. 36, 2008, pp. 13274-13279. doi: 10.1073/pnas.0804931105.

Fabian, D. 'The evolution of aging', *Nature Education Knowledge*, vol. 3, 2011, pp. 1-10.

Friedman, D., Johnson, T. 'A mutation in the age-1 gene in Caenorhabditis elegans lengthens life and reduces hermaphrodite fertility', *Genetics*, vol. 118, no. 1, 1988.

Heron, M. 'Deaths: Leading Causes for 2019', *National Vital Statistics Report*, National Center for Health Statistics, vol. 70, no. 9, 2021. doi: https://dx.doi. org/10.15620/cdc:10702.

Loison, A. et al. 'Age specific survival in five populations of ungulates: evidence of senescence', *Ecology*, vol. 80, no. 8, 1999, pp. 2539-2554.

Medawar, P. *An Unsolved Problem of Biology*, H.K. Lewis, 1952.

Shklovskii, B.I. 'A simple derivation of the Gompertz law for human mortality', *Theory in Biosciences*, vol. 123, 2005, pp. 431-433.

Williams, G. 'Pleiotropy, Natural Selection, and the Evolution of Senescence', *Evolution*, vol. 11, no. 4, 1957, pp. 398-411.

Chapter 5

우리를 죽이지 않는 고통은…

Baibas, N., Trichopoulou, A., Voridis, E., Trichopoulos, D. 'Residence in mountainous compared with lowland areas in relation to total and coronary mortality. A study in rural Greece', *Journal of Epidemiology and Community Health*, vol. 59, no. 4, 2005, pp. 274-278.

Berrington, A., Darby, S., Weiss, H., Doll, R. '100 years of observation on British radiologists: Mortality from cancer and other causes 1897-1997', *British Journal of Radiology*, vol. 74, no. 882, 2001, pp. 507-519.

Bjelakovic, G., Nikolova, D., Gluud, L.L., Simonetti, R.G., Gluud, C. 'Mortality in randomized trials of antioxidant supplements for primary and secondary prevention: systematic review and meta-analysis', *JAMA*, 297(8):842-57, 2007. doi: 10.1001/jama.297.8.842.

Burtscher, M. 'Lower mortality rates in those living at moderate altitude', *Aging*, vol. 8, no. 100, 2016, pp. 2603-2604.

Chaurasiya, R., Sakhare, P., Bhaskar, N., Hebbar, H. 'Efficacy of reverse micellar extracted fruit bromelain in meat tenderization', *Journal of Food Science and Technology*, vol. 52, no. 6, 2015, pp. 3870-3880.

Darcy, J., Tseng, Y. 'ComBATing aging—does increased brown adipose tissue activity confer longevity?', *GeroScience*, vol. 41, no. 3, 2019, pp. 285-296.

David, E., Wolfson, M., Fraifeld, V. 'Background radiation impacts human longevity and cancer mortality: Reconsidering the linear no-threshold paradigm', *Biogerontology*, vol. 22, no. 2, 2021, pp. 189-195.

Denham, H. 'Aging: A Theory Based on Free Radical and Radiation Chemistry', *Journal of Gerontology*, vol. 11(3): pp. 298-300, 1956. https://doi.org/10.1093/geronj/11.3.298.

Faeh, D., Gutzwiller, F., Bopp, M. 'Lower mortality from coronary heart disease and stroke at higher altitudes in Switzerland', *Circulation*, vol. 120, no. 6, 2009, pp. 495-501.

Hwang, S., Guo, H. et al. 'Cancer risks in a population with prolonged low dose-rate γ-radiation exposure in radio-contaminated buildings, 1983-2002', *International Journal of Radiation Biology*, vol. 82, no. 12, 2006, pp. 849-858.

Jonak, C., Klosner, G., Trautinger, F. 'Significance of heat shock proteins in the skin upon UV exposure', *Frontiers in Bioscience*, vol. 14 no. 12, 2009, pp. 4758-4768.

Laukkanen, J., Laukkanen, T., Kunutsor, S. 'Cardiovascular and Other Health Benefits of Sauna Bathing: A Review of the Evidence', *Mayo Clinic Proceedings*, vol. 93, no. 8, 2018, pp. 1111-1121.

Lewis, K., Andziak, B., Yang, T., Buffenstein, R. 'The naked molerat response to oxidative stress: Just deal with it', *Antioxidants and Redox Signaling*, vol. 19, no. 12, 2013, pp. 1388-1399.

McDonald, J. et al. 'Ionizing radiation activates the Nrf2 antioxidant response', *Cancer Research*, vol. 70, no. 21, 2010, pp. 8886-8895.

Montgomery, M., Hulbert, A., Buttemer, W. 'Does the oxidative stress theory of aging explain longevity differences in birds? I. Mitochondrial ROS production', *Experimental Gerontology*, vol. 47, no. 3, 2012, pp. 203-210.

Nabavi, S.F., Barber, A.J., et al. 'Nrf2 as molecular target for polyphenols: A novel therapeutic strategy in diabetic retinopathy', *Critical Reviews in Clinical Laboratory Sciences*, vol. 53(5), 2016. https://doi.org/10.3109/10408363.2015.1129530.

Oelrichs, P., MacLeod, J., Seawright, A., Ng, J. 'Isolation and characterisation of urushiol components from the Australian native cashew (*Semecarpus australiensis*)', *Natural Toxins*, vol. 5, no. 3, 1998, pp. 96-98.

Schmeisser, S., Schmeisser, K. et al. 'Mitochondrial hormesis links low-dose arsenite exposure to lifespan extension', *Aging Cell*, vol. 12, no. 3, 2013, pp. 508-517.

Sponsler, R., Cameron, J. 'Nuclear shipyard worker study (1980-1988): a large cohort exposed to low-dose-rate gamma radiation', *International Journal of Low Radiation*, vol. 1, no. 4, 2005, pp. 463-478.

Thielke, S., Slatore, C., Banks, W. 'Association between Alzheimer, dementia, mortality rate and altitude in California counties', *JAMA Psychiatry*, vol. 72, no. 12, 2015, pp. 1253-1254.

Yang, W., Hekimi, S. 'A Mitochondrial Superoxide Signal Triggers Increased Longevity in *Caenorhabditis elegans*', *PLOS Biology*, vol. 8, no. 12, 2010.

Chapter 6
키가 그렇게 중요한가

Bartke, A,, Brown-Borg, H. 'Life Extension in the Dwarf Mouse', *Current Topics in Developmental Biology*, vol. 63, 2004, pp. 189-225.

Guevara-Aguirre, J. et al. 'Growth hormone receptor deficiency is associated with a major reduction in pro-aging signaling, cancer, and diabetes in humans', *Science Translational Medicine*, vol. 3, no. 70, 2011.

Kurosu, H. et al. 'Physiology: Suppression of aging in mice by the hormone Klotho', *Science*, vol. 309, no. 5742, 2005, pp. 1829-1833.

Laron, Z., Lilos, P., Klinger, B. 'Growth curves for Laron syndrome', *Archives of Disease in Childhood*, vol. 68, no. 6, 1993, pp. 768-770.

Salaris, L., Poulain, M., Samaras, T. 'Height and survival at older ages among men born in an inland village in Sardinia (Italy), 1866-2006', *Biodemography and Social Biology*, vol. 58, no. 1, 2012, pp. 1-13.

Samaras, T., Elrick, H., Storms, L. 'Is height related to longevity?', *Life Sciences*, vol. 72, no. 16, 2003, pp. 1781-1802.

Vitale, G. et al. 'Low circulating IGF-I bioactivity is associated with human longevity: Findings in centenarians' offspring', *Aging*, vol. 4, no. 9, 2012, pp. 580-589.

Wolkow, C., Kimura, K., Lee, M., Ruvkun, G. 'Regulation of *C. elegans* life span by insulin-like signaling in the nervous system', *Science*, vol. 290, no. 5489, 2000, pp. 147-150.

Zarse, K. et al. 'Impaired insulin/IGF1 signaling extends life span by promoting mitochondrial L-proline catabolism to induce a transient ROS signal', *Cell Metabolism*, vol. 15, no. 4, 2012, pp. 451-465.

Zoledziewska, M. et al. 'Height-reducing variants and selection for short stature in Sardinia', *Nature Genetics*, vol. 47, no. 11, 2015, pp. 1352-1356.

Chapter 7
이스터섬의 비밀

Arriola Apelo, S., Lamming, D. 'Rapamycin: An InhibiTOR of aging emerges from the soil of Easter Island', *The Journals of Gerontology, Series A: Biological Sciences and Medical Sciences*, vol. 71, no. 7, 2016, pp. 841-849.

Bitto, A. et al. 'Transient rapamycin treatment can increase lifespan and healthspan in middle-aged mice', *eLife*, vol. 5, 2016.

Dai, D. et al. 'Altered proteome turnover and remodeling by shortterm caloric restriction or rapamycin rejuvenate the aging heart', *Aging Cell*, vol. 13, no. 3, 2014, pp. 529-539.

Dominick, G. et al. 'Regulation of mTOR Activity in Snell Dwarf and GH Receptor

Gene-Disrupted Mice', *Endocrinology*, vol. 156, no. 2, 2015, pp. 565-75.

Halford, B. 'Rapamycin's secrets unearthed', *C&EN Global Enterprise*, vol. 94, no. 29, 2016, pp. 26-30.

Leidal, A., Levine, B., Debnath, J. 'Autophagy and the cell biology of age-related disease', *Nature Cell Biology*, vol. 20, 2018, pp. 1338-1348.

Mannick, J. et al. 'TORC1 inhibition enhances immune function and reduces infections in the elderly', *Science Translational Medicine*, vol. 10, no. 449, 2018, p. 1564.

Sharp, Z., Bartke, A. 'Evidence for Down-Regulation of Phosphoinositide 3-Kinase/Akt/Mammalian Target of Rapamycin (PI3K/Akt/mTOR)-Dependent Translation Regulatory Signaling Pathways in Ames Dwarf Mice', *The Journals of Gerontology, Series A: Biological Sciences and Medical Sciences*, vol. 60, no. 3, 2005, pp. 293-300.

Zhang, Y. et al. 'Rapamycin Extends Life and Health in C57BL/6 Mice', *The Journals of Gerontology, Series A: Biological Sciences and Medical Sciences*, vol. 69A, no. 2, 2014.

Chapter 8
우리 몸의 쓰레기 수집 체계

Eisenberg, T. et al. 'Cardioprotection and lifespan extension by the natural polyamine spermidine', *Nature Medicine*, vol. 22, no. 12, 2016, pp. 1428-1438.

Kacprzyk, J., Locatelli, A. et al. 'Evolution of mammalian longevity: age-related increase in autophagy in bats compared to other mammals', *Aging*, vol. 13, no. 6, 2021, pp. 7998-8025.

Kiechl, S. et al. 'Higher spermidine intake is linked to lower mortality: A prospective population-based study', *American Journal of Clinical Nutrition*, vol. 108, no. 2, 2018, pp. 371-380.

Kumsta, C., Chang, J., Schmalz, J., Hansen, M. 'Hormetic heat stress and HSF-1 induce autophagy to improve survival and proteostasis in *C. Elegans*', *Nature Communications*, vol. 8, no. 1, 2017, pp. 1-12.

Mujahid N. et al. 'A UV-Independent Topical Small-Molecule Approach for Melanin Production in Human Skin', *CellReports*, vol. 19, 2017, pp. 2177-2184.

Nishimura, K., Shiina, R., Kashiwagi, K., Igarashi, K. 'Decrease in Polyamines with Aging and Their Ingestion from Food and Drink', *The Journal of Biochemistry*, vol. 139, no. 1, 2006, pp. 81-90.

Pugin, B. et al. 'A wide diversity of bacteria from the human gut produces and degrades biogenic amines', *Microbial Ecology in Health and Disease*, vol. 28, no. 1, 2017.

Rodriguez, K. et al. 'Walking the Oxidative Stress Tightrope: A Perspective from the Naked Mole-Rat, the Longest-Living Rodent', *Current Pharmaceutical Design*, vol. 17, no. 22, 2011, pp. 2290-2307.

'The Nobel Prize in Physiology or Medicine 2016', NobelPrize.org, 2020.

Chapter 9
미토콘드리아의 자가포식

Andreux, P.A. et al. 'The mitophagy activator urolithin A is safe and induces a molecular signature of improved mitochondrial and cellular health in humans', *Nature Metabolism*, vol. 1, no. 6, 2019, pp. 595-603.

Conley, K., Jubrias, S., Esselman, P. 'Oxidative capacity and ageing in human muscle', *Journal of Physiology*, vol. 526, no. 1, 2000, pp. 203-210.

Crane, J., Devries, M., Safdar, A., Hamadeh, M., Tarnopolsky, M. 'The effect of aging on human skeletal muscle mitochondrial and intramyocellular lipid ultrastructure', *Journals of Gerontology, Series A: Biological Sciences and Medical Sciences*, vol. 65, no. 2, 2010, pp. 119-128.

Oliveira, A., Hood, D. 'Exercise is mitochondrial medicine for muscle', *Sports Medicine and Health Science*, vol. 1, no. 1, 2019, pp. 11-18.

Picca, A. et al. 'Update on mitochondria and muscle aging: All wrong roads lead to sarcopenia', *Biological Chemistry*, vol. 399, no. 5, 2018, pp. 421-436.

Sun, N. et al. 'Measuring In Vivo Mitophagy,' *Molecular Cell*, vol. 60, no. 4, 2015, pp. 685-696.

Van Remmen, H. et al. 'Life-long reduction in MnSOD activity results in increased DNA damage and higher incidence of cancer but does not accelerate aging', *Physiological Genomics*, vol. 16, no. 1, 2004, pp. 29-37.

Zhang, Y. et al. 'Mice deficient in both Mn superoxide dismutase and glutathione peroxidase-1 have increased oxidative damage and a greater incidence of pathology but no reduction in longevity,' *Journals of Gerontology, Series A: Biological Sciences and Medical Sciences*, vol. 64, no. 12, 2009, pp. 1212-1220.

Chapter 10
불멸을 향한 모험담

Arai, Y. et al. 'Inflammation, But Not Telomere Length, Predicts Successful Ageing at Extreme Old Age: A Longitudinal Study of Semi-supercentenarians', *eBio Medicine*, vol. 2, no. 10, 2015, pp. 1549-1558.

Armanios, M., Blackburn, E. 'The telomere syndromes', *Nature Reviews Genetics*, vol. 13, no. 10, 2012, pp. 693-704.

Cawthon, R., Smith, K., O'Brien, E., Sivatchenko, A., Kerber, R. 'Association between telomere length in blood and mortality in people aged 60 years or older', *Lancet*, vol. 361, no. 9355, 2003, pp. 393-395.

Garrett-Bakelman, F. et al. 'The NASA twins study: A multidimensional analysis of a year-long human spaceflight', *Science*, vol. 364, no. 6436, 2019.

Hayflick, L., Moorhead, P. 'The serial cultivation of human diploid cell strains', *Experimental Cell Research*, vol. 25, no. 3, 1961, pp. 585-621.

Kuo, C., Pilling, L., Kuchel, G., Ferrucci, L., Melzer, D. 'Telomere length and aging-related outcomes in humans: A Mendelian randomization study in 261,000 older participants', *Aging Cell*, vol. 18, no. 6, 2019.

M. Funk, 'Liz Parrish Wants to Live Forever', outsideonline.com, 18 July 2018.

Nan, H., Du, M. et al. 'Shorter telomeres associate with a reduced risk of melanoma development', *Cancer Research*, vol. 71, no. 21, pp. 6758-6763.

Okuda, K., Bardeguez, A. et al. 'Telomere Length in the Newborn', *Pediatric Research*, vol. 52. no. 3, 2002, pp. 377-381.

Pellatt, A. et al. 'Telomere length, telomere-related genes, and breast cancer risk: The breast cancer health disparities study', *Genes, Chromosomes and Cancer*, vol. 52, no. 7, 2013.

Rode, L., Nordestgaard, B., Bojesen, S. 'Long telomeres and cancer risk among 95,568 individuals from the general population', *International Journal of Epidemiology*, vol. 45, no. 5, 2016.

Shay, J., Bacchetti, S. 'A survey of telomerase activity in human cancer', *European Journal of Cancer Part A*, vol. 33, no. 5, 1997, pp. 787-791.
'The Nobel Prize in Physiology or Medicine 2009', NobelPrize.org, 2020.

Chapter 11
좀비세포의 정체와 그 제거법

Baker, D. et al. 'Naturally occurring p16 Ink4a-positive cells shorten healthy lifespan', *Nature*, vol. 530, no. 7589, 2016, pp. 184-189.
Charles-de-Sá, L. et al. 'Photoaged Skin Therapy with Adipose-Derived Stem Cells', *Plastic & Reconstructive Surgery*, vol. 145, no. 6, 2020, pp. 1037e-1049e.
Cole, L., Kramer, P. *Apoptosis, Growth, and Aging*, Elsevier, 2016, pp. 63-66.
Coppé, J., Patil, C. et al. 'Senescence-associated secretory phenotypes reveal cell-non-autonomous functions of oncogenic RAS and the p53 tumor suppressor', *PLOS Biology*, vol. 6, no. 12, 2008.
Demaria, M. et al. 'An essential role for senescent cells in optimal wound healing through secretion of PDGF-AA', *Developmental Cell*, vol. 31, no. 6, 2014, pp. 722-733.
Latorre, E., Torregrossa, R., Wood, M., Whiteman, M., Harries, L. 'Mitochondria-targeted hydrogen sulfide attenuates endothelial senescence by selective induction of splicing factors HNRNPD and SRSF2', *Aging*, vol. 10, no. 7, 2018, pp. 1666-1681.
Muñoz-Espín, D. et al. 'Programmed cell senescence during mammalian embryonic development', *Cell*, vol. 155, no. 5, 2013, p. 1104.
Ocampo, A. et al. 'In Vivo Amelioration of Age-Associated Hallmarks by Partial Reprogramming', *Cell*, vol. 167, no. 7, 2016, pp. 1719-1733.
Shen, J., Tsai, Y., Dimarco, N., Long, M., Sun, X., Tang, L. 'Transplantation of mesenchymal stem cells from young donors delays aging in mice', *Scientific Reports* vol. 1, no. 67, 2011.
Spindler, S., Mote, P., Flegal, J., Teter, B. 'Influence on Longevity of Blueberry, Cinnamon, Green and Black Tea, Pomegranate, Sesame, Curcumin, Morin, Pycnogenol, Quercetin, and Taxifolin Fed Iso-Calorically to Long-Lived, F1 Hybrid Mice', *Rejuvenation Research*, vol. 16, no. 2, 2013, pp. 143-151.

Takahashi, K., Yamanaka, S. 'Induction of Pluripotent Stem Cells from Mouse Embryonic and Adult Fibroblast Cultures by Defined Factors', *Cell*, vol. 126, no. 4, 2006, pp. 663-676.

'The Nobel Prize in Physiology or Medicine 2016', NobelPrize.org, 2020.

'Unity biotechnology announces positive data from phase 1 clinical trial of ubx1325 in patients with advanced vascular eye disease', Unity Biotechnology Inc., 2021.

Wu, W., Li, R., Li, X., He, J., Jiang, S., Liu, S., Yang, J. 'Quercetin as an antiviral agent inhibits influenza a virus (IAV) Entry', *Viruses*, vol. 8, no. 1, 2015.

Xu, M. et al. 'Transplanted Senescent Cells Induce an Osteoarthritis-Like Condition in Mice', *The Journals of Gerontology, Series A: Biological Sciences and Medical Sciences*, vol. 72, no. 6, 2017, pp. 780-785.

Xu, M., Pirtskhalava, T., Farr, J.N. 'Senolytics improve physical function and increase lifespan in old age', *Nature Medicine*, vol. 24, 2018, pp. 1246-1256.

Xu, Q. et al. 'The flavonoid procyanidin C1 has senotherapeutic activity and increases lifespan in mice', *Nature Metabolism*, vol. 3, 2021, pp. 1706-1726.

Yousefzadeh, M. et al. 'Fisetin is a senotherapeutic that extends health and lifespan', *eBio Medicine*, vol. 36, 2018, pp. 18-28.

Chapter 12
생체시계 되감기

Charles-de-Sa, L. et al. 'Photoaged Skin Therapy with Adipose-Derived Stem Cells', *Plastic & Reconstructive Surgery*, vol. 145, no. 6, pp. 1037e-1049e.

Christiansen, L., Lenart, A., Tan, Q., Vaupel, J., Aviv, A., McGue, M., Christensen, K. 'DNA methylation age is associated with mortality in a longitudinal Danish twin study', *Aging Cell*, vol. 15, no. 1, 2016, pp. 149-154.

Dosi, R., Bhatt, N., Shah, P., Patell, R. 'Cardiovascular disease and menopause', *Journal of Clinical and Diagnostic Research*, vol. 8, no. 2, 2014, pp. 62-64.

Horvath, S. 'DNA methylation age of human tissues and cell types', *Genome Biology*, vol. 14, no. 10, 2013, pp. 1-20.

Horvath, S. et al. 'An epigenetic clock analysis of race/ethnicity, sex, and coronary heart disease', *Genome Biology*, vol. 17, no. 1, 2016, p. 171310.

Horvath, S. et al. 'Decreased epigenetic age of PBMCs from Italian semi-supercentenarians and their offspring', *Aging*, vol. 7, no. 12, 2015, pp. 1159-1170.

Horvath, S. et al. 'The cerebellum ages slowly according to the epigenetic clock', *Aging*, vol. 7, no. 5, 2017, pp. 294-306.

Kolata, G. 'A Cure for Type 1 Diabetes? For One Man, It Seems to Have Worked', *New York Times*, 2021.

Kresovich, J., Xu, Z., O'Brien, K., Weinberg, C., Sandler, D., Taylor, J. 'Methylation-Based Biological Age and Breast Cancer Risk', *JNCI: Journal of the National Cancer Institute*, vol. 111, no. 10, 2019, pp. 1051-1058.

Lu, A.T. et al. 'Universal DNA methylation age across mammalian tissues', *bioRxiv*, 2021. doi: https://doi.org/10.1101/2021.01.18.426733.

Lu, Y., Brommer, B., Tian, X. et al. Reprogramming to recover youthful epigenetic information and restore vision. *Nature* vol. 588, 2020, pp.124-129. https://doi.org/10.1038/s41586-020-2975-4.

Marioni, R. et al. 'The epigenetic clock is correlated with physical and cognitive fitness in the Lothian Birth Cohort 1936', *International Journal of Epidemiology*, vol. 44, no. 4, 2015, pp. 1388-1396.

Ocampo, A. et al. 'In Vivo Amelioration of Age-Associated Hallmarks by Partial Reprogramming', *Cell*, vol. 167, no. 7, 2016, pp. 1719-1733.

Ossewaarde, M. et al. 'Age at menopause, cause-specific mortality and total life expectancy', *Epidemiology*, vol. 16, no. 4, 2005, pp. 556-562.

Sehl, M., Henry, J., Storniolo, A., Ganz, P., Horvath, S. 'DNA methylation age is elevated in breast tissue of healthy women', *Breast Cancer Research and Treatment*, vol. 164, no. 1, pp. 209-219.

Shen, J., Tsai, Y., Dimarco, N., Long, M., Sun, X., Tang, L. 'Transplantation of mesenchymal stem cells from young donors delays aging in mice', *Scientific Reports*, vol. 1, no. 67, 2011.

Takahashi, K., Yamanaka, S. 'Induction of Pluripotent Stem Cells from Mouse Embryonic and Adult Fibroblast Cultures by Defined Factors', *Cell*, vol. 126, no. 4, 2006, pp. 663-676.

'The Nobel Prize in Physiology or Medicine 2016', NobelPrize.org, 2020.

Chapter 13

이렇게 놀라운 일이

Ayton, S. et al. 'Brain iron is associated with accelerated cognitive decline in people with Alzheimer pathology', *Molecular Psychiatry*, vol. 25, 2020, pp. 2932-2941.

Bonfils, L. et al. 'Fasting serum levels of ferritin are associated with impaired pancreatic beta cell function and decreased insulin sensitivity: a population-based study', *Diabetologia*, vol. 58, no. 3, 2015, pp. 523-533.

Conboy, I., Conboy, M., Wagers, A., Girma, E., Weismann, I., Rando, T. 'Rejuvenation of aged progenitor cells by exposure to a young systemic environment', *Nature*, vol. 433, no. 7027, 2005, pp. 760-764.

Conboy, M., Conboy, I., Rando, T. 'Heterochronic parabiosis: Historical perspective and methodological considerations for studies of aging and longevity', *Aging Cell*, vol. 12, no. 3, 2013, pp. 525-530.

Cross, J. et al. 'Oral iron acutely elevates bacterial growth in human serum', *Scientific Reports*, vol. 5, no. 16670, 2015.

Daghlas, I., Gill, D. 'Genetically predicted iron status and life expectancy', *Clinical Nutrition*, vol. 40, no. 4, 2020, pp. 2456-2459.

Ford, E., Cogswell, M. 'Diabetes and serum ferritin concentration among U.S. adults', *Diabetes Care*, vol. 22, no. 12, 1999, pp. 1978-1983.

Forte, G. et al. 'Metals in plasma of nonagenarians and centenarians living in a key area of longevity', *Experimental Gerontology*, vol. 60, 2014, pp. 197-206.

Huestis, D. 'Alexander Bogdanov: The Forgotten Pioneer of Blood Transfusion', *Transfusion Medicine Reviews*, vol. 21, no. 4, 2007, pp. 337-340.

Kadoglou, N., Biddulph, J., Rafnsson, S., Trivella, M., Nihoyannopoulos, P., Demakakos, P. 'The association of ferritin with cardiovascular and all-cause mortality in community-dwellers: The English longitudinal study of ageing', *PLOS ONE*, vol. 12, no. 6, 2017.

Kell, D., Pretorius, E. 'No effects without causes: the Iron Dysregulation and Dormant Microbes hypothesis for chronic, inflammatory diseases' *Biological Reviews*, vol. 93, no. 3, 2018, pp. 1518-1557.

McCay, C., Pope, F., Lunsford, W., Sperling, G., Sambhavaphol, P. 'Parabiosis between Old and Young Rats', *Gerontology*, vol. 1, no. 1, 1957, pp. 7-17.

Mehdipour, M. et al. 'Rejuvenation of three germ layers tissues by exchanging old blood plasma with saline-albumin', *Aging*, vol. 12, no. 10, 2020, pp. 8790-8819.

Mursu, J., Robien, K., Harnack, L., Park, K., Jacobs, D. 'Dietary supplements and mortality rate in older women: The Iowa Women's Health Study', *Archives of Internal Medicine*, vol. 171, no. 18, 2011, pp. 1625-1633.

Parmanand, B., Kellingray, L. et al. 'A decrease in iron availability to human gut microbiome reduces the growth of potentially pathogenic gut bacteria; an in vitro colonic fermentation study', *Journal of Nutritional Biochemistry*, vol. 67, 2019, pp. 20-22.

Semenova, E.A. et al. 'The association of HFE gene H63D polymorphism with endurance athlete status and aerobic capacity: novel findings and a meta-analysis', *Eur J Appl Physiol.*, vol. 120, no. 3, 2020, pp. 665-673. doi: 10.1007/s00421-020-04306-8.

Thakkar, D., Sicova, M., Guest, N.S., Garcia-Bailo, B., El-Sohemy, A. 'HFE Genotype and Endurance Performance in Competitive Male Athletes', *Med Sci Sports Exerc.*, vol. 53, no. 7, 2021, pp.1385-1390. doi: 10.1249/MSS.0000000000002595.

Timmers, P. et al. 'Multivariate genomic scan implicates novel loci and haem metabolism in human ageing', *Nature Communications*, vol. 11, no. 3570, 2020.

Tuomainen, T. et al. 'Body iron stores are associated with serum insulin and blood glucose concentrations: Population study in 1,013 eastern Finnish men', *Diabetes Care*, vol. 20, no. 3, 1997, pp. 426-428.

Ullum, H. et al. 'Blood donation and blood donor mortality after adjustment for a healthy donor effect', *Transfusion*, vol. 55, no. 10, 2015, pp. 2479-2485.

Villeda, S. et al. 'The ageing systemic milieu negatively regulates neurogenesis and cognitive function', *Nature*, vol. 477, no. 7362, 2011, pp. 90-96.

Zacharski, L. et al. 'Decreased cancer risk after iron reduction in patients with peripheral arterial disease: Results from a randomized trial', *Journal of the National Cancer Institute*, vol. 100, no. 14, 2008, pp. 996-1002.

Chapter 14
미생물과의 전쟁

Beros, S., Lenhart, A., Scharf, I., Negroni, M.A., Menzel, F., Foitzik, S. 'Extreme lifespan extension in tapeworm-infected ant workers', *Royal Society Open Science*, vol. 8, no. 5, 2021. https://doi.org/10.1098/rsos.202118.

Damgaard, C. et al. 'Viable bacteria associated with red blood cells and plasma in freshly drawn blood donations', *PLOS ONE*, vol. 10, no. 3, 2015.

Kidd, M., Modlin, I. 'A Century of *Helicobacter pylori*', *Digestion*, vol. 59, 1998, pp. 1-15.

Levy, C. 'De nyeste Forsög i Födselsstiftelsen i Wien til Oplysning om Barselsfeberens Ætiologie', Hospitals-Meddelelser, *Tidskrift for praktisk Lægevidenskab*, vol. 1, 1848.

Phillips, M. 'John Lykoudis and peptic ulcer disease', *Lancet*, vol. 255, no. 9198, 2000.

Scheiman, J. et al. 'Meta-omics analysis of elite athletes identifies a performance-enhancing microbe that functions via lactate metabolism', *Nature Medicine*, vol. 25, 2019, pp. 1104-1109.

Sender, R., Fuchs, S., Milo, R. 'Are we really outnumbered? Revisiting the ratio of bacterial to host cells in humans', *Cell*, vol. 164, no. 3, 2016, pp. 337-340.

Servick, K. 'Do gut bacteria make a second home in our brains?', www.science.org, 9 November 2018.

'The Nobel Prize in Physiology or Medicine 2005', NobelPrize.org, 2020.

Zoltán, I. 'Ignaz Semmelweis', *Encyclopaedia Britannica*, 2020, www.britannica.com/biography/Ignaz-Semmelweis.

Chapter 15

등잔 밑이 어둡다

Aguilera, M., Delgui, L., Romano, P., Colombo, M. 'Chronic Infections: A Possible Scenario for Autophagy and Senescence Cross-Talk', *Cells*, vol. 7, no. 10, 2018, p. 162.

Bjornevik, K., Cortese, M. et al. 'Longitudinal analysis reveals high prevalence of Epstein-Barr virus associated with multiple sclerosis', *Science*, vol. 375, no. 6578, 2022, pp. 296-301.

Cheng, J., Ke, Q. et al. 'Cytomegalovirus infection causes an increaseof arterial blood pressure', *PLOS Pathogens*, vol. 5, no. 5, 2009, p. 1000427.

Crist, C. 'COVID-19 May Raise Risk of Diabetes in Children', *WebMD*, 2022.

Fülöp,, T., Larbi, A., Pawelec, G. 'Human T-cell aging and the impact of persistent viral infections', *Frontiers in Immunology*, vol. 4, 2013, p. 271.

Goldmacher, V. 'Cell death suppression by cytomegaloviruses', *Apoptosis*, vol. 10, no. 2, March 2005, pp. 251-265.

Harvey, E.M., McNeer, E., McDonald, M.F. et al. 'Association of Preterm Birth Rate With COVID-19 Statewide Stay-at-Home Orders in Tennessee', *JAMA Pediatr.*, vol. 175, no. 6,2021, pp. 635-637. doi: 10.1001/jamapediatrics.2020.6512.

Horvath, S., Levine, A. 'HIV-1 Infection Accelerates Age According to the Epigenetic Clock', *Journal of Infectious Diseases*, vol. 212, no. 10, 2015, pp. 1563-1571.

Mina, M., Metcalf, C., De Swart, R., Osterhaus, A., Grenfell, B. 'Infectious Disease Mortality', *Science*, vol. 348, no. 6235, 2015, pp. 694-699.

Powell, M. et al. 'Opportunistic infections in HIV-infected patients differ strongly in frequencies and spectra between patients with low CD4+ cell counts examined postmortem and compensated patients examined antemortem irrespective of the HAART Era', *PLOS ONE*, vol. 11, no. 9, 2016.

Revello, M., Gerna, G. 'Diagnosis and management of human cytomegalovirus infection in the mother, fetus, and newborn infant', *Clinical Microbiology Reviews*, vol. 15, no. 4, 2002, pp. 680-715.

Sylwester, A. et al. 'Broadly targeted human cytomegalovirus-specific CD4+ and CD8+ T-cells dominate the memory compartments of exposed subjects', *Journal of Experimental Medicine*, vol. 202, no. 5, 2005, pp. 673-685.

Chapter 16
장수를 위한 치실질

Altindis, E. et al. 'Viral insulin-like peptides activate human insulin and IGF-1 receptor signaling: A paradigm shift for host-microbe interactions', *Proceedings of the National Academy of Sciences of the United States of America*, vol. 115, no. 10, 2018, pp. 2461-2466.

Anand, S., Tikoo, S. 'Viruses as modulators of mitochondrial functions', *Advances in Virology*, vol. 2013, 2013, 738794.

Aykut, B. 'The fungal mycobiome promotes pancreatic oncogenesis via activation of MBL', *Nature*, vol. 574, no. 7777, 2019, pp. 264-267.

Balin, B. et al. 'Chlamydophila pneumoniae and the etiology of late-onset Alzheimer's disease', *Journal of Alzheimer's Disease*, vol. 13, no. 4, 2008, pp. 371-380.

Balin, B. et al. 'Identification and localization of Chlamydia pneumoniae in the Alzheimer's brain', *Medical Microbiology and Immunology*, vol. 187, no. 1, 1998, pp. 23-42.

Bui, F. et al. 'Association between periodontal pathogens and systemic disease', *Biomedical Journal*, vol. 42, no. 1, 2019, pp. 27-35.

Bullman, S. et al. 'Analysis of Fusobacterium persistence and antibiotic response in colorectal cancer', *Science*, vol. 358, no. 6369, 2017, pp. 1443-1448.

Bzhalava, D., Guan, P., Franceschi, S., Dillner, J., Clifford, G. 'Asystematic review of the prevalence of mucosal and cutaneous Human Papillomavirus types', *Virology*, vol. 445, no. 1-2, 2013, pp. 224-231.

Chang, F.Y., Siuti, P., Laurent, S. et al. 'Gut-inhabiting Clostridia build human GPCR ligands by conjugating neurotransmitters with diet-and human-derived fatty acids', *Nat Microbiol.*, 2021, vol. 6, pp. 792-805. https://doi.org/10.1038/s41564-021-00887-y.

Choi, Y., Bowman, J., Jung, J. 'Autophagy during viral infection—Adouble-edged sword', *Nature Reviews Microbiology*, vol. 16, 2018, pp. 341-354.

Demmer, R. et al. 'Periodontal disease and incident dementia: The Atherosclerosis Risk in Communities Study (ARIC)', *Neurology*, vol. 95, no. 12, 2020, pp. e1660- e1671.

Dominy, S. et al. 'Porphyromonas gingivalis in Alzheimer's disease brains: Evidence for disease causation and treatment with small-molecule inhibitors', *Science Advances*, vol. 5, no. 1, 2019.

Edrey, Y., Medina, D. et al. 'Amyloid beta and the longest-lived rodent: The naked mole-rat as a model for natural protection from Alzheimer's disease', *Neurobiology of Aging*, vol. 34, no. 10, 2013, pp. 2352-2360.

Gillison, M. 'Human Papillomavirus-Related Diseases: Oropharynx Cancers and Potential Implications for Adolescent HPV Vaccination', *Journal of Adolescent Health*, vol. 43, no. 4, 2008, pp. S52-S60.

Haraszthy, V., Zambon, J., Trevisan, M., Zeid, M., Genco, R. 'Identification of Periodontal Pathogens in Atheromatous Plaques', *Journal of Periodontology*, vol. 71, no. 10, 2000, pp. 1554-1560.

Itzhaki, R. 'Corroboration of a Major Role for Herpes Simplex Virus Type 1 in Alzheimer's Disease', *Frontiers in Aging Neuroscience*, vol. 10, no. 324, 2018.

Kulikov, A., Arkhipova, L., Kulikov, D., Smirnova, G., Kulikova, P. 'The increase of the average and maximum span of life by the allogenic thymic cells transplantation in the animals' anterior chamber of eye', *Advances in Gerontology*, vol. 4, no. 3, 2014, pp. 197-200.

Kumar, D. et al. 'Amyloid-β peptide protects against microbial infection in mouse and worm models of Alzheimer's disease', *Science Translational Medicine*, vol. 8, no. 340, 2016.

Lambert, J. et al. 'Meta-analysis of 74,046 individuals identifies 11 new susceptibility loci for Alzheimer's disease', *Nature Genetics*, vol. 45, no. 12, 2013, pp. 1452-1458.

Li, M., MacDonald, M. 'Polyamines: Small Molecules with a Big Role in Promoting Virus Infection', *Cell Host & Microbe*, vol. 20, no. 2, 2016, pp. 123-124.

Liu, Y. et al. 'The extracellular domain of Staphylococcus aureus LtaS binds insulin and induces insulin resistance during infection', *Nature Microbiology*, vol. 3, 2018, pp. 622-31.

Michalek, A., Mettlin, C., Priore, R. 'Prostate cancer mortality among Catholic priests', *Journal of Surgical Oncology*, vol. 17, no. 2, 1981, pp. 129-133.

Nejman, D. et al. 'The human tumor microbiome is composed of tumor type-specific intracellular bacteria', *Science*, vol. 368, no. 6494, 2020, pp. 973-980.

Oh, J., Wang, W., Thomas, R., Su, D. 'Thymic rejuvenation via induced thymic epithelial cells (iTECs) from FOXN1—overexpressing fibroblasts to counteract inflammaging', *BioRxiv*, 2020.

Pisa, D., Alonso, R., Rabano, A., Rodal, I., Carrasco, L. 'Different Brain Regions are Infected with Fungi in Alzheimer's Disease', *Scientific Reports*, vol. 5, no. 1, 2015, pp. 1-13.

Shah, P. 'Link between infection and atherosclerosis: Who are the culprits: Viruses, bacteria, both, or neither?', *Circulation*, vol. 103, 2001, pp. 5-6.

Soscia, S. et al. 'The Alzheimer's Disease-Associated Amyloid β-Protein Is an Antimicrobial Peptide', *PLOS ONE*, vol. 5, no. 3, 2010, e9505.

Steinmann, G., Klaus, B., Muller-Hermelink, H. 'The Involution of the Ageing Human Thymic Epithelium is Independent of Puberty: A Morphometric Study', *Scandinavian Journal of Immunology*, vol. 22, no. 5, 1985, pp. 563-575.

Sudhakar, P. et al. 'Targeted interplay between bacterial pathogens and host autophagy',

Autophagy, vol. 15, no. 9, 2019, pp. 1620-1633.
'The Nobel Prize in Physiology or Medicine 1966', NobelPrize.org, 2020.
Tzeng, N. et al. 'Anti-herpetic Medications and Reduced Risk of Dementia in Patients with Herpes Simplex Virus Infections—a Nationwide, Population-Based Cohort Study in Taiwan', *Neurotherapeutics*, vol. 15, no. 2, 2018, pp. 417-429.
Wang, C., Youle, R. 'The role of mitochondria in apoptosis', *Annual Review of Genetics*, vol. 43, 2009, pp. 95-118.
Warren-Gash, C., Blackburn, R., Whitaker, H., McMenamin, J., Hayward, A. 'Laboratory-confirmed respiratory infections as triggers for acute myocardial infarction and stroke: A self-controlled case series analysis of national linked datasets from Scotland', *European Respiratory Journal*, vol. 51, no. 3, 2018.
Weiss, R., Vogt, P. '100 years of Rous sarcoma virus', *Journal of Experimental Medicine*, vol. 208, no. 12, 2011, pp. 2351-2355.
White, M., Pagano, J., Khalili, K. 'Viruses and human cancers: Along road of discovery of molecular paradigms', *Clinical Microbiology Reviews*, vol. 27, no. 3, 2014, pp. 463-471.
Wozniak, M., Frost, A., Preston, C., Itzhaki, R. 'Antivirals reduce the formation of key Alzheimer's disease molecules in cell cultures acutely infected with herpes simplex virus type 1', *PLOSONE*, vol. 6, no. 10, 2011.
Wozniak, M., Itzhaki, R., Shipley, S., Dobson, C. 'Herpes simplex virus infection causes cellular β-amyloid accumulation and secretase upregulation', *Neuroscience Letters*, vol. 429, no. 2-3, 2007, pp. 95-100.
Wozniak, M., Mee, A., Itzhaki, R. 'Herpes simplex virus type 1DNA is located within Alzheimer's disease amyloid plaques', *Journal of Pathology*, vol. 217, no. 1, 2009, pp. 131-138.
Wu, Y. 'Microglia and amyloid precursor protein coordinate control of transient *Candida cerebritis* with memory deficits', *Nature Communications*, vol. 10, no. 58, 2019.

Chapter 17
면역 기능 되살리기

Aleman, F., Valenzano, D. 'Microbiome evolution during host aging', *PLOS Pathogens*,

vol. 15, no. 7, 2019.
Campinoti, S., Gjinovci, A., Ragazzini, R. et al. 'Reconstitution of a functional human thymus by postnatal stromal progenitor cells and natural whole-organ scaffolds', *Nat Commun.*, vol. 11: 6372, 2020. https://doi.org/10.1038/s41467-020-20082-7.
Franceschi, C. et al. 'Inflammaging and anti-inflammaging: A systemic perspective on aging and longevity emerged from studies in humans,' *Mechanisms of Ageing and Development*, vol. 128, no. 1, 2007, pp. 92-105.
Kundu, P. et al. 'Neurogenesis and prolongevity signaling in young germ-free mice transplanted with the gut microbiota of old mice', *Science Translational Medicine*, vol. 11, no. 518, 2019, p. 4760.
Smith, P., Willemsen, D. et al. 'Regulation of life span by the gut microbiota in the short-lived African turquoise killifish;' *eLife*, vol. 6, 2017.
Yousefzadeh, M.J., Flores, R.R., Zhu, Y. et al. 'An aged immune system drives senescence and ageing of solid organs', *Nature*, vol. 594, 2021, pp. 100-105. https://doi.org/10.1038/s41586-021-03547-7.

Chapter 18
취미 삼아 굶어 보기

Colman, R., Anderson, R. et al. 'Caloric restriction delays disease onset and mortality in rhesus monkeys', *Science*, vol. 325, no. 5937, 2009, pp. 201-204.
Jia, K., Levine, B. 'Autophagy is required for dietary restriction-mediated life span extension in *C. elegans*', *Autophagy*, vol. 3, no.6, 2007, pp. 597-599.
Kraus, W. et al. '2 years of calorie restriction and cardiometabolic risk (CALERIE): exploratory outcomes of a multicentre, phase 2, randomised controlled trial', *The Lancet Diabetes and Endocrinology*, vol. 7, no. 9, 2019, pp. 673-683.
Mattison, J. et al. 'Caloric restriction improves health and survival of rhesus monkeys', *Nature Communications*, vol. 8, no. 14063, 2017.
Mattison, J. et al. 'Impact of caloric restriction on health and survival in rhesus monkeys from the NIA study', *Nature*, vol. 489, no. 7415, 2012, pp. 318-321.
McCay, C., Crowell, M., Maynard, L. 'The effect of retarded growth upon the length of life span and upon the ultimate body size', *The Journal of Nutrition*, vol. 10, no. 1,

July 1935, pp. 63-79.
McDonald, R. Ramsey, J. 'Honoring Clive McCay and 75 years of calorie restriction research', *Journal of Nutrition*, vol. 140, no. 7, 2010, pp. 1205-1210.
Saxton, R., Sabatini, D. 'mTOR Signaling in Growth, Metabolism, and Disease', *Cell*, vol. 168, no. 6, 2017, pp. 960-976.
Schafer, D. 'Aging, Longevity, and Diet: Historical Remarks on Calorie Intake Reduction', *Gerontology*, vol. 51, no. 2, 2005, pp. 126-130.
Walford, R., Mock, D., Verdery, R., MacCallum, T.J. 'Calorie restriction in Biosphere 2: Alterations in physiologic, hematologic, hormonal, and biochemical parameters in humans restricted for a 2-year period', *The Journals of Gerontology, Series A: Biological Sciences and Medical Sciences*, vol. 57, no. 6, 2002, pp. B211-B224.
Weindruch, R., Walford, R. 'Dietary restriction in mice beginning at 1 year of age: Effect on life span and spontaneous cancer incidence', *Science*, vol. 215, no. 4538, 1982, pp. 1415-1418.
Weindruch, R., Walford, R., Fligiel, S., Guthrie, D. 'The retardation of aging in mice by dietary restriction: Longevity, cancer, immunity and lifetime energy intake', *Journal of Nutrition*, vol. 116, no. 4, 1986, pp. 641-654.

Chapter 19
단식이라는 오래된 관습의 효능

Burton, R., Sheron, N. 'No level of alcohol consumption improves health', *Lancet*, vol. 392, no. 10152, 2018, pp. 987-988.
Carlson, A., Hoelzel, F. 'Apparent prolongation of the life span of rats by intermittent fasting', *The Journal of Nutrition*, vol. 31, no. 3, 1946, pp. 363-375.
Di Francesco, A., Di Germanio, C., Bernier, M., De Cabo, R. 'Atime to fast', *Science*, vol. 362, no. 6416, 2018, pp. 770-775.
Fillmore, K., Stockwell, T., Chikritzhs, T., Bostrom, A., Kerr, W. 'Moderate Alcohol Use and Reduced Mortality Risk: Systematic Error in Prospective Studies and New Hypotheses', *Annals of Epidemiology*, vol. 17, no. 5, 2007, pp. S16-S23.
Freedman, N., Park, Y., Abnet, C., Hollenbeck, A., Sinha, R. 'Association of Coffee Drinking with Total and Cause-Specific Mortality', *New England Journal of Medi-*

cine, vol. 366, 2012, pp. 1891-1904.

Heilbronn, L., Smith, S., Martin, C., Anton, S., Ravussin, E. 'Alternate-day fasting in non-obese subjects: effects on body weight, body composition, and energy metabolism', *The American Journal of Clinical Nutrition*, vol. 81, no. 1, 2005, pp. 69-73.

Kim, Y., Je, Y., Giovannucci, E. 'Coffee consumption and all-cause and cause-specific mortality: a meta-analysis by potential modifiers', *European Journal of Epidemiology*, vol. 34, 2019, pp. 731-752.

Michael Anson, R. et al. 'Intermittent fasting dissociates beneficial effects of dietary restriction on glucose metabolism and neuronal resistance to injury from calorie intake', *Proceedings of the National Academy of Sciences of the United States of America*, vol. 100, no. 10, 2003, pp. 6216-6220.

Mitchell, S. et al. 'Daily Fasting Improves Health and Survival in Male Mice Independent of Diet Composition and Calories', *Cell Metabolism*, vol. 29, no. 1, 2019, pp. 221-228.

Stewart, W., Fleming, L. 'Features of a successful therapeutic fast of 382 days' duration', *Postgraduate Medical Journal*, vol. 49, no. 569, 1973, pp. 203-209.

Tinsley, G., Forsse, J. et al. 'Time-restricted feeding in young men performing resistance training: A randomized controlled trial', *European Journal of Sport Science*, vol. 17, no. 2, 2017, pp. 200-207.

Wei, M. et al. 'Fasting-mimicking diet and markers/risk factors for aging, diabetes, cancer, and cardiovascular disease', *Science Translational Medicine*, vol. 9, no. 377, 2017.

Woodie, L., Luo, Y., et al. 'Restricted feeding for 9 h in the active period partially abrogates the detrimental metabolic effects of a Western diet with liquid sugar consumption in mice', *Metabolism: Clinical and Experimental*, vol. 82, 2018, pp. 1-13.

Chapter 20
사이비 종교 숭배 같은 식이요법

Autier, P., Boniol, M., Pizot, C., Mullie, P. 'Vitamin D status and ill health: a systematic review', *The Lancet: Diabetes & Endocrinology*, vol. 2, no. 1, 2014, pp. 76-90.

Bernasconi, A.A., Wiest, M.M., Lavie, C.J., Milani, R.V., Laukkanen, J.A. 'Effect of

Omega-3 Dosage on Cardiovascular Outcomes: An Updated meta-Analysis and Meta-Regression of Interventional Trials', *Mayo Clinic Proceedings*, vol. 96, no. 2, 2021, pp. 304-313.

Bianconi, E. et al. 'An estimation of the number of cells in the human body', *Annals of Human Biology*, vol. 40, no. 6, 2013, pp. 463-471.

Brønnum-Hansen, H., Baadsgaard, M. 'Widening social inequality in life expectancy in Denmark. A register-based study on social composition and mortality trends for the Danish population', *BMC Public Healthv*, vol. 12, no. 994, 2012.

Cawthorn, D-M., Baillie, C., Mariani, S. 'Generic names and mislabelling conceal high species diversity in global fisheries markets', *Conservation Letters*, vol. 11, no. 5, 2018, p. e12573.

Fraser, G. 'Vegetarian diets: What do we know of their effects on common chronic diseases?' *American Journal of Clinical Nutrition*, vol. 89, no. 5, 2009, pp. 1607S-1612S.

Harris, W.S., Tintle, N.L. et al. 'Blood n-3 fatty acid levels and total and cause-specific mortality from 17 prospective studies', *Nature Communications*, vol. 12: 2329, 2021.

Ho, J.K.I., Puniamoorthy, J., Srivathsan, A., Meier, R. 'MinION sequencing of seafood in Singapore reveals creatively labelled flatfishes, confused roe, pig DNA in squid balls, and phantom crustaceans', *Food Control*, vol. 112, 2020, p. 107144.

Hummer, R.A., Hernandez, E.M. 'The Effect of Educational Attainment on Adult Mortality in the United States', *Popul Bull*, vol. 68, no. 1, 2013, pp. 1-16.

Lin, S., Jiang, L., Zhang, Y., Chai, J., Li, J., Song, X., Pei, L. 'Socioeconomic status and vitamin D deficiency among women of childbearing age: a population-based, case-control study in rural northern China', *BMJ Open*, vol. 11, 2021, p. e042227.

McBurney, M.I., Tintle, N., Ramachandran, S.V., Sala-Vila, A., Harris, W.S. 'Using an erythrocyte fatty acid fingerprint to predict risk of all-cause mortality: the Framingham Offspring Cohort', *The American Journal of Clinical Nutrition*, vol. 114, no. 4, 2021, pp. 1447-1454.

Mihrshahi, S., Ding, D. et al. 'Vegetarian diet and all-cause mortality: Evidence from a large population-based Australian cohort-the 45 and Up Study', *Preventive Medicine*, vol. 97, 2017, pp. 1-7.

OECD. 'Life expectancy by sex and education level', *Health at a Glance 2017: OECD Indicators*, OECD Publishing, 2017. https://doi.org/10.1787/health_glance-2017-7-en.

Willette, D.A., Simmonds, S.E., Cheng, S.H. et al. 'Using DNA barcoding to track seafood mislabelling in Los Angeles restaurants', *Conservation Biology*, vol. 31, no. 5, 2017, pp. 1076-1085.

Zhang, Y., Fang, F., Tang, J., Jia, L., Feng, Y., Xu, P. et al. 'Association between vitamin D supplementation and mortality: systematic review and meta-analysis', *BMJ*, vol. 366, 2019, p. 14673. doi: 10.1136/bmj.l4673.

Zhang, Y., Zhuang, P, He, W. et al. 'Association of fish and long chainomega-3 fatty acids intakes with total and cause-specific mortality: prospective analysis of 421 309 individuals', *JIM*, vol. 284, no. 4, 2018, pp. 399-417.

Zhao, L.G., Sun, J.W., Yang, Y. et al. 'Fish consumption and all-cause mortality: a meta-analysis of cohort studies', *Eur J Clin Nutr.*, vol. 70, 2016, pp. 155-161.

Chapter 21
음식에 대해 더 생각할 거리들

Arendt, M., Cairns, K., Ballard, J., Savolainen, P., Axelsson, E. 'Diet adaptation in dog reflects spread of prehistoric agriculture', *Heredity*, vol. 117, no. 5, 2016, pp. 301-306.

Gross, M. 'How our diet changed our evolution', *Current Biology*, vol. 27, no. 15, 2017, pp. 731-733.

Perry, G. et al. 'Diet and the evolution of human amylase gene copy number variation', *Nature Genetics*, vol. 39, no. 10, 2007, pp. 1256-1260.

Ségurel, L., Bon, C. 'On the Evolution of Lactase Persistence in Humans', *Annual Review of Genomics and Human Genetics*, vol. 18, 2017, pp. 297-319.

Chapter 22
중세 수도원에서 현대 과학까지

Al-Regaiey, K., Masternak, M., Bonkowski, M., Sun, L., Bartke, A. 'Long-Lived Growth Hormone Receptor Knockout Mice: Interaction of Reduced Insulin-Like Growth Factor I/Insulin Signaling and Caloric Restriction', *Endocrinology*, vol. 146, no. 2,

2005, pp. 851-860.

Bannister, C. et al. 'Can people with type 2 diabetes live longer than those without? A comparison of mortality in people initiated with metformin or sulphonylurea monotherapy and matched, non-diabetic controls', *Diabetes, Obesity and Metabolism*, vol. 16, no. 11, 2014, pp. 1165-1173.

Buffenstein, R., Yahav, S. 'The effect of diet on microfaunal population and function in the caecum of a subterranean naked molerat, *Heterocephalus glaber*', *British Journal of Nutrition*, vol. 65, no. 2, 1991, pp. 249-258.

Frampton, J., Cobbold, B., Nozdrin, M. et al. 'The Effect of a Single Bout of Continuous Aerobic Exercise on Glucose, Insulin and Glucagon Concentrations Compared to resting Conditions in Healthy Adults: A Systematic Review, Meta-Analysis and Meta-Regression', *Sports Medicine*, vol. 51, 2021, pp. 1949-1966.

Kenyon, C., Chang, J., Gensch, E., Rudner, A., Tabtiang, R. 'A *C. elegans* mutant that lives twice as long as wild type', *Nature*, vol.366, no. 6454, 1993, pp. 461-464.

Konopka, A. et al. 'Metformin inhibits mitochondrial adaptations to aerobic exercise training in older adults', *Aging Cell*, vol. 18, no. 1, 2019, p. 12880.

Kurosu, H. et al. 'Physiology: Suppression of aging in mice by the hormone Klotho', *Science*, vol. 309, no. 5742, 2005, pp. 1829-1833.

Li, H., Gao, Z. et al. 'Sodium butyrate stimulates expression of fibroblast growth factor 21 in liver by inhibition of histone deacetylase 3', *Diabetes*, vol. 61, no. 4, 2012, pp. 797-806.

Lindeberg, S., Eliasson, M., Lindahl, B., Ahren, B. 'Low serum insulin in traditional Pacific islanders—The Kitava study', *Metabolism: Clinical and Experimental*, vol. 48, no. 10, 1999, pp. 1216-1219.

Reynolds, A., Mann, J., Cummings, J., Winter, N., Mete, E., Te Morenga, L. 'Carbohydrate quality and human health: a series of systematic reviews and meta-analyses' *The Lancet*, vol. 393, no. 10170, 2019, pp. 434-445.

Solomon, T.P.J., Tarry, E., Hudson, C.O., Fitt, A.I., Laye, M.J. 'Immediate post-breakfast physical activity improves interstitial postprandial glycemia: a comparison of different activity-meal timings', *Pflugers Archiv—European Journal of Physiology*, vol. 572, 2020, pp. 271-280.

Walton, R. et al. 'Metformin blunts muscle hypertrophy in response to progressive resistance exercise training in older adults: A randomized, double-blind, placebo-controlled, multicenter trial: The MASTERS trial', *Aging Cell*, vol. 18, no. 6, 2019.

Wijsman, C. et al. 'Familial longevity is marked by enhanced insulin sensitivity', *Aging Cell*, vol. 10, no. 1, 2011, pp. 114-121.

Yashin, A., Arbeev, K. et al. 'Exceptional survivors have lower age trajectories of blood glucose: Lessons from longitudinal data', *Biogerontology*, vol. 11, no. 3, 2010, pp. 257-265.

Zeevi, D., Korem, T., Zmora, N. et al. 'Personalized Nutrition by Prediction of Glycemic Responses', *Cell*, vol. 163, no. 5, 2015, pp. 2069-1094.

Zhang, Y. et al. 'The starvation hormone, fibroblast growth factor-21, extends lifespan in mice', *eLife*, vol. 2012, no. 1, 2012.

Chapter 23
측정이 되어야 관리가 된다

Basso, N., Cini, R., Pietrelli, A., Ferder, L., Terragno, N, Inserra, F. 'Protective effect of long-term angiotensin II inhibition', *American Journal of Physiology—Heart and Circulatory Physiology*, vol. 293, no. 3, 2007, pp. 1351-1358.

Benigni, A. et al. 'Disruption of the Ang II type 1 receptor promotes longevity in mice', *Journal of Clinical Investigation*, vol. 119, no. 3, 2009, p. 52.

Benigni, A. et al. 'Variations of the angiotensin II type 1 receptor gene are associated with extreme human longevity', *Age*, vol. 35, no. 3, 2013, pp. 993-1005.

Boudoulas, K., Borer, J., Boudoulas, H. 'Heart Rate, Life Expectancy and the Cardiovascular System: Therapeutic Considerations', *Cardiology*, vol. 132, no. 4, 2015, pp. 199-212.

Cohen, J., Pertsemlidis, A., Kotowski, I.K., Graham, R., Garcia,C.K., Hobbs, H.H. 'Low LDL cholesterol in individuals of African descent resulting from frequent nonsense mutations in PCSK9', *Nature Genetics*, vol. 37, 2005, pp. 161-165.

Drouin-Chartier, J., Chen, S., Li, Y., Schwab, A.L., Stampfer,M.J., Sacks, F.M. et al. 'Egg consumption and risk of cardiovascular disease: three large prospective US cohort studies, systematic review, and updated meta-nalysis', *BMJ*, 368:m513, 2020. doi: 10.1136/bmj.m513.

Egan, B., Zierath, J.R. 'Exercise Metabolism and the Molecular Regulation of Skeletal Muscle Adaptation', *Cell Metabolism*, vol. 17, no. 2, 2013, pp. 162-184. doi: https://doi.org/10.1016/j.cmet.2012.12.012.

Enos, W.F., Holmes, R.H., Beyer, J. 'Coronary disease among united states soldiers killed in action in korea', *JAMA*, vol. 152, no. 12, 1953, pp. 1090-1093. doi: 10.1001/jama.1953.03690120006002.

Faulkner, J., Larkin, L., Claflin, D., Brooks, S. 'Age-related changes in the structure and function of skeletal muscles', *Clinical and Experimental Pharmacology and Physiology*, vol. 34, no. 11, 2007, pp. 1091-1096.

Ference, B.A. et al. 'Low-density lipoproteins cause atherosclerotic cardiovascular disease. 1. Evidence from genetic, epidemiologic, and clinical studies. A consensus statement from the European Atherosclerosis Society Consensus Panel', *European Heart Journal*, vol. 38, no. 32, 2017, pp. 2459-2472.

Franco, O., Peeters, A., Bonneux, L., De Laet, C. 'Blood pressure in adulthood and life expectancy with cardiovascular disease in men and women: Life course analysis', *Hypertension*, vol. 46, no. 2, 2005, pp. 280-286.

Gill, J.M.R. 'Linking volume and intensity of physical activity to mortality', *Nat Med.*, vol. 26, 2020, pp. 1332-1334. https://doi.org/10.1038/s41591-020-1019-9.

Gurven, M. et al. 'Does blood pressure inevitably rise with age? Longitudinal evidence among forager-horticulturalists', *Hypertension*, vol. 60, no. 1, 2012, pp. 25-33. doi: 10.1161/HYPERTENSIONAHA.111.189100.

Hirshowitz, B., Brook, J.G., Kaufman, T., Titelman, U., Mahler, D. '35 eggs per day in the treatment of severe burns,' *Br J Plast Surg.*,vol. 28, no. 3, 1975, pp. 185-188.

Jones, P., Pappu, A., Hatcher, L., Li, Z., Illingworth, D., Connor, W.'Dietary cholesterol feeding suppresses human cholesterol synthesis measured by deuterium incorporation and urinary mevalonic acid levels', *Arteriosclerosis, Thrombosis, and Vascular Biology*, vol. 16, no. 10, 1996, pp. 1222- 1228.

Kathiresan, S. 'A PCSK9 Missense Variant Associated with a Reduced Risk of Early-Onset Myocardial Infarction', *N Engl J Med.*, vol. 358, 2008, pp. 2299-2300. doi: 10.1056/NEJMc0707445.

Kaufman, T., Hirshowitz, B., Moscona, R., Brook, G.J. 'Early enteral nutrition for mass burn injury: The revised egg-rich diet,' *Burns*, vol. 12, no. 4, 1986, pp. 260-263.

Kent, S.T., Rosenson, R.S., Avery, C.L. et al. 'PCSK9 Loss-of-Function Variants,

Low-Density Lipoprotein Cholesterol, and Risk of Coronary Heart Disease and Stroke', *Circulation*, vol. 10, no. 4, 2017.

Kern, F. Jr. 'Normal Plasma Cholesterol in an 88-Year-Old Man Who Eats 25 Eggs a Day—Mechanisms of Adaptation', *N Engl J Med.*, vol. 324, 1991, pp. 896-899. doi: 10.1056/NEJM199103283241306

Kumar, S., Dietrich, N., Kornfeld, K. 'Angiotensin Converting Enzyme (ACE) Inhibitor Extends *Caenorhabditis elegans* Life Span', *PLOS Genetics*, vol. 12, no. 2, 2016.

Lindeberg, S. *Food and Western Disease*, Wiley, 2009.

Mandsager, K., Harb, S., Cremer, P., Phelan, D., Nissen, S., Jaber, W. 'Association of Cardiorespiratory Fitness with Long-term Mortality Among Adults Undergoing Exercise Treadmill Testing', *JAMA Network Open*, vol. 1, no. 6, 2018.

McRae, M.P. 'Dietary Fiber is Beneficial for the Prevention of Cardiovascular Disease: An Umbrella Review of Meta-analyses', *Journal of Chiropractic Medicine*, vol. 16, no. 4, 2017, pp. 289-299.

Mueller, N., Noya-Alarcon, O., Contreras, M., Appel, L., Dominguez-Bello, M. 'Association of Age with Blood Pressure Across the Lifespan in Isolated Yanomami and Yekwana Villages', *JAMA Cardiology*, vol. 3, no. 12, 2018, pp. 1247-1249.

Nash, S., Liao, L., Harris, T., Freedman, N. 'Cigarette Smoking and Mortality in Adults Aged 70 Years and Older: Results From the NIH-AARP Cohort', *American Journal of Preventive Medicine*, vol. 52, no. 3, 2017, pp. 276-283.

Nystoriak, M., Bhatnagar, A. 'Cardiovascular Effects and Benefits of Exercise', *Frontiers in Cardiovascular Medicine*, vol. 5, no. 135, 2018.

Ramos, J., Dalleck, L., Tjonna, A., Beetham, K., Coombes, J. 'The Impact of High-Intensity Interval Training Versus Moderate-Intensity Continuous Training on Vascular Function: a Systematic Review and Meta-Analysis', *Sports Medicine*, vol. 45, 2015, pp. 679-692.

Rantanen, T., Harris, T. et al. 'Muscle Strength and Body Mass Index as Long-Term Predictors of Mortality in Initially Healthy Men', *Journals of Gerontology, Series A: Biological Sciences and Medical Sciences*, vol. 55, no. 3, 2000, pp. M168-M173.

Schuelke, M. et al. 'Myostatin Mutation Associated with Gross Muscle Hypertrophy in a Child', *New England Journal of Medicine*, vol. 350, 2004, pp. 2682-2688.

Sobenin. I.A., Andrianova, I.V., Demidova, O.N., Gorchakova, T.,Orekhov, A.N. 'Lipid-lowering effects of time-released garlic powder tablets in double-blinded placebo-controlled randomized study', *J Atheroscler Thromb.*, vol. 15, no. 6, 2008, pp. 334-338. doi: 10.5551/jat.e550.

Srikanthan, P., Karlamangla, A. 'Muscle mass index as a predictor of longevity in older adults', *American Journal of Medicine*, vol. 127, no. 6, 2014, pp. 547-553.

Stary, H.C., Chandler, A.B., Glagov, S. et al. 'A definition of initial, fatty streak, and intermediate lesions of atherosclerosis. A report from the Committee on Vascular Lesions of the Council on Arteriosclerosis, American Heart Association', *Circulation*, vol. 89, no. 5, 1994, pp. 2462-2478.

Steiner, M. Khan, A.H., Holbert, D., Lin, R.I. 'A double-blind crossover study in moderately hypercholesterolemic men that compared the effect of aged garlic extract and placebo administration on blood lipids', *Am J Clin Nutr.*, vol. 64, no. 6, 1996, pp. 866-870. doi: 10.1093/ajcn/65.6.866.

Velican D., Velican, C. 'Study of fibrous plaques occurring in the coronary arteries of children', *atherosclerosis*, vol. 33, no. 2, 1979, pp. 201-215.

Viana, R., Naves, J., Coswig, V., De Lira, C., Steele, J., Fisher, J.,Gentil, P. 'Is interval training the magic bullet for fat loss? A systematic review and meta-analysis comparing moderate-intensity continuous training with high-intensity interval training (HIIT)', *British Journal of Sports Medicine*, vol. 53, no. 10, 2018.

Walker, K., Kambadur, R., Sharma, M., Smith, H. 'Resistance Training Alters Plasma Myostatin but not IGF-1 in Healthy Men', *Medicine & Science in Sports & Exercise*, vol. 36, no. 5, 2004, pp. 787-793.

Zhao, M., Veeranki, S., Magnussen, C., Xi, B. 'Recommended physical activity and all-cause and cause-specific mortality in US adults: Prospective cohort study', *British Medical Journal*, vol. 370, 2020.

Chapter 24
노화를 대하는 마음가짐

Guevarra, D. et al. 'Placebos without deception reduce self-report and neural measures of emotional distress', *Nature Communications*, vol. 11, no. 3785, 2020.

Headey, B., Yong, J. 'Happiness and Longevity: Unhappy People Die Young, Otherwise Happiness Probably Makes No Difference', *Social Indicators Research*, vol. 142, no. 2,

2019, pp. 713-732.

John, A., Patel, U., Rusted, J., Richards, M., Gaysina, D. 'Affective problems and decline in cognitive state in older adults: A systematic review and meta-analysis', *Psychological Medicine*, vol. 49, no. 3, 2019, pp. 353-365.

Kaptchuk, T. et al. 'Placebos without deception: A randomized controlledtrial in irritable bowel syndrome', *PLOS ONE*, vol. 5, no. 12, 2010.

Kramer, C., Mehmood, S., Suen, R. 'Dog ownership and survival: A systematic review and meta-analysis', *Circulation: Cardiovascular Quality and Outcomes*, vol. 12, no. 10, 2019.

Moseley, J. et al. 'A controlled trial of arthroscopic surgery for osteoarthritis of the knee', *New England Journal of Medicine*, vol. 347, 2002, pp. 81-88.

Park, C., Pagnini, F., Langer, E. 'Glucose metabolism responds to perceived sugar intake more than actual sugar intake', *Sci Rep.*, 10: 15633, 2020. https://doi.org/10.1038/s41598-020-72501-w.

Pressman, S., Cohen, S. 'Use of social words in autobiographies and longevity', *Psychosomatic Medicine*, vol. 69, no. 3, 2007, pp. 262-269.

Silk, J. et al. 'Strong and consistent social bonds enhance the longevity of female baboons', *Current Biology*, vol. 20, no. 15, 2010, pp. 1359-1361.

Turnwald, B. et al. 'Learning one's genetic risk changes physiology independent of actual genetic risk', *Nature Human Behaviour*, vol. 3, 2019, pp. 48-56.

Westerhof, G., Miche, M. et al. 'The influence of subjective aging on health and longevity: A meta-analysis of longitudinal data', *Psychology and Aging*, vol. 29, no. 4, 2014, pp. 793-802.

옮긴이의 말

이 책은 장수에 관한 책이다. 시중에는 이미 수많은 장수·노화 관련 도서가 서점과 도서관을 차지하고 있다. 그중에는 좋은 책이 이미 많이 있다. 그럼 『해파리의 시간은 거꾸로 간다』는 쏟아지는 노화 과학 책들 사이에서 어떤 독자적인 가치를 가질까? 장수 관련 책의 홍수 속에서 그런 점에 대한 번역자의 생각을 밝히는 것이 이 책을 펼쳐 든 독자에게 도움이 될 수도 있겠다고 생각한다.

책을 번역하는 도중에 세 권의 노화·장수 관련 도서를 읽었다. 하나는 『인간은 왜 병에 걸리는가Why We Get Sick?』(1999, 사이언스북스)이다. 랜돌프 네스Randolph Nesse라는 다윈 의학의 창시자가 온갖 다양한 질병을 진화적 관점에서 설명하는 책이다. 진화생물학자인 최재천 교수의 번역으로 그 의미를 더한 책이기도 하다. 노화와 수명의 과학을 논하는 책들 가운데 길잡이 역할을 하기에 충분한 책이라고 생각한다. 인간은 왜 늙는 것일까? 노화로 인한 질병을 피할 수는 없을까? 생체시계를 되돌리는 것이 가능할까? 노화와 질병, 그리고 수명 연장과 관련된 논의는 앞으로 점점 더 주목받는 분야가 될 것이고, 생물학과 유전학을 진화의 관점에서 충실히 설명하는 이 책은 그런 논의에 바탕을 제공할 것이다.

나머지 두 권은 최근 3~4년 사이에 출간된 책들 중에서 관련 주제로 꽤 뜨거운 주목을 받은 과학 도서다(책 이름을 밝히지 못하는 것을 양해 바란다). 저자로 이름을 올린 이들의 면면을 보면 모두 생물학과 유전학으로 박사 학위를 딴 사람들이고, 노화 분야에서 유명한 학자들이다. 저자들의 명성과 권위에 걸맞게 두 권 모두 생물학, 유전학, 의학이 다루었던 최근의 노화·장수 관련 연구 성과를 적극적으로 소개하고 있다. 어쩔 수 없이 보통 사람들이 단숨에 이해하기 힘든 전문용어가 난무하지만, 두 학자는 이를 회피하지 않고 적극적으로 설명한다. 그것도 무척 설득력 있는 설명으로 말이다. 두 책은 폭발적으로 정보가 증가하는 이 분야에서 현재의 성과와 앞으로의 전망을 포괄적으로 살필 수 있도록 독자들에게 커다란 밑그림을 그려 준다. 또한 다가오는 장수 시대에 어떤 식으로 대비할 것인가에 대한 조언도 빼놓지 않았다.

하지만 그중 한 권의 책에 결정적인 결함이 있다. 수십 개도 아니고 수백 개의 새로운 용어가 어지럽게 쏟아지는 책에 색인이 없다(믿기지 않아서 원서를 확인했더니, 무려 476개의 색인이 상호 참조 색인과 함께 달려 있었다. 아무렴, 그렇고말고). 다른 한 권은 충실한 색인뿐만 아니라 용어 설명까지 첨부되어 있었다. 좋은 책이다.

이제 『해파리의 시간은 거꾸로 간다』를 소개하고자 한다. 이 책은 위의 두 책이 갖는 장점을 모두 갖고 있다. 비슷한 책이라는 말인데, 그럼 뭐 하러 또 한 권을 보탤 필요가 있을까?

하지만 이 책은 같은 듯 다른 책이다. 놀랍게도 책의 저자가 현재 코펜하겐대학에서 분자생물학 박사 과정을 이수하고 있는 학생이어서 그런지도 모른다. 그런 사정으로 저자가 처음에 출판사에 책을 내달라는 요청을 했을 때 덴마크의 모든 주요 출판사들로부터 거절당했다. 저자는 책의 말미에 책을 쓰는 것보다 책을 내는 것이 더 어려웠다고 그동안의 사정을 고백하기도 했다. 책은 출판 당일 1쇄가 매진되었고, 출판된 해에 논픽션 분야 베스트셀러 1위에 올랐다.

이 책도 수많은 용어를 빼놓지 않고 충실하게 설명하지만, 책의 전체적인 분위기는 매우 가볍고 날렵하다. '충실함'과 '가볍고 날렵함'은 분명 상충하는 느낌이 있지만, 이 책에서는 오히려 아주 잘 어울린다. 아마도 재능 있는 젊은 학자의 글이어서 그런지도 모른다. 충실하기 때문에 독자들의 편리한 욕망에 편승하기 보다는 불편하더라도 진실을 밝히는 쪽을 택한다(우리는 '초콜릿이 몸에 좋다' 또는 '가벼운 음주는 건강에 이롭다' 따위의 말을 믿고 싶어 하고 시중에도 그런 기대에 편승해 허술한 정보들이 난무하지만, 이 책에서는 그런 혼란을 냉정하게 정리해 준다).

그리고 온갖 건강에 좋다는 속설(채식을 하면 오래 산다), 음식(레드와인, 우유)과 식이 보충제(오메가-3, 비타민 D)를 두고서 벌어지는 어지러운 주장들도 무턱대고 받아들이기 전에 '상관관계가 반드시 인과관계를 의미하는 것은 아니다'라는 점을 감안해서 판단해야 한다고 지적하는가 하면, 식이요법의 가장 기본적인 원칙을 강조하기도 한다. 그 원칙이란, 어떤 음식이 절대적으로 모든 사람에게 같은 효과를 보이는 것이 아니라 개개인의 유전적 특성에 따라 다양한 양상을 보인다는 사실을 잊지 말아야 한다는 것이다. 저자의 설명은 건강 관련 방송에서 쏟아지는 온갖 전문가들의 발언을 비판적으로 받아들이고, 건강한 감식안을 키울 수 있는 판단력과 시야를 제공해 줄 것이다.

그것뿐이 아니다. 역사적으로 얼마나 많은 인간이 영생불멸을 원했던가? 그 욕망을 두고서 벌어진 온갖 군상의 어리석은 행태들(원숭이 고환을 이식받겠다고 부자들과 명망가들이 앞 다퉈 줄을 섰다면 믿겠는가), 영생을 구하려다 오히려 목숨을 위태롭게 하는 모험에 뛰어든 인간들의 사례가 책에 담겨 있다. 그런가 하면 장수의 욕망을 저 혼자만의 것이 아닌 보편적 현실로 바꿔 보겠다고 스스로를 기꺼이 실험 대상으로 삼았다가 아마도 실험의 부작용으로 죽은, 박애주의자이자 골수 공산주의자의 이야기도 있다.

저자는 우리 주변의 놀라운 생물 이야기도 빼놓지 않는다. 자연계에는 장수와 관련해 우리가 참조해야 할 또 얼마나 많은 사례가 있는가? 이 책의 제목 『해파리의 시간은 거꾸로 간다』가 바로 여기서 나온 것이다. 여기에 더해 지금 전 세계의 수많은 연구소에서 벌어지고 있는 노화 방지와 관련된 연구 성과도 충실하게 전하는가 하면(여기서 온갖 전문용어의 향연이 벌어진다), 현실에서 당장 적용할 수 있는 건강한 장수를 위한 가장 중요한 조언도 담았다. 저자는 운동과 사회적 관계를 강조하고, 그것을 위한 간단하지만 구체적이고 현실적인 방안을 제안한다. (아, 이 책은 꼭 읽어야 한다.)

지금은 30대가 된 내 귀한 조카 두 명이 10대 후반이던 시절, 집에서 달걀 프라이를 해 먹는데 노른자를 빼고 먹었다. 왜 그런가 했더니 체내에 콜레스테롤이 많은 체질이어서 그렇게 해야 한다고 의사가 권했기 때문이라고 했다. 달걀노른자에 콜레스테롤이 많은 것은 사실이지만 우리 몸은 달걀노른자 몇 개 때문에 망가질 정도로 허술하게 작동하지 않는다. 책 속에 그 이유가 정확히 설명되어 있으며, 평생 동안 매일 계란 25개씩을 먹고도 88세를 맞은 할머니의 사례가 나온다(이웃들이 그런 특이한 식습관을 증언해 주지 않았더라면 아무도 못 믿었을 일이었다).

내가 대략 15년 전의 개인적인 일화를 소개하는 것은 '의사를 믿지 말라'고 부추기려는 것이 아니다. 다른 지식도 그렇겠지만 특히 건강과 영양에 대한 지식은 시간이 흐르면서 과거의 잘못이 계속 수정되고, 보완되어 나가기 마련이다. 의사든 교수든 누구든 지금 당장의 지식이 갖는 한계에서 벗어날 수 없다. 그래서 전문가들의 말도 경청해야겠지만, 자신의 몸에 대해 스스로 책임지는 태세를 갖추자는 취지로 소개한 것이다.

이 책은 독자가 건강과 영양에 대한 현재의 한계까지도 감안해 각자의 몸에 책임을 지는 방안을 마련하고, 앞으로도 그 방안을 꾸준히 발전시켜 나갈 수 있는 안목까지 제공해 줄 것이라 믿는다. 건강하게 장수하시길 빈다.

– 2024년 1월 배동근

| 찾아보기 |

북트리거 일반 도서

북트리거 청소년 도서

해파리의 시간은 거꾸로 간다

세월의 무게를 덜어 주는 경이로운 노화 과학

1판 1쇄 발행일 2024년 2월 26일

지은이 니클라스 브렌보르
옮긴이 배동근
펴낸이 권준구 | 펴낸곳 (주)지학사
본부장 황홍규 | 편집장 김지영 | 편집 양선화 공승현 명준성
책임편집 김지영 | 디자인 정은경디자인
마케팅 송성만 손정빈 윤술옥 박주현 | 제작 김현정 이진형 강석준 오지형
등록 2017년 2월 9일(제2017-000034호) | 주소 서울시 마포구 신촌로6길 5
전화 02.330.5265 | 팩스 02.3141.4488 | 이메일 booktrigger@naver.com
홈페이지 www.jihak.co.kr | 포스트 post.naver.com/booktrigger
페이스북 www.facebook.com/booktrigger | 인스타그램 @booktrigger

ISBN 979-11-93378-10-6 03470

북트리거

트리거(trigger)는 '방아쇠, 계기, 유인, 자극'을 뜻합니다.
북트리거는 나와 사물, 이웃과 세상을 바라보는 시선에 신선한 자극을 주는 책을 펴냅니다.